Hans-Jerg Dorn, Tanja Reimbold, Martin Schmidt

KomplettTrainer Physik 7 – 10

G Gymnasium

Klett Lerntraining

Bildquellennachweis:
S. 59, 61, 73, 74: Klett-Archiv, Stuttgart.

Sollte es in einem Einzelfall nicht gelungen sein, den korrekten Rechteinhaber ausfindig zu machen, so werden berechtigte Ansprüche selbstverständlich im Rahmen der üblichen Regelungen abgegolten.

Bibliografische Information der Deutschen Bibliothek
Die Deutsche Bibliothek verzeichnet diese Publikation in der Deutschen Nationalbibliografie; detaillierte bibliografische Daten sind im Internet über http://dnb.ddb.de abrufbar.

Auflage 4 3 2 1 | 2016 2015 2014 2013
Die letzten Zahlen bezeichnen jeweils die Auflage und das Jahr des Druckes.

www.klett.de/lernhilfen

Lektorat: Jürgen Grimm, Braunschweig
Grafische Zeichnungen: Alfred Marzell, Schwäbisch Gmünd; Sandra Oehler, Remseck
Umschlaggestaltung: Sabine Kaufmann, Stuttgart
Umschlagfoto: Klett-Archiv, Stuttgart; Fotograf: Thomas Weccard, Ludwigsburg
Satz: SMP Oehler, Remseck; DTP-Studio Andrea Eckhardt, Göppingen
Druck: Mediahaus Biering GmbH, München
Printed in Germany
ISBN 978-3-12-927275-6

9 783129 272756

Liebe Schülerin, lieber Schüler,

der KomplettTrainer Physik Gymnasium 7. – 10. Klasse ist genau das Richtige für dich, denn mit diesem Buch kannst du den kompletten Lernstoff wiederholen und üben.

Alle Kapitel sind gleich aufgebaut, so findest du dich schnell zurecht. Gehe am besten so vor:

1. Suche dir aus dem Inhaltsverzeichnis das Thema heraus, dass du wiederholen möchtest.
2. Lies zu Beginn durch, was im Wissenskasten WISSEN steht.
   Wir haben hier für dich wichtige Regeln, Formeln und Merksätze mit Beispielen zusammengestellt.
   Wenn du in dem Thema schon fit bist, genügt dir sicher ein kurzer Blick. Bist du unsicher, sieh dir die Erklärungen genau an.
3. Mit den (unterschiedlich schwierigen) Übungsaufgaben kannst du jetzt üben, üben, üben.
   Ganz schwierige Aufgaben haben wir mit dem „Für-Könner"-Zeichen 4 für KÖNNER versehen.
   Mit den ausführlichen Lösungen am Ende des Buches kannst du dich selbstständig überprüfen.
4. Hast du ein Kapitel durchgearbeitet, kannst du dein Wissen in Experimenten EXPERIMENTE praktisch anwenden.
   Ausführliche Anleitungen helfen dir dabei.

Mit deinem Lernplan behältst du immer den Überblick!
Für jedes Kapitel kannst du hier abhaken, was du bereits erledigt hast.

Mein Lernplan

		Übungen im Buch	Experimente
1	Optik		
2	Mechanik		
3	Elektrizitätslehre		
4	Wärmelehre		
5	Akustik		

1 Optik

1.1 Ausbreitung des Lichts

WISSEN

Licht breitet sich in Form von **Lichtbündeln** aus. Lichtbündel können sich ungehindert durchdringen. Als Modell für sehr feine Lichtbündel verwenden wir geradlinig verlaufende **Lichtstrahlen.**

Sie breiten sich mit **Lichtgeschwindigkeit** aus. Diese ist mit $c = 300\,000\ \frac{\text{km}}{\text{s}}$ die größte, bekannte Geschwindigkeit.

Gegenstände können wir sehen, wenn sie selbst Licht erzeugen oder Licht einer anderen Lichtquelle streuen und dieses Licht in unser Auge gelangt.

Trifft Licht auf einen undurchsichtigen Gegenstand, entsteht ein lichtfreier Raum, ein **Schatten**. Die Schattengröße ist abhängig von der Größe des Gegenstandes und von den Abständen des Gegenstandes zur Lichtquelle und zum Schattenbild.
Ein Schatten ist dann scharf begrenzt, wenn die Lichtquelle sehr klein ist.

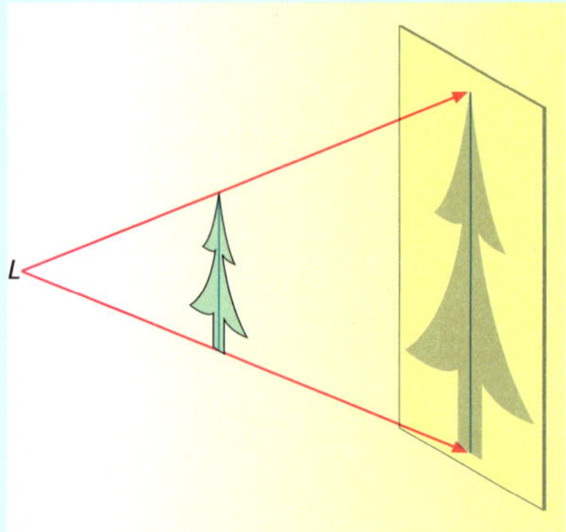

Bei zwei punktförmigen Lichtquellen unterscheidet man 2 Schattenzonen:

- **Kernschatten**: dorthin gelangt kein Licht der beiden Lichtquellen, es ist dort völlig dunkel.
- **Halbschatten**: dorthin gelangt nur Licht von einer Lichtquelle.

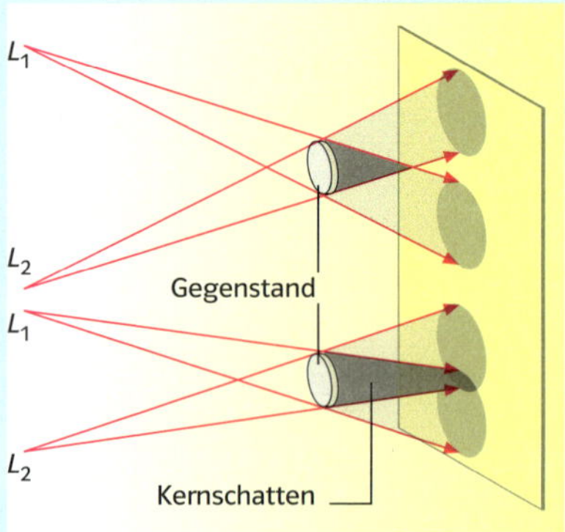

1

Eine Pistole wird abgeschossen. Wieso siehst du zuerst das Licht des Rauches, bevor du den Knall hörst?

2

Beschreibe wie man ein Lichtbündel sichtbar machen kann.

3

Wie verändert sich das Bild des Schattens, wenn man den Gegenstand weiter von der punktförmigen Lichtquelle entfernt?

4

Konstruiere die Schatten für die obere Anordnung und beantworte die Fragen.

a) Wo liegt der Kernschatten?
b) Kennzeichne den Bereich, der nur von L_1 Licht erhält.
c) Kennzeichne den Bereich, der von L_2 und L_3 Licht erhält.
d) Konstruiere jetzt den Kernschatten und den Übergangsschatten bei einer ausgedehnten Lichtquelle. Welchen Teil der Lichtquelle kann man vom Punkt P, der sich auf dem Schirm befindet, aus sehen?

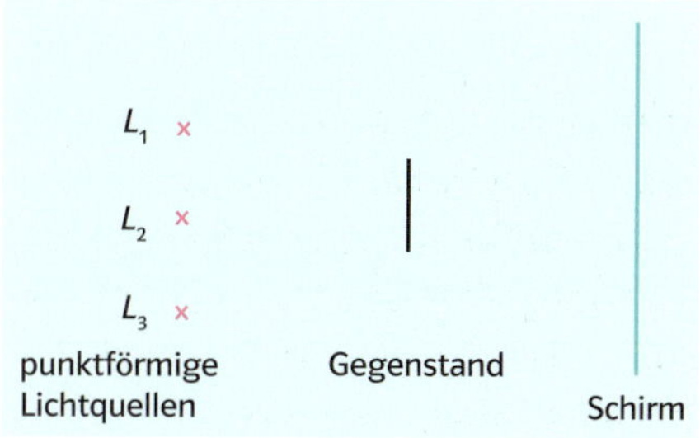

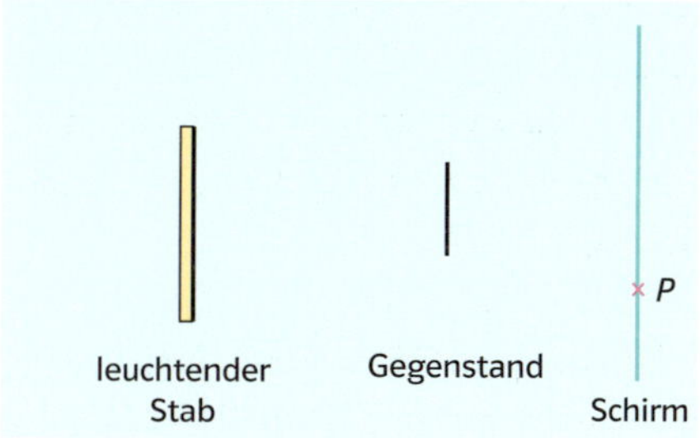

5 für KÖNNER

Erkläre mit einer Skizze, wie eine Sonnenfinsternis entsteht.

6

Welche Mondphase liegt bei einer Mondfinsternis vor?

1.2 Optische Abbildungen

WISSEN

Von jedem Punkt eines Gegenstands (einer Lichtquelle) geht ein Lichtbündel aus. Dieses läuft durch eine Blende und ruft auf einem Schirm einen Lichtfleck hervor. Alle Flecke zusammen ergeben das Bild.
Das dabei entstehende Bild ist verglichen mit dem ursprünglichen Gegenstand umgekehrt, d.h. es steht auf dem Kopf und ist seitenverkehrt.
Je kleiner die Blende ist, desto kleiner sind die Lichtflecke auf dem Schirm und desto schärfer ist das entstehende Bild.
Zur Konstruktion verwenden wir die Randstrahlen.

Es gilt das **Abbildungsgesetz:** $A = \frac{B}{G} = \frac{b}{g}$

mit A: Abbildungsmaßstab; B: Bildgröße; G: Gegenstandsgröße;
b: Bildweite; g: Gegenstandsweite

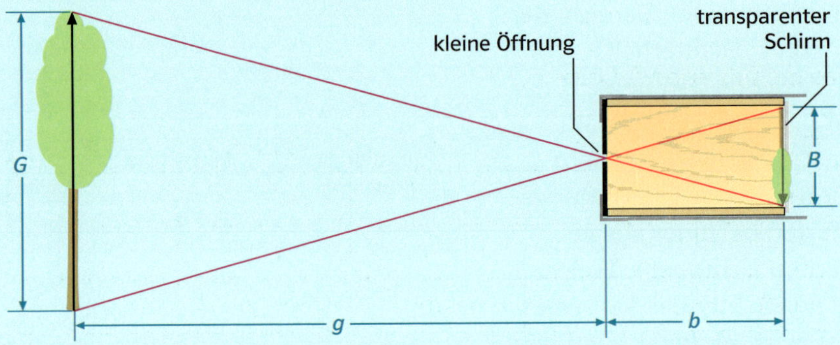

7

a) Wie verändert sich das Bild, wenn du das Loch der Blende vergrößerst?
b) Wie verändert sich das Bild, wenn du den Abstand zwischen Gegenstand und Blende vergrößerst?
c) Wie verändert sich das Bild, wenn du den Abstand zwischen Blende und Schirm vergrößerst?

8

Zeichne den Verlauf der Lichtstrahlen in der Lochkamera für folgende Werte.

a) $g = 2\,cm;\ b = 2\,cm$

b) $g = 4\,cm;\ b = 2\,cm$

c) $g = 2\,cm;\ b = 4\,cm$

d) $g = 4\,cm;\ b = 4\,cm$

Bestimme in den Zeichnungen durch Messen von G und B jeweils die Vergrößerung.

9 für KÖNNER

In einer Lochkamera ist die Fotoplatte 10 cm von der Lochblende entfernt. Mit ihr wird ein Denkmal aufgenommen, dessen Bild 5 cm hoch werden soll.

a) In welcher Entfernung von der Lochblende muss sich das Denkmal befinden, das 1,50 m hoch und 60 cm breit ist?

b) Wie breit ist dann das Denkmal auf dem Foto?

10

Ergänze die folgende Tabelle.

	G in m	g in m	B in m	b in m	A
a)	1,5	3,0	0,5		
b)		0,5	0,1	0,2	
c)	0,20		0,05	0,20	
d)	0,012	0,200			2,000

11

Du willst von deiner Freundin oder deinem Freund ein Bild für dein Poesiealbum machen. Um es einkleben zu können, darf es nicht größer als 4,5 cm sein. Der Kopf ist 25 cm hoch.
Wie weit muss der Kopf von der Blende deiner Lochkamera entfernt sein, wenn die Bildweite 10 cm beträgt?

1.3 Reflexion

WISSEN

Ungerichtete Reflexion
Trifft ein Lichtstrahl auf eine rauhe Oberfläche (z. B. Papier), so wird er in alle Richtungen reflektiert.

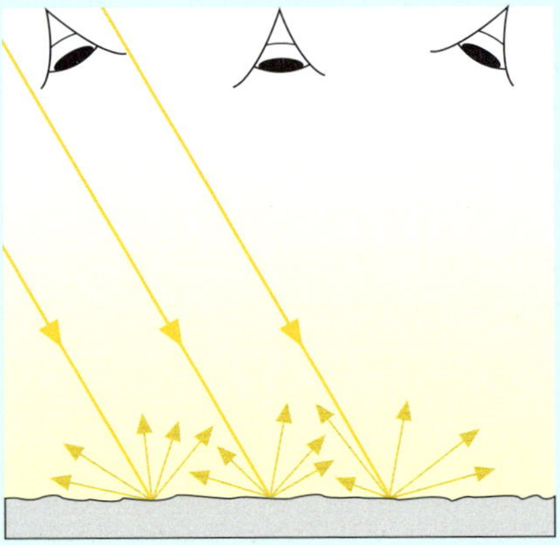

Papier

Gerichtete Reflexion
Trifft ein Lichtstrahl auf eine glatte Oberfläche (z. B. einen Spiegel), so wird er in eine Richtung umgelenkt.

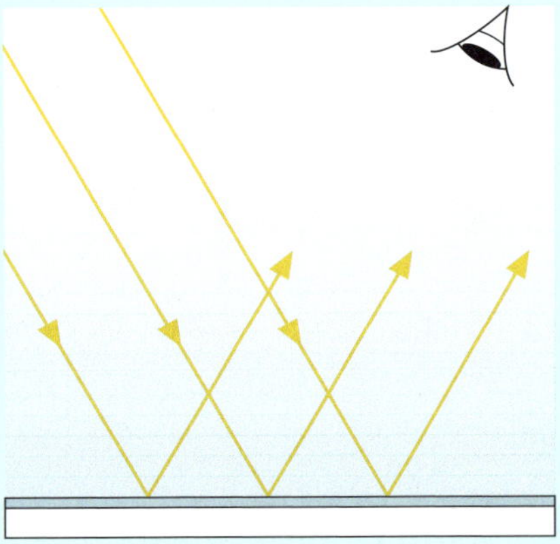

Spiegel

Für die gerichtete Reflexion gilt das **Reflexionsgesetz**.

- Einfallender Strahl, Lot und reflektierter Strahl liegen in einer Ebene.
- Einfallswinkel und Reflexionswinkel sind gleich groß.
- Der Lichtweg ist umkehrbar.

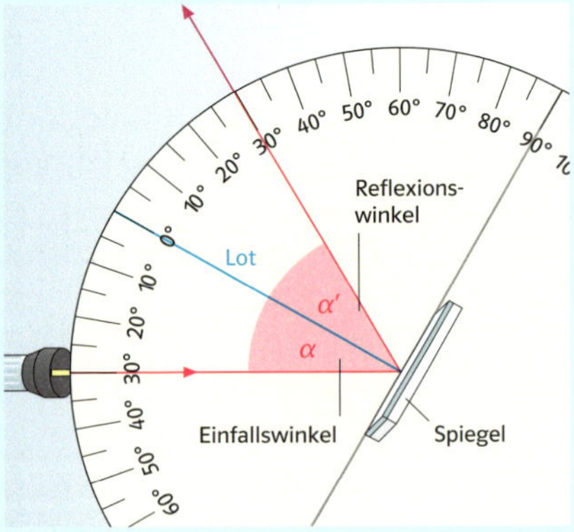

12

Welche Stoffe reflektieren das Licht gut? Kreuze an.

- [ ] Wasser
- [ ] Holz
- [ ] Papier
- [ ] Diamant
- [ ] Spiegel
- [ ] Metall
- [ ] Stoff
- [ ] Glas

13

In einem dunklen Raum beobachtest du von der Seite, wie jemand Licht auf ein weißes Papier und auf einen Spiegel fallen lässt. Warum sieht das Papier hell aus und der Spiegel dunkel?

14

Ein Lichtstrahl trifft unter einem Winkel von 40° zum Lot auf einen Spiegel. Konstruiere den reflektierten Lichtstrahl.

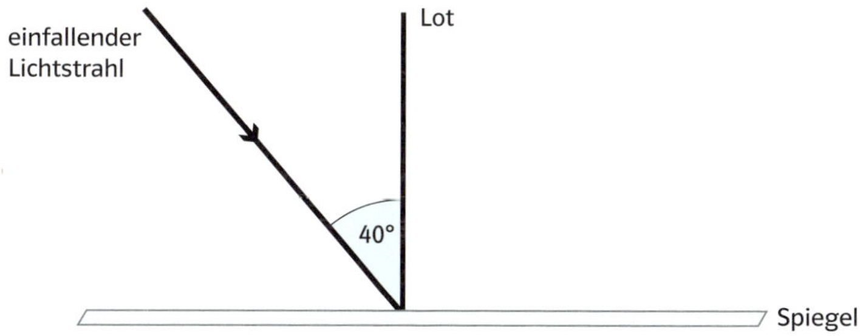

15

Einfallender und reflektierter Lichtstrahl bilden einen Winkel von 60° zueinander. Wie groß ist der Einfallswinkel?

16 für KÖNNER

Konstruiere den Verlauf des Lichtstrahls beim Winkelspiegel. Was stellst du fest? Erkläre.
(Hinweis: Ein Winkelspiegel besteht aus zwei Spiegeln, die einen rechten Winkel bilden.)

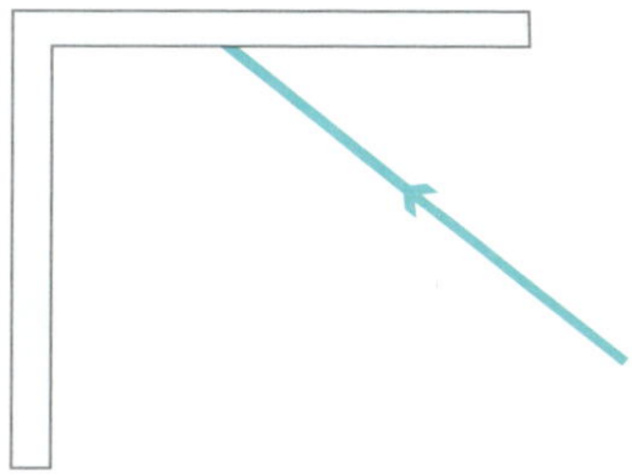

1.4 Spiegelbilder an ebenen Spiegeln

WISSEN

Entstehung von Spiegelbildern

Die Lichtstrahlen, die vom Gegenstand *P* ausgehen, werden am Spiegel nach dem Reflexionsgesetz umgelenkt. Für das Auge scheint es, als käme der Lichtstrahl von einem Punkt *P'* hinter dem Spiegel.
P' heißt **Spiegelpunkt** von *P*.

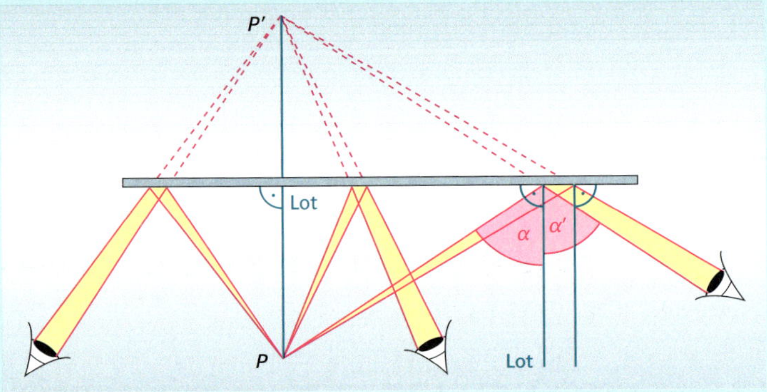

Eigenschaften von Spiegelbildern

- Bildpunkt und Spiegelpunkt liegen symmetrisch zum Spiegel.
- Spiegelbilder sind aufrecht und vertauschen rechts und links.
- Bild und Spiegelbild sind gleich groß.
- Das Spiegelbild ist ein virtuelles Bild, das heißt man kann es am vermuteten Ort nicht mit einem Schirm auffangen.

17

Zwei Personen betrachten aus verschiedenen Positionen einen Gegenstand in einem Spiegel. Konstruiere den Verlauf der Lichtwege.

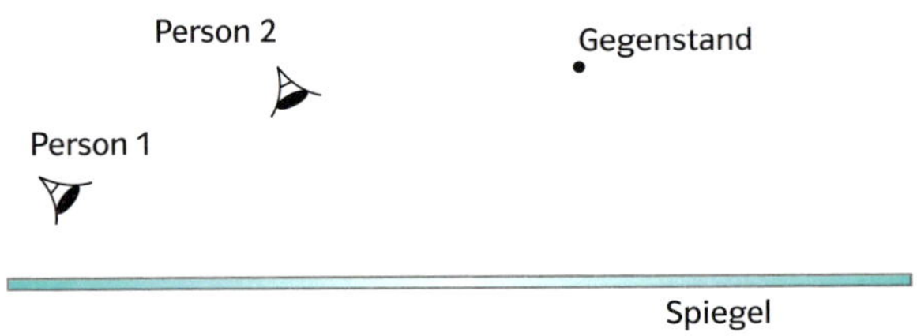

18

In der Abbildung ist *P* eine Lichtquelle und *B* eine Öffnung. Wohin muss man auf dem Tisch einen kleinen Spiegel legen, damit er einen Lichtstrahl nach *B* reflektiert?

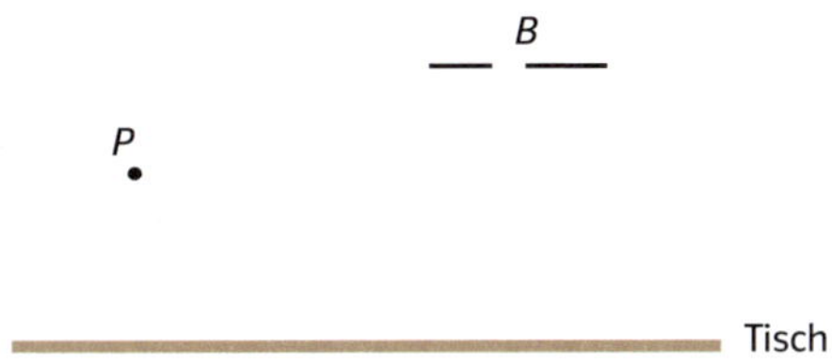

19

Martin ist 1,30 m groß (Augenhöhe: 1,20 m). Er möchte sich gerade vollständig in einem Garderobenspiegel sehen, wenn er 1,00 m vor dem Spiegel steht.

a) Bestimme zeichnerisch, auf welcher Höhe sich die Ober- und Unterkante des Spiegels befinden.

b) Wie groß ist der Spiegel im Vergleich zu Martin?

c) Wie ist der Spiegel anzubringen, wenn Martin im doppelten oder dreifachen Abstand vor dem Spiegel steht? Wie groß ist jetzt jeweils der Spiegel?

d) Außer Martin möchten sich auch seine Mutter (1,65 m groß) und sein Vater (1,80 m groß) vollständig im Spiegel sehen; ihre Augenhöhe ist jeweils um 10 cm niedriger als die Körpergröße. Wie muss nun der Spiegel aufgehängt werden?

20

Es gibt Spiegel, die die im Wissenskasten genannten Eigenschaften nicht erfüllen. Nenne Beispiele für solche Spiegel. Wie verändert sich das Spiegelbild im Gegensatz zum ebenen Spiegel?

21 für KÖNNER

Konstruiere den Verlauf parallelen Lichtes an einem Hohl- bzw. Wölbspiegel.
(Hinweis: Bei einem Hohlspiegel trifft das Licht auf die nach innen gewölbte Seite. Beim Wölbspiegel auf die nach außen gewölbte Seite.)

1.5 Brechung

WISSEN

Trifft ein Lichtstrahl unter einem Einfallswinkel $0 < \alpha < 90°$ auf einen durchsichtigen Körper, so wird ein Teil des Strahles reflektiert. Der andere Teil durchläuft den Körper und ändert dabei seine Richtung. Das Licht wird **gebrochen** (Brechungswinkel β).

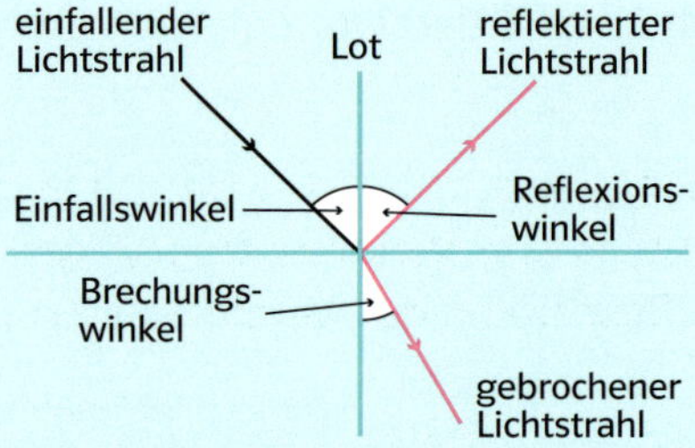

Dabei liegen einfallender Strahl, Einfallslot und gebrochener Strahl in einer Ebene.

Eigenschaften

- Mit wachsendem Einfallswinkel wächst auch der Brechungswinkel.
- Der Brechungswinkel ist stets kleiner als 90°.
- Trifft der Lichtstrahl senkrecht auf den Körper ($\alpha = 90°$), so geht er ohne Richtungsänderung in diesen über.
- Der Lichtweg ist umkehrbar.
- Der Brechungswinkel hängt vom Stoff ab.
- Geht das Licht von einem optisch dünneren Stoff in einen optisch dichteren Stoff über (z. B. von Luft in Glas), so ist der Einfallswinkel größer als der Brechungswinkel (der Strahl wird zum Lot hin gebrochen). Erfolgt der Übergang in die andere Richtung, so ist der Einfallswinkel kleiner als der Brechungswinkel (der Strahl wird vom Lot weg gebrochen).
- Nähert sich der Einfallswinkel α 90° an, so nähert sich der Brechungswinkel β einem für den Stoff spezifischen Winkel, dem so genannten Grenzwinkel, an.
- Ist beim Übergang von einem optisch dichteren in einen optisch dünneren Stoff der Einfallswinkel größer als der Grenzwinkel, so tritt **Totalreflexion** auf.

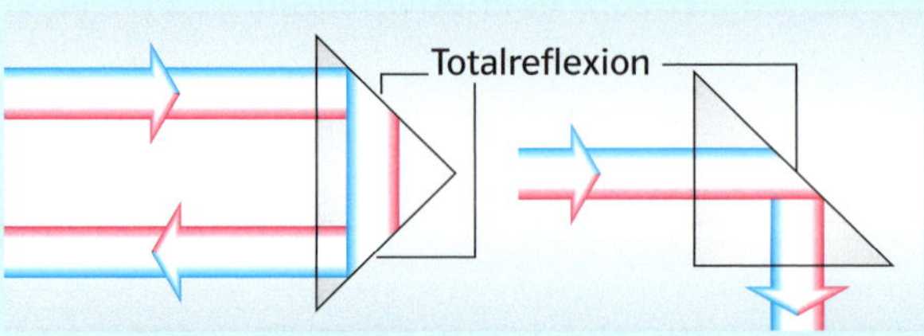

22

Welche Größe wird bei gleichbleibendem Einfallswinkel beeinflusst, wenn statt eines optisch dichteren Stoffes ein optisch dünnerer verwendet wird?

23

In einem Versuch soll die Brechung des Lichts beim Übergang von Luft nach Glas bzw. Wasser bei verschiedenen Einfallswinkeln untersucht werden. Beschreibe den Versuchsaufbau und die Durchführung.

24 für KÖNNER

Ein Versuch zur Bestimmung von Brechungswinkeln erbrachte folgende Messwerte.

Einfallswinkel α in °	Brechungswinkel β in ° (Luft nach Glas)	Brechungswinkel β in ° (Luft nach Wasser)
0	0	0
10	6,6	7,5
20	13,2	14,9
30	19,5	22
40	25,4	28,8
50	30,7	35,1
60	35,3	40,5
70	38,8	44,8
80	41	47,6
90	41,8	48,6

a) Zeichne die Messwerte in ein Diagramm und bestimme den jeweiligen Grenzwinkel.

b) Wir nehmen nun an, das Lichtbündel käme aus dem Wasser und gehe in Luft über. Unter welchem Winkel tritt es aus dem Wasser aus, wenn es die Grenzfläche unter $\alpha = 40°$ trifft?

25

Warum erscheint einem Betrachter ein in Wasser getauchter Bleistift als geknickt?

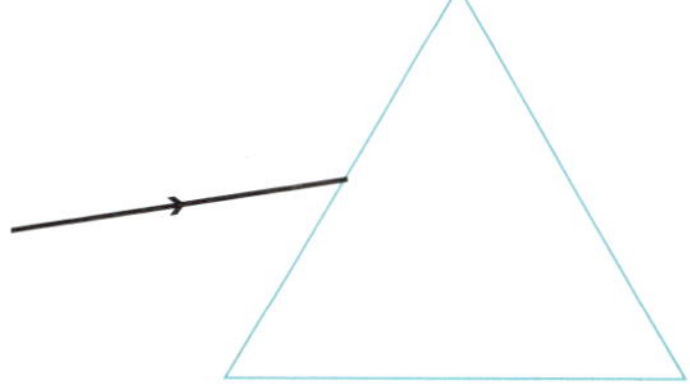

26

Der Querschnitt eines Glasprismas sei ein gleichseitiges Dreieck mit der Seitenlänge 6 cm. Konstruiere den Weg des Lichtstrahls, der das Prisma in der Mitte einer Seite unter einem Einfallswinkel von $\alpha = 40°$ ($\alpha = 20°$) trifft. Verwende die Daten aus Aufgabe 24.

Maßstab 1:2

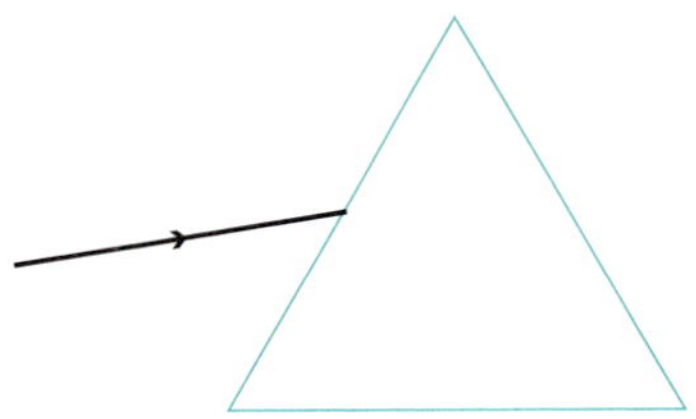

27

Eine punktförmige Lichtquelle befindet sich 5 cm über einer 3 cm dicken Glasplatte. Der senkrechte Lichtstrahl trifft diese in *P*. Zeichne die von der Quelle ausgehenden Lichtstrahlen, die 4,2 cm von *P* entfernt auf der Glasoberfläche ankommen. Konstruiere mittels der Daten aus Aufgabe 24 ihren weiteren Verlauf sowohl innerhalb als auch außerhalb der Glasplatte.

Maßstab 1 : 2

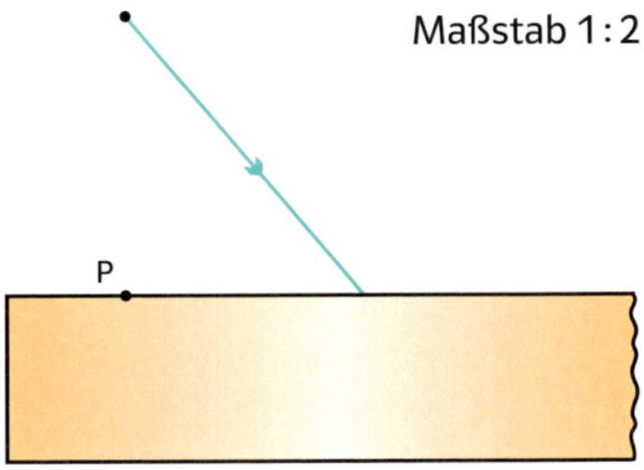

28

Beschreibe einen Versuch, bei dem man Totalreflexion beobachten kann.

29

In der Technik nutzt man die Totalreflexion. Nenne eine Anwendung und erläutere sie kurz.

30 für KÖNNER

Erkläre folgendes Phänomen:
Licht durchläuft ein mit Wasser gefülltes Gefäß und wird nach seinem Austritt auf einem Schirm sichtbar gemacht. Man beobachtet die Farben des Regenbogens.

1.6 Sammellinsen

WISSEN

Sammellinsen sind durchsichtige Körper, die in der Mitte dicker sind als am Rand.
Trifft ein Lichtstrahl auf eine Linse, so wird er beim Eintritt in die Linse und beim Austritt aus der Linse gebrochen. Parallele Strahlen sammeln sich nach der Brechung in einem Punkt.
Ist eine Linse im Verhältnis zum Durchmesser dünn, kann die zweimalige Brechung des Lichtstrahles durch einmalige Brechung an der Mittelebene ersetzt werden. Dieses Modell wird oft benutzt.

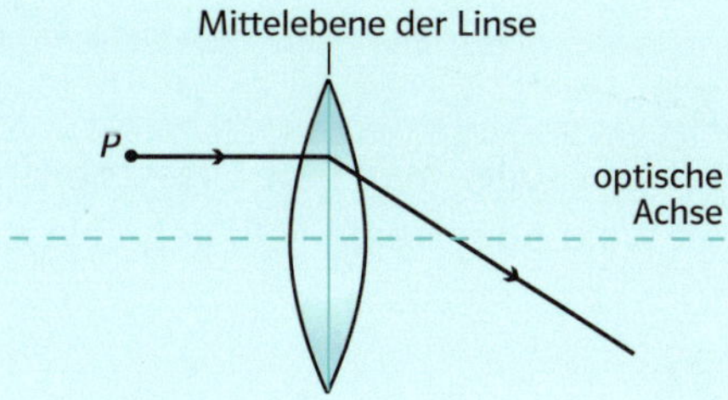

Abbildungen mit Sammellinsen
Zur Konstruktion von Bildern bei Sammellinsen benutzt man drei ausgezeichnete Strahlen:

- den **Mittelpunktstrahl**, er geht ungebrochen durch die Mitte der Linse,
- **achsenparallele Strahlen**, sie verlaufen vor der Linse parallel zur optischen Achse und hinter der Linse durch ihren Brennpunkt *F*,
- **Brennpunktstrahlen**, sie laufen vor der Linse durch den Brennpunkt *F* und hinter der Linse parallel zur optischen Achse.

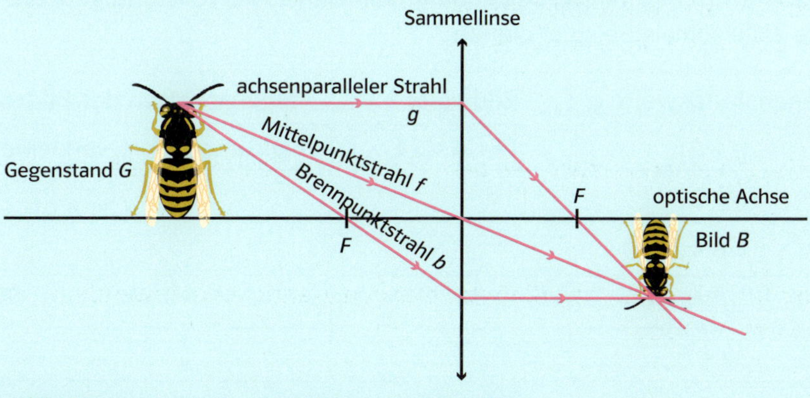

Für Abbildungen mit Sammellinsen gelten die
Linsengleichung $\frac{1}{f} = \frac{1}{g} + \frac{1}{b}$, mit *f* als Brennweite, und das
Abbildungsgesetz $A = \frac{B}{G} = \frac{b}{g}$.

31
Bei der Lochkamera muss man sich entscheiden, ob das Bild hell oder scharf sein soll. Mithilfe einer Linse ist das Bild jedoch gleichzeitig hell und scharf. Erläutere diese Tatsache.

32
Welche Größen werden durch eine stärkere Krümmung der Linse beeinflusst?

33
Warum sollte man eine Glasscherbe mit der Form einer Sammellinse nicht im Wald oder freien Feld liegen lassen?

34
Konstruiere das Bild eines Pfeils der Länge 1,5 cm bei Verwendung einer Sammellinse mit einer Brennweite von 3 cm.
a) $g = 8\,\text{cm}$ b) $g = 6\,\text{cm}$ c) $g = 5\,\text{cm}$ d) $g = 3\,\text{cm}$ e) $g = 2\,\text{cm}$
Kontrolliere außerdem deine Ergebnisse rechnerisch mit dem Linsen- und Abbildungsgesetz.

35
Versuche mithilfe von Aufgabe 34 die Tabelle zum Zusammenhang von Gegenstands- und Bildweite bei Sammellinsen zu vervollständigen. Die erste Zeile soll als Beispiel dienen.

Gegenstandsweite g	Bildweite b	Eigenschaften des Bildes
$g > 2f$	$f < b < 2f$	reell, umgekehrt, verkleinert
$g = 2f$		
$f < g < 2f$		
$g = f$		
$g < f$		

36
Ein Gegenstand soll in doppelter Größe abgebildet werden. Der Abstand zwischen Gegenstand und Linse betrage 24 cm. Wo entsteht das Bild und welche Brennweite muss die Linse haben?

37

Vervollständige die Tabelle.

Brennweite *f*	Gegenstandsweite *g*	Bildweite *b*	Gegenstandsgröße *G*	Bildgröße *B*	Abbildungsmaßstab *A*
0,2 m	1 m		0,4 m		
	20 m		30 cm	3 cm	
		0,5 m		1 cm	2:1
50 mm		10 cm		24 mm	
	200 m		2 m		1:1000

38

In der Abbildung sind Gegenstand und Bild sowie die optische Achse gegeben. Bestimme durch Konstruktion die Stellung der Sammellinse und ihre Brennweite.

39 für KÖNNER

Der Gegenstand befindet sich innerhalb der Brennweite einer Sammellinse. Konstruiere das entstehende Bild des Gegenstandes.

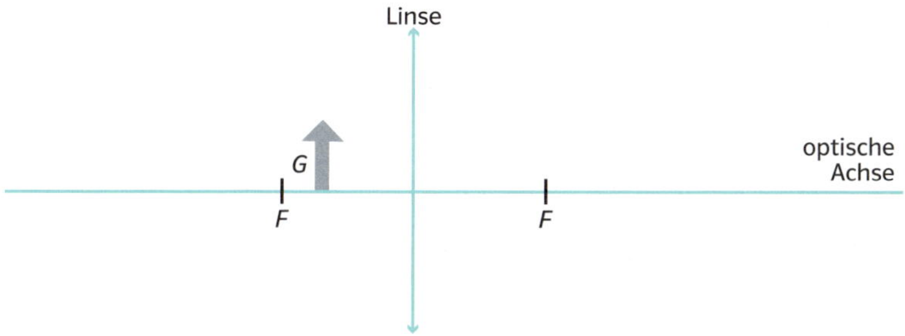

1.7 Zerstreuungslinsen

WISSEN

Zerstreuungslinsen sind am Rand dicker als in der Mitte.
Die Lichtstrahlen werden wie bei Sammellinsen beim Eintritt in die Linse und beim Austritt aus ihr gebrochen. Die gebrochenen Strahlen laufen hinter der Linse auseinander.
Auch hier verwenden wir Linsen, bei denen eine einmalige Brechung an der Mittelebene stattfindet. Eine Zerstreuungslinse wird als Linie mit einem umgekehrten Pfeil am oberen und unteren Ende dargestellt.

Abbildungen mit Zerstreuungslinsen
Trifft ein zur optischen Achse paralleles Lichtbündel auf eine Zerstreuungslinse, so werden die Strahlen so gebrochen, als ob sie von einem Punkt F_2 vor der Linse kämen. Ist der gebrochene Lichtstrahl parallel zur optischen Achse, so verläuft er vor der Linse, als ob er von einem Punkt F_1 hinter der Linse käme. Dieser Punkt wird als Brennpunkt bezeichnet. Der Mittelpunktstrahl läuft ungebrochen durch die Linse.

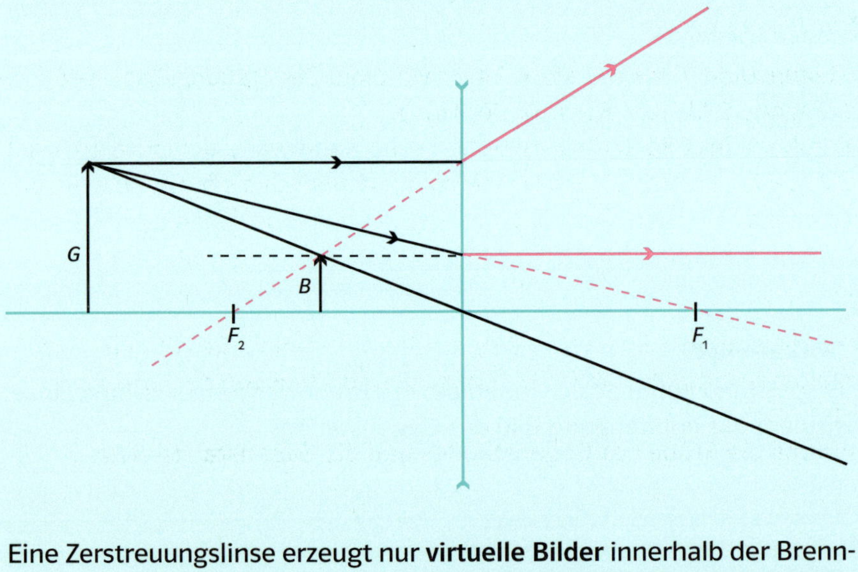

Eine Zerstreuungslinse erzeugt nur **virtuelle Bilder** innerhalb der Brennweite. Da achsenparallel einfallende Lichtstrahlen hinter der Linse von einem virtuellen Brennpunkt F_2 aus gesehen auseinanderlaufen, rechnet man die Brennweite negativ. Das Bild ist aufrecht und verkleinert.
Auch für Zerstreuungslinsen gelten die Linsengleichung und das Abbildungsgesetz.

40

Bei welchen dieser Linsen handelt es sich um Zerstreuungslinsen? Fertige eine Skizze des Strahlenverlaufs an.

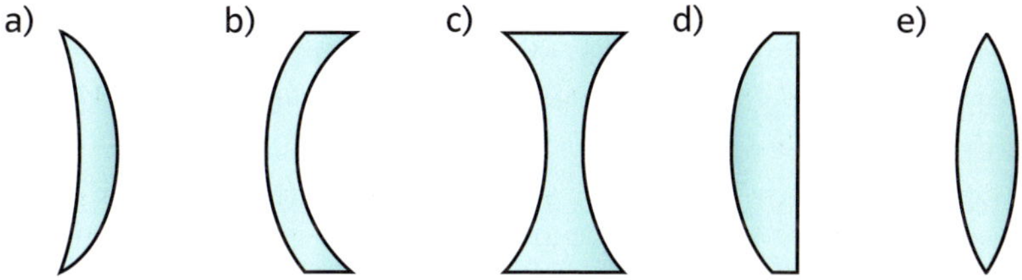

41

Eine Zerstreuungslinse hat die Brennweite $f = -5\,\text{cm}$. Konstruiere das Bild eines 1,5 cm hohen Pfeils, der in der Gegenstandsweite $g = 7\,\text{cm}$ bzw. $g = 3\,\text{cm}$ vor der Linse steht.
Berechne die Bildweite b mittels der Linsengleichung.
Wie sieht man am Ergebnis, dass das Bild virtuell ist?

42 für KÖNNER

Ein Gegenstand $G = 6\,\text{cm}$ steht 24 cm vor einer Zerstreuungslinse. Das entstehende Bild steht 8 cm vor der Linse.
Wie groß ist das Bild und wie muss man die Brennweite der Linse wählen? Bestimme die gesuchten Größen sowohl rechnerisch als auch durch eine Konstruktion.

43

Eine Zerstreuungslinse hat die Brennweite $f = -5\,\text{mm}$. Das mit der Linse entstehende virtuelle Bild ist 1,5 mm groß und 2 mm von der Linse entfernt.
Bestimme die Größe des Gegenstandes und die Gegenstandsweite.

1.8 Auge und Lupe

WISSEN

Das Auge

Die Abbildungen mit dem **Auge** ähneln denen bei einer Kamera.
Die Pupille regelt die Helligkeit auf der Netzhaut. Diese Anpassung nennt man **Adaption**.
Auf der Netzhaut entsteht ein reelles, verkleinertes und umgekehrtes Bild.
Der Abstand zwischen Linse und Netzhaut ist konstant. Um bei unterschiedlich entfernten Gegenständen ein scharfes Bild zu sehen, ist die Linse in der Lage ihre Brennweite zu ändern.
Dies nennt man **Akkommodation.**
Die Bildgröße wird durch den **Sehwinkel** bestimmt. Je näher der Gegenstand sich am Auge befindet, umso größer sind der Sehwinkel und das Bild.

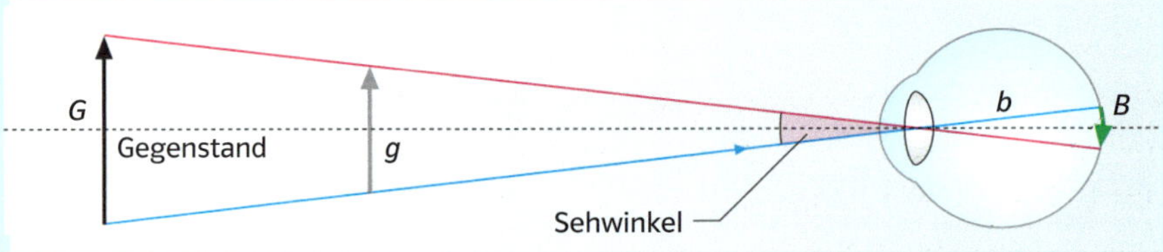

Die Lupe

Zur Vergrößerung eines Gegenstandes führt man ihn möglichst nahe an das Auge heran. Bei einer Gegenstandsweite kleiner als 10 cm ist das Auge nicht mehr in der Lage, das Bild scharf abzubilden. Mit einer Lupe (Sammellinse), die eine kleine Brennweite hat, kann man die Gegenstandsweite verkleinern und das Bild vergrößern. Man erhält ein virtuelles Bild des Gegenstandes. Um den Gegenstand mit einem entspannten Auge zu betrachten, hält man die Lupe so, dass sich der Gegenstand fast im Brennpunkt der Linse befindet.

44

Erkläre die Begriffe Akkommodation und Adaption.

45

Was versteht man unter dem „Blinden Fleck"?

46

Wann siehst du einen Käfer genauso groß wie eine Giraffe?

47

Mithilfe der Akkommodation können wir verschieden weit entfernte Gegenstände scharf sehen.

a) Weitsichtigkeit: Der Augapfel ist zu kurz, sodass das scharfe Bild hinter der Netzhaut liegt.
Eine vor das Auge gehaltene Sammellinse verkürzt die Bildweite, sodass ein scharfes Bild auf der Netzhaut entsteht.
Die Skizze zeigt die Situation ohne Linse. Wie verändert sich die Skizze mit einer Brille mit Sammellinse vor dem Auge?

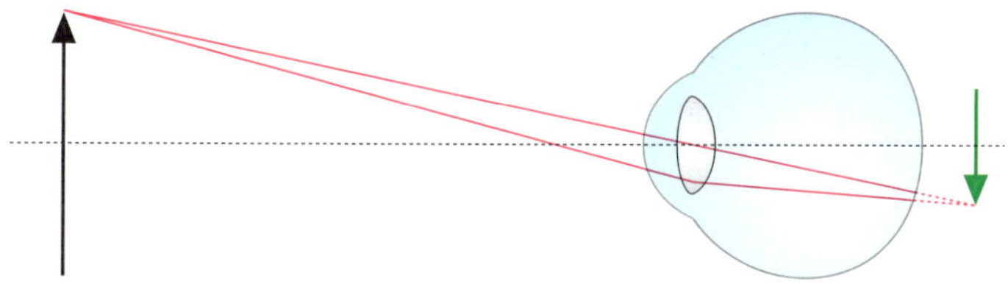

b) Kurzsichtigkeit: Der Augapfel ist zu lang, das scharfe Bild entsteht vor der Netzhaut. Eine vor das Auge gehaltene Zerstreuungslinse weitet das Lichtbündel auf, die Bildweite vergrößert sich und das scharfe Bild liegt auf der Netzhaut.
Die Skizze zeigt dir die Situation ohne Linse. Wie verändert sich die Skizze mit einer Brille mit Zerstreuungslinse vor dem Auge?

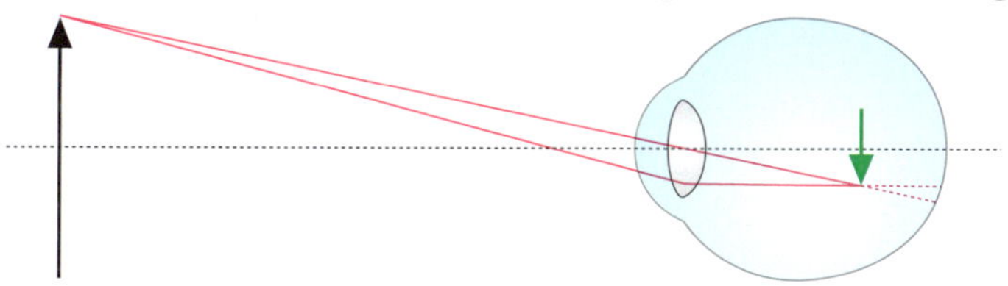

48 für KÖNNER

Die Vergrößerung einer Lupe kann man bestimmen, indem man das Verhältnis von Bildgröße B_L mit Lupe mit Bildgröße B_0 ohne Lupe beim Betrachten aus 25 cm bildet.

$V_L = \frac{B_L}{B_0} = \frac{25\,\text{cm}}{f_L}$ (f_L: Brennweite der Lupe)

Du betrachtest einen 1,5 cm hohen Pfeil durch eine Lupe und siehst ein dreimal so großes, aufrechtes, virtuelles Bild. Berechne die Vergrößerung der Lupe.

1.9 Mikroskop und Fernrohr

WISSEN

Das Mikroskop

Für starke Vergrößerungen verwendet man ein Mikroskop. Es besteht aus einer dem Gegenstand zugewandten Linse (**Objektiv**) und einer dem Auge zugewandten Linse (**Okular**). Da die Gegenstandsweite fast der Brennweite des Objektivs entspricht, entsteht ein stark vergrößertes Zwischenbild. Dieses wird nun mit dem Okular wie mit einer Lupe betrachtet.

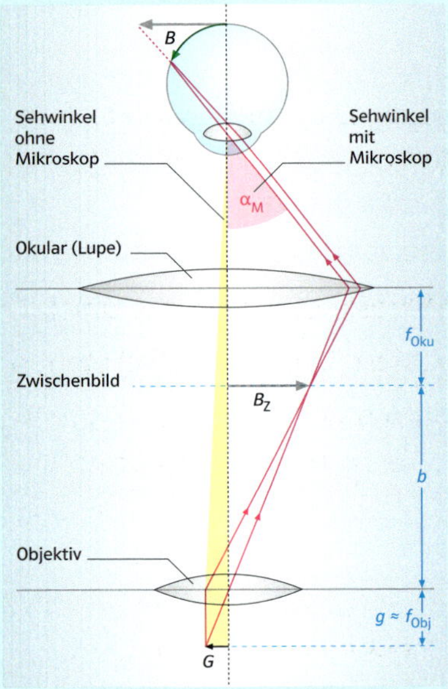

Das Fernrohr

Mit einem Fernrohr kannst du sehr weit entfernte Gegenstände betrachten. Es besteht auch aus einem Okular und einem Objektiv, dieses besitzt jedoch eine größere Brennweite. Da sich der Gegenstand in sehr weiter Entfernung befindet, ist das Zwischenbild stark verkleinert. Das Zwischenbild wird mit dem Okular wie mit einer Lupe betrachtet.

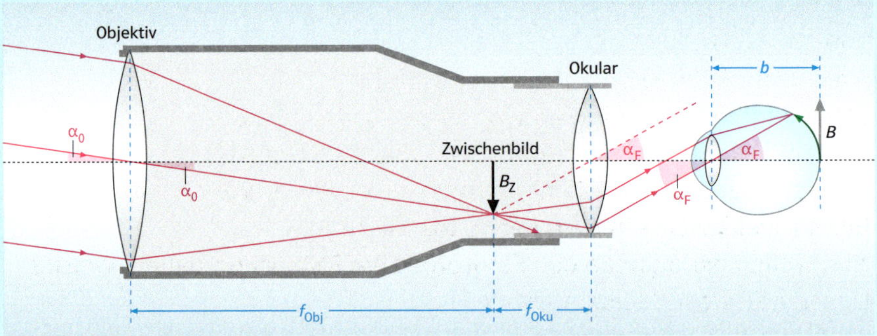

49

a) Was bewirkt das Objektiv beim Mikroskop?
b) Was bewirkt das Okular?

50

Wieso muss bei einem Mikroskop der Gegenstand stark beleuchtet werden?

51

Bei Mikroskopen ist in das Objektiv die Vergrößerung des Zwischenbildes eingraviert. In unserem Fall steht dort 40 x. Außerdem gilt $V_{Oku} = \frac{25\,cm}{f_{Oku}}$.
Mit diesen Angaben kannst du die Vergrößerung deines Objektes bestimmen. Die Formel hierzu lautet:

$$V_M = V_{Obj} \cdot V_{Oku} = \frac{b}{f_{Obj}} \cdot \frac{25\,cm}{f_{Oku}}$$

Bestimme die Brennweite des Objektives, wenn die Bildweite des Zwischenbildes $b = 15\,cm$ beträgt.

52

Wie muss ein Experiment aufgebaut sein, das die Arbeitsweise eines Mikroskops zeigt?

53 für KÖNNER

Vergleiche ein Mikroskop mit einem Fernrohr.
a) Wozu benötigt man ein Fernrohr, wozu ein Mikroskop?
b) Du willst ein Fernrohr mit 20-facher Vergrößerung bauen. Wie viele Linsen benötigst du und wie nennt man sie beim Fernrohr?
c) Gib an, welche Linsen man verwenden könnte.
d) Nun wollen wir anstelle des Fernrohres ein Mikroskop bauen. Welche Linsen müsstest du austauschen?

1.10 Experimente

Die Lochkamera

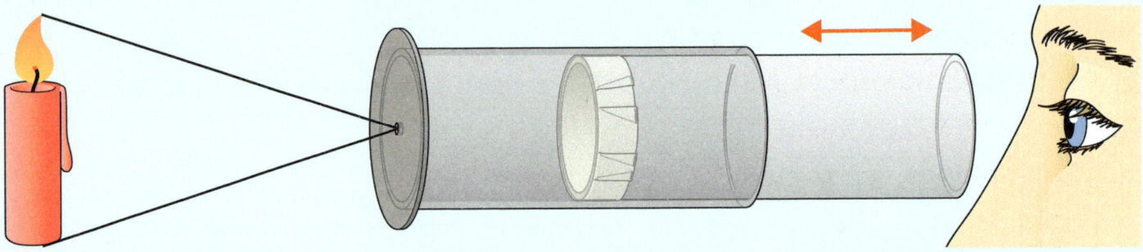

Baue die abgebildete Lochkamera nach. Du brauchst: zwei ineinanderpassende ca. 30 cm lange Pappröhren, dünne Pappe, Transparentpapier, Schere und Kleber.
Zuerst klebst du das Transparentpapier auf die innere der beiden Pappröhren, dies ist dein Schirm für das Bild. Die dünne Pappe klebst du auf die äußere Pappröhre und bohrst genau in der Mitte ein kleines Loch hinein, das ist die Blende.

Betrachte verschiedene Gegenstände und beschreibe das entstehende Bild.
Stelle zur Beantwortung der nächsten Fragen zuerst eine Vermutung auf und überprüfe dann mit der Lochkamera.

1. Wie verändert sich das Bild, wenn du dich mit der Lochkamera vom Gegenstand wegbewegst?
2. Wie verändert sich das Bild, wenn du stehen bleibst und nur die Pappröhren gegeneinander verschiebst?

Fischfang

In flachen Gewässern werden Fische häufig mit Speeren oder Harpunen gefangen. Dieses Experiment zeigt, wie schwierig das ist.
Lege eine Münze in ein großes Gefäß mit Wasser. Versuche nun die Münze mit einem geraden Stift zu treffen.
Gelingt es dir die Münze zu treffen?
Wenn nicht, wieso nicht?
Ist es einfacher, wenn das Wasser tiefer ist?

Die verschwundene Münze

Lege eine Münze in einen Becher und schaue so in den Becher, dass du die Münze sehen kannst. Bewege dann deinen Kopf so weit zurück, bis du die Münze gerade nicht mehr siehst.
Behalte diese Stellung bei und fülle nun Wasser in den Becher.
Wirst du die Münze jetzt sehen können oder nicht?
Stelle zuerst eine Vermutung auf, bevor du das Wasser in den Becher füllst.

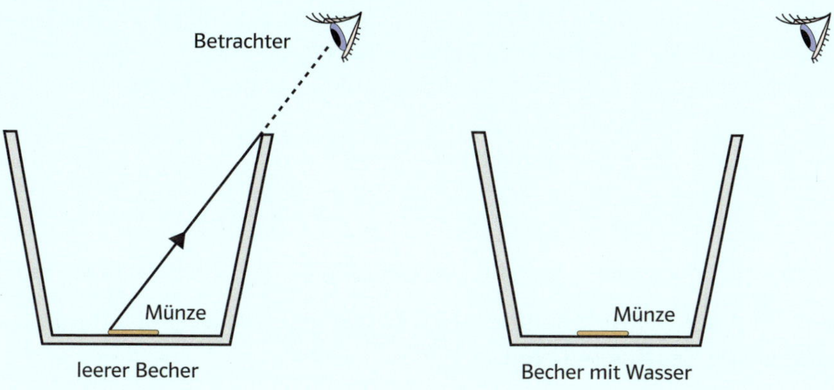

2 Mechanik

2.1 Geschwindigkeit und Beschleunigung

WISSEN

Bei **gleichförmigen geradlinigen Bewegungen** sind die Zeit-Weg-Diagramme immer Geraden.
Beginnt die Messung zum Zeitpunkt $t = 0\,s$, dann erhält man eine Gerade durch den Ursprung. Zurückgelegter Weg und dafür benötigte Zeit sind proportional. Es gilt:

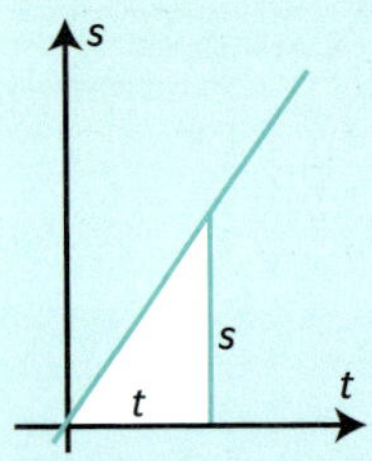

$$\text{Geschwindigkeit } v = \frac{\text{zurückgelegte Wegstrecke } s}{\text{benötigte Zeit } t} = \frac{s}{t}$$

Im Zeit-Weg-Diagramm ist dies die Steigung. Je größer die Geschwindigkeit, desto steiler ist die Gerade. Die Einheit der Geschwindigkeit ist $1\,\frac{m}{s}$.

Beginnt die Messung nicht zum Zeitpunkt $t = 0$, dann lässt sich die Geschwindigkeit wie folgt ermitteln:

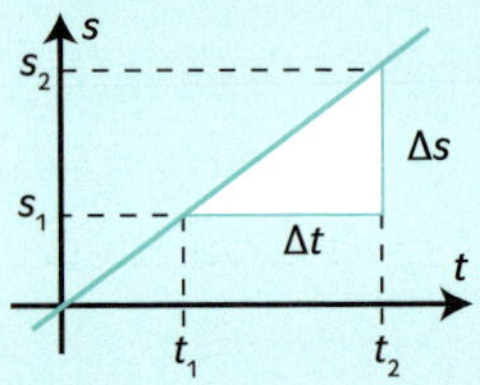

$$\text{Geschwindigkeit} = \frac{\text{zurückgelegte Wegstrecke}}{\text{benötigte Zeit}}$$

$$v = \frac{s_2 - s_1}{t_2 - t_1} = \frac{\Delta s}{\Delta t}$$

Bewegungen, bei denen sich die Geschwindigkeit ändert, heißen **beschleunigte Bewegungen**. Die Zeit-Weg-Diagramme sind keine Geraden. Der Quotient aus der Geschwindigkeitsänderung $\Delta v = v_2 - v_1$ und der dafür benötigten Zeit $\Delta t = t_2 - t_1$ heißt Beschleunigung a. Es ist:

$$a = \frac{\Delta v}{\Delta t} = \frac{v_2 - v_1}{t_2 - t_1} \quad \text{mit der Einheit } 1\,\frac{m}{s^2}$$

1

Ein LKW fährt auf der Autobahn eine 117 km lange Strecke in 1,5 Stunden. Berechne seine Geschwindigkeit in $\frac{km}{h}$.

2

a) Zeige durch Rechnung $1\,\frac{m}{s} = 3{,}6\,\frac{km}{h}$.

b) Gib die Geschwindigkeiten in $\frac{m}{s}$ an: $30\,\frac{km}{h}$; $50\,\frac{km}{h}$; $100\,\frac{km}{h}$.

c) Gib die Geschwindigkeiten in $\frac{km}{h}$ an: $20\,\frac{m}{s}$; $30\,\frac{m}{s}$; $50\,\frac{m}{s}$.

3

Berechne die fehlenden Größen für eine gleichförmige, geradlinige Bewegung. Die Messung beginnt zum Zeitpunkt $t = 0\,s$.

	Zurückgelegter Weg *s*	**Benötigte Zeit *t***	**Geschwindigkeit *v***
a)	130 km	90 min	$\frac{km}{h}$
b)	km	1 h 15 min	$90\,\frac{km}{h}$
c)	450 m	s	$50\,\frac{km}{h}$

4

Die Schallgeschwindigkeit in Luft beträgt $340\,\frac{m}{s}$.

a) Wie lange benötigt der Schall für die Strecke von 400 m (2 km; 5 km)?

b) Wie weit ist das Gewitter entfernt, wenn zwischen Blitz und Donner 3 s (5 s; 7,5 s) vergehen?

5

Ein PKW fährt in einer geschlossenen Ortschaft $50\,\frac{km}{h}$. Berechne die Strecke in Metern, die er in einer Sekunde zurücklegt.

6

Ein Radfahrer legt in 45 Minuten eine Strecke von 15 km zurück. Bei der Fahrt ist eine kürzere Steigung zu überwinden.

a) Berechne die Durchschnittsgeschwindigkeit des Radfahrers.

b) Warum heißt es im Aufgabenteil a) nicht einfach „berechne die Geschwindigkeit"?

7

a) Während eines Überholvorganges wird ein PKW innerhalb von 2 s von $90\,\frac{km}{h}$ auf $120\,\frac{km}{h}$ beschleunigt. Berechne die Beschleunigung in $\frac{m}{s^2}$.

b) Ein PKW wird innerhalb von 1,5 s von $50\,\frac{km}{h}$ zum Stillstand gebracht. Berechne die Beschleunigung (Verzögerung).

8

Bestimme aus den Diagrammen s_1, s_2, s_3, s_4, t_1, t_2, t_3, t_4 und berechne mit diesen Größen die zugehörigen Geschwindigkeiten bzw. die Durchschnittsgeschwindigkeit.

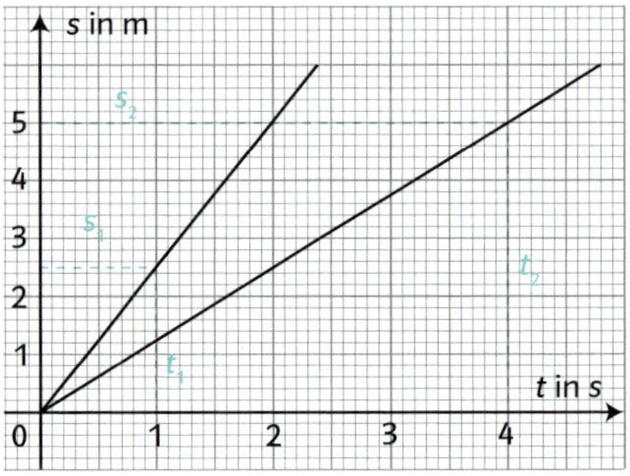

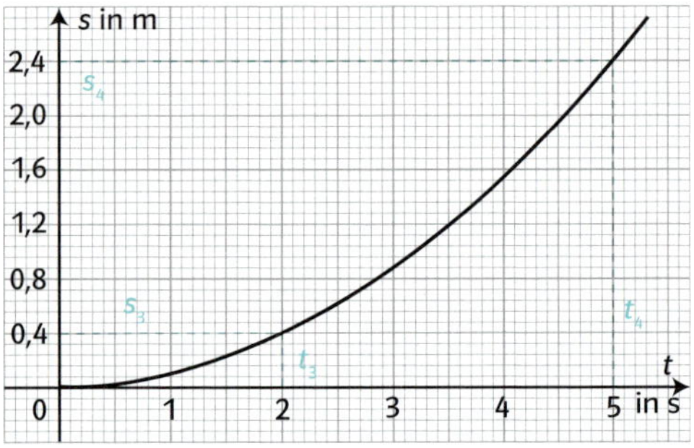

9

In einem Zeit-Geschwindigkeits-Diagramm sind drei Bewegungen dargestellt.

A: Ein Fahrzeug bewegt sich gleichförmig.

B: Ein Fahrzeug fährt beschleunigt eine schiefe Ebene hinunter.

C: Ein Fahrzeug wird bis zum Stillstand abgebremst.

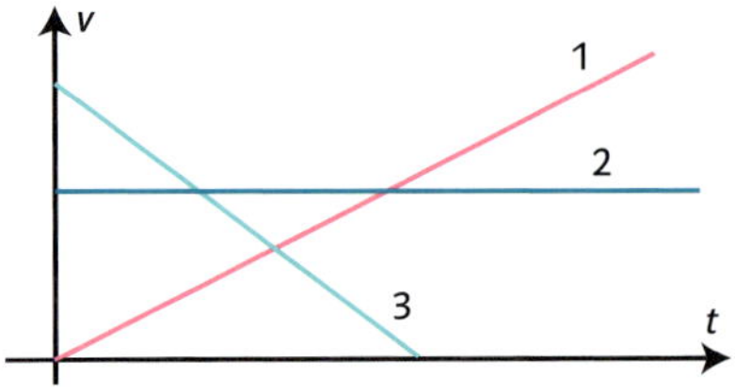

Welche Grafik gehört zu welchem Fahrzeug? Begründe deine Wahl.

10

Die Abbildung zeigt für die Fahrzeuge A und B je ein Zeit-Weg-Diagramm.

a) Welche Aussagen lassen sich über die Geschwindigkeiten der Fahrzeuge machen?

b) Begründe: Das Diagramm zeigt zwei Überholmanöver.

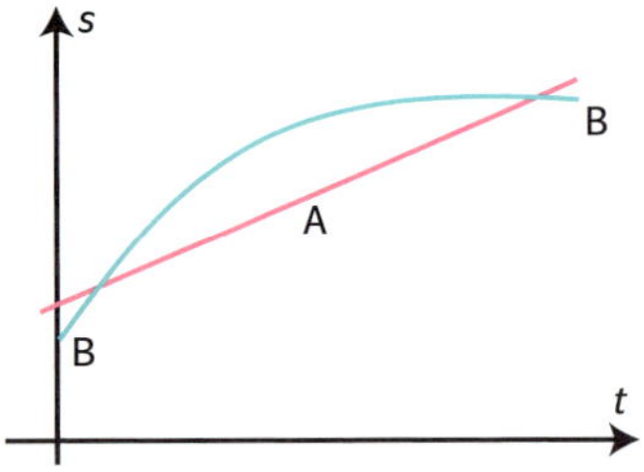

11 für KÖNNER

Gegeben ist ein Zeit-Weg- bzw. ein Zeit-Geschwindigkeits-Diagramm. Beschreibe jeweils den dargestellten Bewegungsablauf.

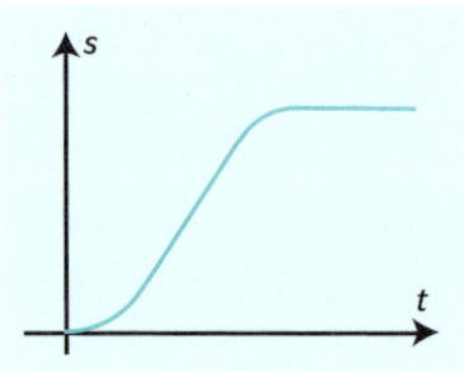

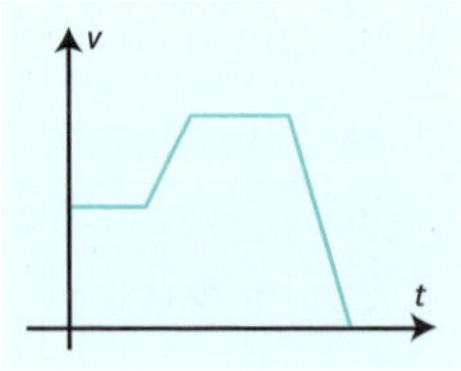

2.2 Kraft – Gewichtskraft – Masse

WISSEN

Kräfte erkennt man an ihren Wirkungen. Eine **Kraft** wirkt, falls
- ein Körper verformt wird,
- die Geschwindigkeit eines Körpers größer oder kleiner wird,
- ein Körper seine Bewegungsrichtung verändert.

Die Einheit der Kraft ist 1 Newton (1 N).

Die **Wirkung einer Kraft** hängt ab von
- ihrem Angriffspunkt
- ihrer Richtung
- ihrem Betrag

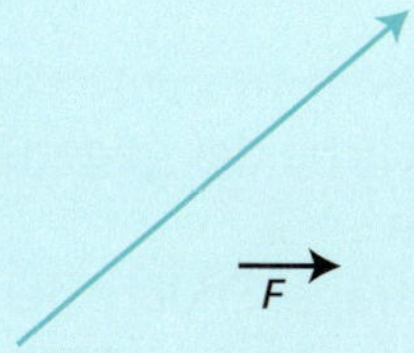

Mit einem **Kraftpfeil** (Kraftvektor) kann man dies darstellen. Den Betrag einer Kraft bezeichnet man mit F, den Kraftpfeil mit $\vec{F}$.

Kräfte treten immer paarweise auf. Es gilt das **Wechselwirkungsprinzip**: Übt ein Körper eine Kraft auf einen zweiten aus, so wirkt stets eine Kraft vom zweiten auf den ersten Körper. Beide Kräfte haben denselben Betrag, sind aber entgegengesetzt gerichtet und greifen an unterschiedlichen Punkten an.

Die **Masse** m eines Körpers ist die Ursache für seine Trägheit und für seine Gewichtskraft F_G.
An einem festen Ort ist die **Gewichtskraft** eines Körpers proportional zu seiner Masse. Es gilt: $F_G = m \cdot g$.
Der Proportionalitätsfaktor g heißt **Ortsfaktor.**
Für Mitteleuropa gilt: $g = 9{,}81\,\frac{\text{N}}{\text{kg}} \approx 10\,\frac{\text{N}}{\text{kg}}$. Rechne mit $10\,\frac{\text{N}}{\text{kg}}$.

12

a) Nenne zu jeder Kraftwirkung je zwei Beispiele.
b) Der Kraftbegriff wird häufig in der Umgangssprache benutzt. Nenne drei Beispiele, die keine physikalischen Kräfte sind.
c) Begründe an selbst gewählten Beispielen, dass die Aussage „es wirkt eine Kraft von 15 N" unvollständig ist. Welche Angaben fehlen?

13

a) Wie ist die Krafteinheit 1 N festgelegt?

b) Es gibt größere und kleinere Krafteinheiten. Fülle die Lücken aus.

1 N =		cN	134 N =		mN	1 kN =		N
2,8 N =		cN	280 mN =		N	0,25 kN =		N
320 cN =		N	0,13 N =		cN	0,13 N =		mN

14

a) Die Masse ist Ursache der gegenseitigen Anziehung von Körpern. Gib dazu Beispiele an.

b) Alle Körper sind träge. Erkläre den Begriff „Trägheit“ und gib Beispiele an. Was hat die Masse eines Körpers mit seiner Trägheit zu tun?

15

Fülle die Tabelle aus.

Ort	Erde	Erde	Erde	Erde	Mond	Mond	Mars	Venus
Ortsfaktor g					$1{,}6\,\frac{\text{N}}{\text{kg}}$		$3{,}8\,\frac{\text{N}}{\text{kg}}$	
Masse m	1 kg		250 g		10 kg		380 kg	20 kg
F_G		1 N		12,5 kN		10 N		170 N

16

Ein Zimmer ist 5 m lang, 4 m breit und 2,50 m hoch. Berechne die Masse und die Gewichtskraft der eingeschlossenen Luft $\left(\text{Dichte der Luft: } 1{,}29\,\frac{\text{g}}{\text{dm}^3}\right)$.

17

a) Peter bringt 43 kg auf die Waage. Berechne seine Gewichtskraft. Wie groß wären seine Gewichtskraft und seine Masse auf dem Mond?

b) Auf dem Mond hat ein Stein die Masse von 2 kg. Berechne die Gewichtskraft des Steins auf der Erde.

18

Beim Tiefstart übt ein Läufer auf den Startblock eine große Kraft aus. Welche Kraft beschleunigt ihn nach vorne?

19

Im Diagramm ist für zwei verschiedene Orte die Gewichtskraft in Abhängigkeit von der Masse eingetragen.

a) Warum müssen sich Halbgeraden ergeben?

b) Bestimme jeweils den Ortsfaktor in der Einheit $\frac{N}{kg}$.

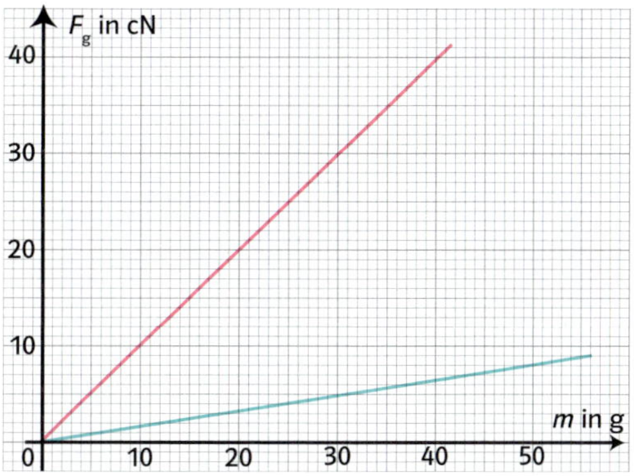

20

Beschreibe die Wechselwirkungskräfte in den folgenden Abbildungen. Trage die zugehörigen Kraftpfeile ein.

a)

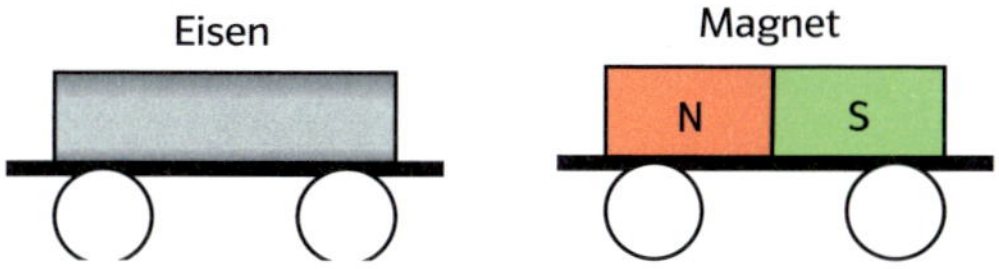

b)

c) Gehen

21 für KÖNNER

Beim Crash-Test fährt ein Auto ungebremst gegen eine Betonmauer. Welche Kraft ist größer? Die Kraft, die das Auto auf die Betonmauer ausübt oder die Kraft mit der das Auto verformt wird? Begründe deine Antwort.

22 für KÖNNER

Alle Personen ziehen mit einer Kraft von 500 N. In welchem Fall hat das Seil die größte, in welchem Fall die kleinste Kraft auszuhalten? Begründe deine Antwort.

2.3 Das Hooke'sche Gesetz

WISSEN

Kräfte können Körper verformen. Sind die Kräfte nicht zu groß, dann verformen sich feste Körper elastisch. Die Feder ist ein Beispiel für einen festen Körper mit einem größeren Elastizitätsbereich.
Für solche Körper gilt das **Hooke'sche Gesetz**:

Die Zugkraft F ist proportional zur Verlängerung s:

$$F = D \cdot s.$$

Der Proportionalitätsfaktor D heißt **Federkonstante**.
Übliche Einheiten für D sind: $1\,\frac{\text{N}}{\text{m}}$; $1\,\frac{\text{N}}{\text{cm}}$ und $1\,\frac{\text{N}}{\text{mm}}$.

23

Ergänze: $1\,\frac{\text{N}}{\text{cm}} = \frac{\text{N}}{\quad\text{m}} = \quad\frac{\text{N}}{\text{m}}$; $1\,\frac{\text{N}}{\text{mm}} = \frac{\text{N}}{\quad\text{cm}} = \quad\frac{\text{N}}{\text{cm}} = \frac{\text{N}}{\quad\text{m}} = \quad\frac{\text{N}}{\text{m}}$.

24

Ergänze die Tabelle.

F	3,1 N		22 N	15 kN
s	12 cm	81 mm		4,5 cm
D		$0{,}32\,\frac{\text{N}}{\text{cm}}$	$1{,}5\,\frac{\text{N}}{\text{mm}}$	

25

Eine Feder verlängert sich bei einer Zugkraft von 6,5 N um 8,2 cm.

a) Berechne die Federkonstante.

b) Die Feder ist 6,7 cm gedehnt worden. Berechne die Zugkraft.

c) Um wie viel Zentimeter dehnt sich die Feder bei einer Zugkraft von 4,2 N?

26

Die Pufferfeder eines Eisenbahnwaggons wird durch eine Kraft von 45 kN um 36 mm zusammengedrückt. Um wie viel Millimeter wird sie bei einer Kraft von 55 kN zusammengedrückt?

27

Die Abbildung zeigt eine „Wippe" aus einem Streifen biegsamer Pappe. Die Auslenkung *s* wurde in Abhängigkeit von der Belastung durch 20-ct-Stücke gemessen. Ein 20-ct-Stück wiegt etwa 6 g.

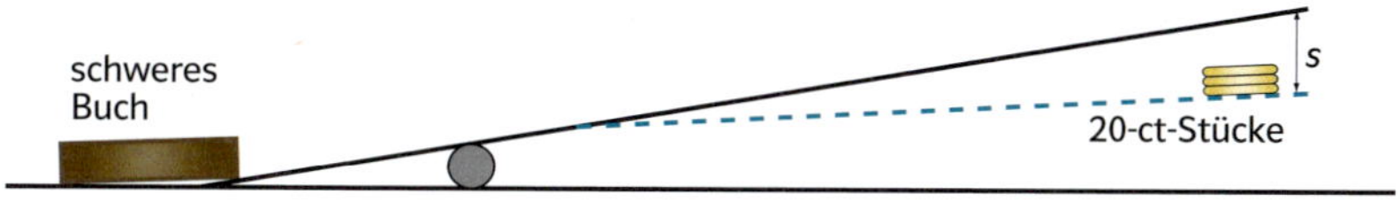

s in cm	0,5	1,1	1,6	2,1	2,7	3,5	4,4	6,0
F in N	0,06	0,12	0,18	0,24	0,30	0,36	0,42	0,48

a) Zeichne ein *s*-*F*-Diagramm.

b) Bis zu welcher Belastung gilt das Hooke'sche Gesetz? Ermittle für diesen Bereich aus dem Diagramm die Federkonstante.

c) Bestimme mit Hilfe des Diagramms die Auslenkung *s* für $F = 0{,}20\,\text{N}$ und die Kraft *F* bei einer Auslenkung $s = 2{,}5\,\text{cm}$. Überprüfe die Ergebnisse durch Rechnung.

d) Baue die Versuchsanordnung nach und führe ein entsprechendes Experiment durch.

28 für KÖNNER

Zwei Federn mit gleicher Federkonstante $D = 0{,}3\,\frac{\text{N}}{\text{cm}}$ werden nebeneinander aufgehängt und gemeinsam durch die Kraft $F = 3\,\text{N}$ gedehnt. Berechne die Dehnungsstrecke und die Federkonstante für die Federkombination.

29 für KÖNNER

Zwei Federn mit Federkonstanten $D_1 = 0{,}2\,\frac{\text{N}}{\text{cm}}$ und $D_2 = 0{,}3\,\frac{\text{N}}{\text{cm}}$ werden aneinander aufgehängt und durch die Kraft $F = 2\,\text{N}$ gedehnt. Berechne die Dehnungsstrecke und die Federkonstante der Federkombination. (Das Gewicht der Federn soll nicht berücksichtigt werden.)

2.4 Reibungskräfte

WISSEN

Zieht man an einem ruhenden Körper, so setzt er sich erst dann in Bewegung, wenn die Zugkraft groß genug ist. Der Zugkraft wirkt eine Reibungskraft F_R entgegen. Die **Reibungskraft** ist abhängig von der Normalkraft F_N, mit der der Körper senkrecht auf die Unterlage drückt.

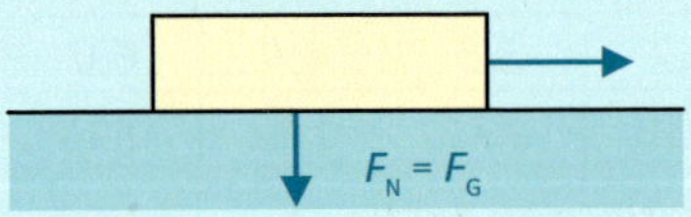

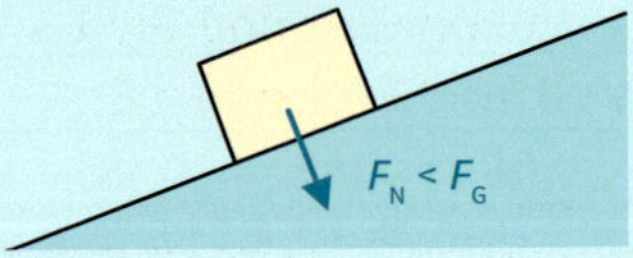

Von **Haftreibungskraft** spricht man bei einem ruhenden Gegenstand. Sie ist größer als die **Gleitreibungskraft** bei einem gleitenden Gegenstand. Die kleinste der Reibungskräfte ist die **Rollreibungskraft**.

Reibungszahl für	Haftreibung	Gleitreibung
Holz auf Metall	0,6 – 0,7	0,4 – 0,5
Holz auf Holz	0,3 – 0,6	0,2 – 0,4
Stahl auf Stahl	0,15 – 0,3	0,05
Stahl auf Eis	0,03	0,01
Autoreifen auf		
– Asphalt	0,4 – 0,8	0,3 – 0,6
– Beton	0,6 – 1	0,33 – 0,7
– Eis	0,2	0,1

Bei unveränderter Oberflächenbeschaffenheit ist die Reibungskraft proportional zur Normalkraft.
$F_R = f \cdot F_N$.

30

Beschreibe je ein Messverfahren für die Haftreibungs- und für die Gleitreibungskraft.

31

Wie ändern sich die Reibungskräfte, wenn man nur die Normalkraft verdoppelt und die Berührungsflächen halbiert?

32

Für welche Stoffkombination (Gleitbahn/Gleitbrett) muss man sich entscheiden, wenn man das bis zum Rand gefüllte Glas ruckfrei in Bewegung setzen möchte?
Berechne die Zugkraft, wenn die Gewichtskraft von Glas und Gleitbrett zusammen 3,5 N beträgt.

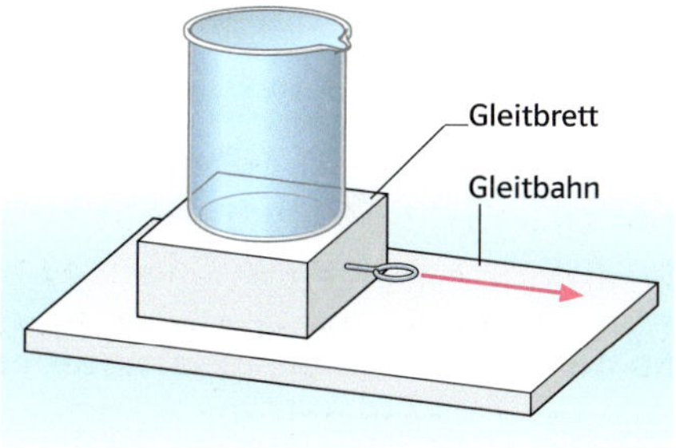

Stoffkombination	Haftreibungszahl	Gleitreibungszahl
Holz/Metall	0,65	0,45
Stahl/Eis	0,03	0,01
Teflon/Teflon	0,04	0,04

33 für KÖNNER

Ein Gegenstand mit der Gewichtskraft $F_G = 10\text{ N}$ wird aus der Ruhe in Bewegung gesetzt. Mithilfe eines Kraftsensors nimmt man ein Weg-Kraft-Diagramm auf.
Erläutere das Diagramm. Bestimme mithilfe des Diagramms die Haft- und Gleitreibungszahl.

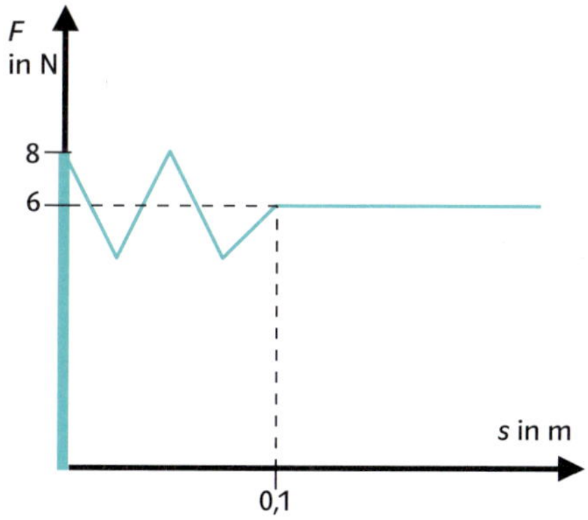

34

a) Berechne die Haft- und Gleitreibungskräfte zwischen den Reifen eines PKW (m = 750 kg) und der Straße.
Unterscheide trockene und nasse Straße.

b) Die Straße ist vereist. Um das Auto aus dem Stand zu beschleunigen, ist eine Kraft von 400 N notwendig. Gelingt der Start oder drehen die Räder durch?

2.5 Ersatzkräfte

WISSEN

Oft wirken mehrere Kräfte auf einen Körper. Haben sie einen gemeinsamen Angriffspunkt, dann kann man die Kräfte durch eine Kraft, die Ersatzkraft, ersetzen.

So bestimmt man die Ersatzkraft von zwei Kräften:
Lege einen Maßstab für die Länge der Kraftpfeile fest, z. B. 1 cm entsprechen 2 N. Zeichne die beiden Kraftpfeile $\vec{F}_1$ und $\vec{F}_2$ ausgehend vom gemeinsamen Angriffspunkt.

Die Kraftpfeile sind **nicht parallel.**
Ergänze die Figur zu einem Parallelogramm.
Zeichne die Diagonale vom Angriffspunkt aus als Kraftpfeil mit der Pfeilspitze in der gegenüberliegenden Ecke. Dieser Pfeil beschreibt die Ersatzkraft.
Miss die Länge der Diagonalen und ermittle mithilfe des Maßstabes den Betrag der Ersatzkraft.

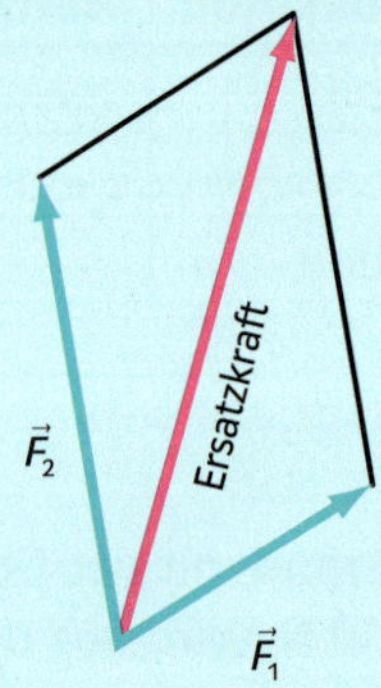

Die Kraftpfeile sind **parallel**.
Addiere bei gleichgerichteten Kräften die Beträge der Teilkräfte. Behalte die Kraftrichtung bei.
Subtrahiere bei entgegengesetzt gerichteten Kräften die Beträge der Teilkräfte. Die Richtung der Ersatzkraft stimmt mit der Richtung der größeren Teilkraft überein.

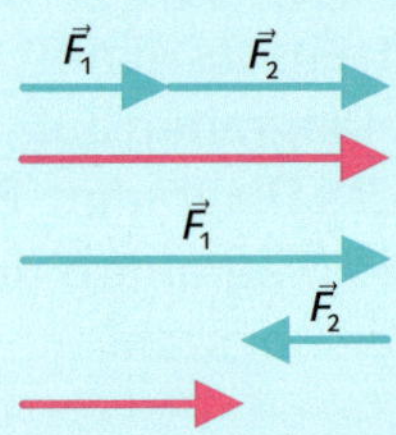

35

Bestimme die Ersatzkraft.

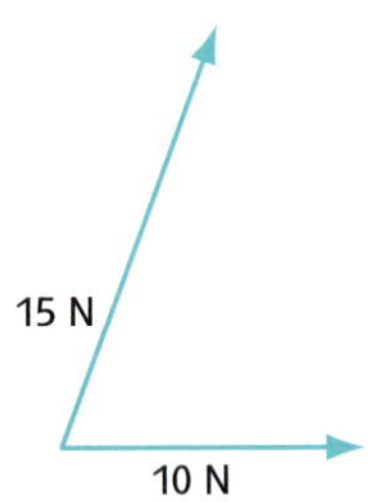

36

Bestimme die Ersatzkraft.

a) $F_1 = 4\,N$ und $F_2 = 5\,N$. Der Winkel zwischen den beiden Teilkräften soll 45° (0°, 75°, 150°, 180°) betragen.

b) $F_1 = 350\,N$ und $F_2 = 210\,N$. Die beiden Kräfte sollen einen Winkel von 100° einschließen.

37

Zwei Kräfte haben den gleichen Betrag 5 N.
Bestimme die Ersatzkraft für Winkel zwischen 0° und 180° in Schritten von 30°.
Zeichne ein Winkel-Ersatzkraft-Diagramm für das Intervall [0° – 180°].
Es gibt einen Winkel, sodass auch die Ersatzkraft den Betrag von 5 N besitzt. Welcher Winkel ist dies? Welche Eigenschaft hat in diesem Fall das Kräfteparallelogramm?

38

Zeichne ein Kräfteparallelogramm.

a) $F_1 = 4\,N$; $F_2 = 5\,N$ und $F_{Ersatz} = 7\,N$

b) $F_1 = 4\,N$; $F_2 = 5\,N$ und $F_{Ersatz} = 2\,N$

39

Der Winkel zwischen der Teilkraft $F_1 = 7\,N$ und der Ersatzkraft $F_{Ersatz} = 9\,N$ beträgt 50°. Zeichne das Kräfteparallelogramm und bestimme den Betrag der zweiten Teilkraft F_2.

40 für KÖNNER

Man spricht vom **Kräftegleichgewicht**, wenn die Ersatzkraft aller Teilkräfte den Betrag 0 N hat.

a) Beim Tauziehen ziehen die Schüler der linken Seite mit den Kräften 310 N, 290 N, 270 N und 320 N. Die Schüler der rechten Seite ziehen mit den Kräften 270 N, 180 N, 350 N, 380 N. Herrscht Kräftegleichgewicht?

b) Ergänze durch eine dritte Kraft, sodass ein Kräftegleichgewicht herrscht. Anleitung: Bestimme zunächst die Ersatzkraft von F_1 und F_2.

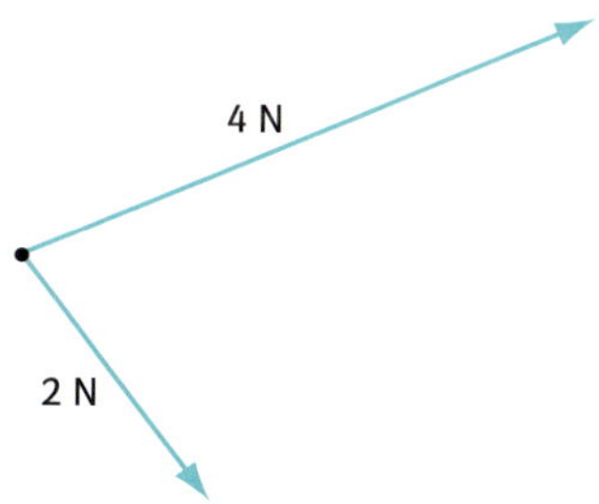

2.6 Kräfte zerlegen

WISSEN

Eine Kraft kann in **Teilkräfte** zerlegt werden. Du musst dazu die folgenden Konstruktionsschritte durchführen:

Wähle einen geeigneten Maßstab.
Zeichne den Kraftpfeil der zu zerlegenden Kraft *F*.
Zeichne vom Angriffspunkt die Richtungen der gesuchten Teilkräfte.
Ergänze die Figur zu einem Parallelogramm.
Bestimme mit Hilfe des gewählten Maßstabes die Beträge der Teilkräfte.

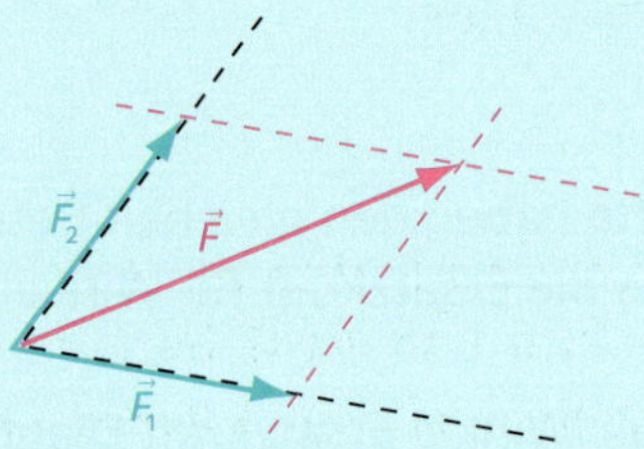

Die schiefe Ebene

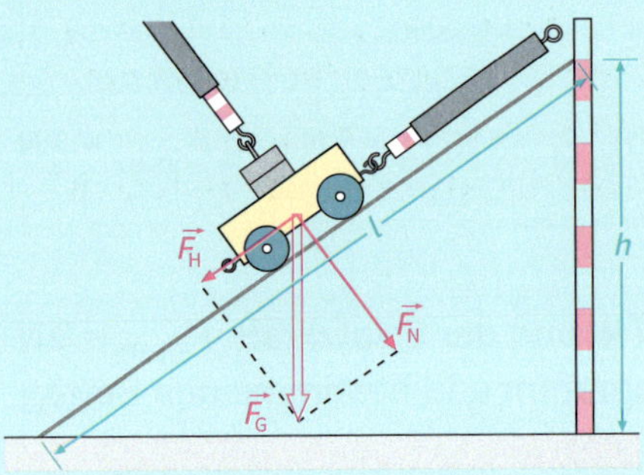

Die Gewichtskraft F_G eines Körpers wird in zwei Richtungen zerlegt.
Eine Richtung ist parallel zur schiefen Ebene, die zweite ist senkrecht zur schiefen Ebene.
Man erhält die Hangabtriebskraft F_H und die Normalkraft F_N.

Es gilt: $F_H = F_G \cdot \frac{h}{l}$

41

Bestimme die Teilkräfte für die angegebenen Richtungen (1 cm entspricht 4 N).

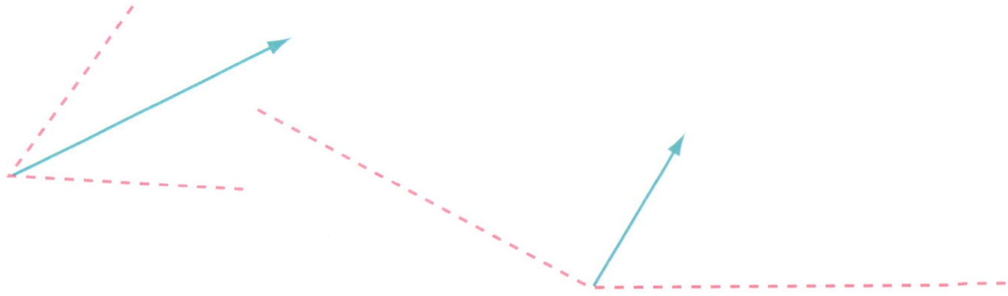

42

Ein Wagen mit der Gewichtskraft 20 N steht auf einer schiefen Ebene. Zerlege die Gewichtskraft in die angegebenen Richtungen. Ermittle die Beträge von Normalkraft und Hangabtriebskraft.

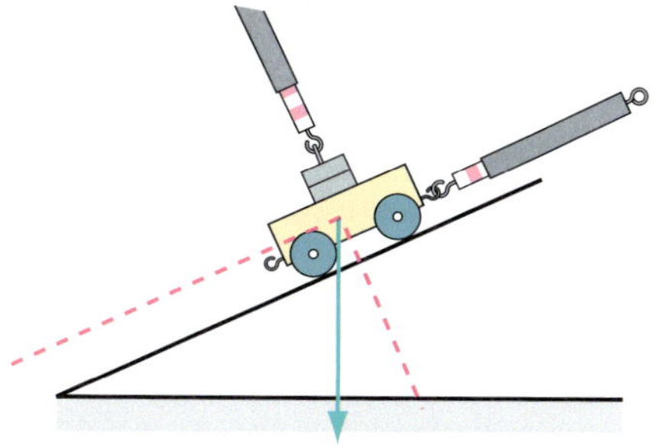

43

Eine Kiste mit der Masse $m = 40\,\text{kg}$ liegt auf einer schiefen Ebene der Länge $l = 10\,\text{m}$ und der Höhe $h = 5\,\text{m}$. Fertige eine maßstabsgerechte Zeichnung an. Ermittle aus deiner Zeichnung die Hangabtriebskraft und die Normalkraft. Überprüfe das Ergebnis für die Hangabtriebskraft durch Rechnung.

44

Die Dresdner Standseilbahn (gebaut 1894/95) überwindet auf einer Länge von 544 m einen Höhenunterschied von 95 m. Ein besetzter Wagen hat durchschnittlich die Masse von etwa 12 Tonnen.
Ermittle durch Rechnung die Hangabtriebskraft. Welche Bedeutung hat das Ergebnis für die Zugseile?

45

Ein Vogel (Gewichtskraft 3 N) sitzt auf einer Wäscheleine.

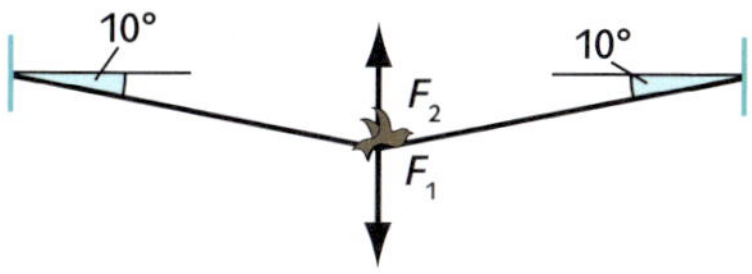

a) Beschreibe die Bedeutung der eingezeichneten Kräfte. Gib auch jeweils die Angriffspunkte an.
b) Zerlege die Kraft F_2 in Richtung der Leine. Beschreibe die Bedeutung dieser Teilkräfte.

46 für KÖNNER

Zwei Kinder tragen gemeinsam einen Koffer mit dem Gewicht 20 kg. Ermittle die Kraft, mit der jedes Kind den Koffer trägt.

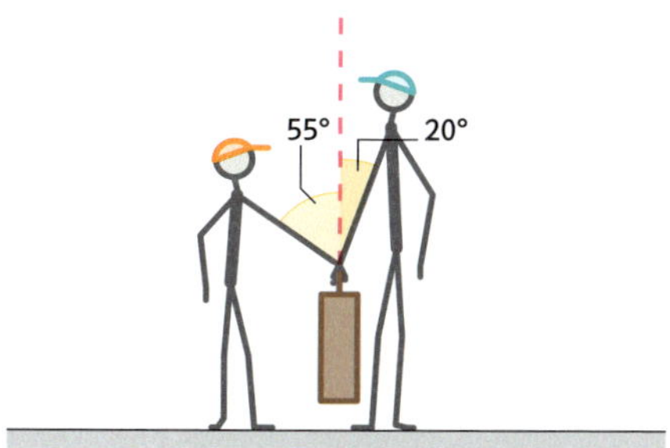

2.7 Kraftwandler

WISSEN

Mit einem **Hebel** kann man Betrag, Richtung und Angriffspunkt einer Kraft verändern.

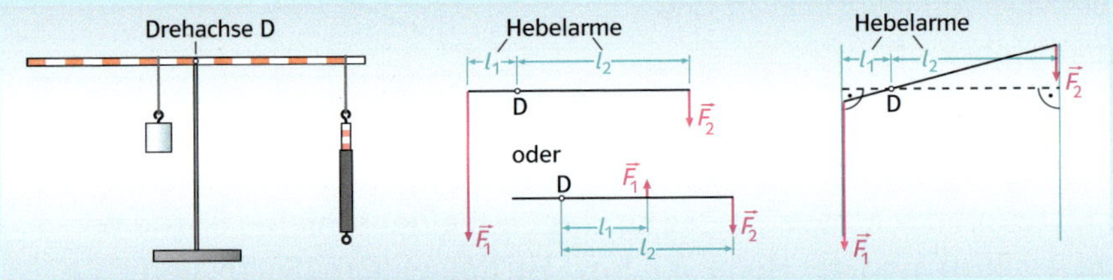

Als **Hebelarm** bezeichnet man den Abstand der Drehachse von dem Punkt, an dem die Kraft senkrecht zum Hebel angreift.
Das Produkt aus der Kraft F und dem Hebelarm l heißt Drehmoment $M = F \cdot l$.
Ein Hebel ist im **Gleichgewicht**, wenn das rechtsdrehende Drehmoment gleich dem linksdrehenden Drehmoment ist.

Mit einem Seil und einer Rolle kann man Betrag, Richtung und Angriffspunkt einer Zugkraft verändern.

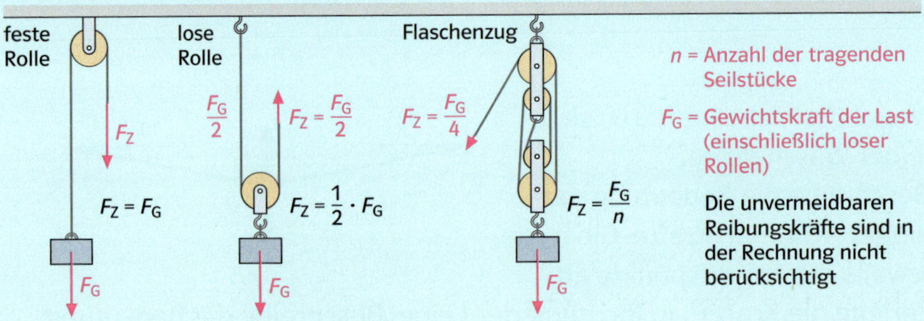

n = Anzahl der tragenden Seilstücke

F_G = Gewichtskraft der Last (einschließlich loser Rollen)

Die unvermeidbaren Reibungskräfte sind in der Rechnung nicht berücksichtigt

47

Kennzeichne die Hebelarme.

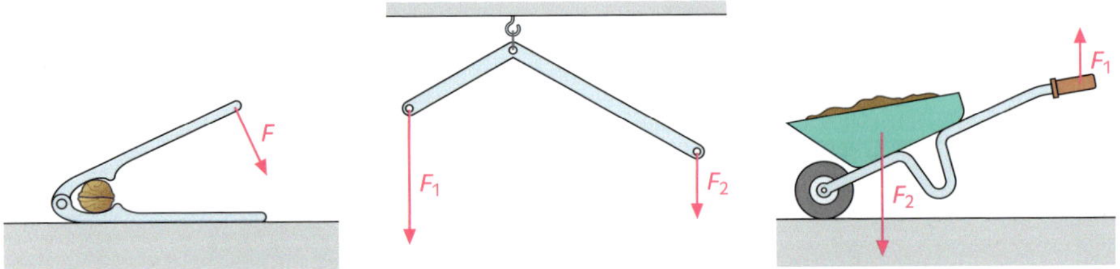

48

Die Tabelle erhält Daten eines Hebels. Der Hebel soll im Gleichgewicht sein. Berechne die fehlenden Größen.

	Kraft F_1	Hebelarm l_1	Kraft F_2	Hebelarm l_2
a)	3,5 N	4,0 cm	2,5 N	
b)	120 N		180 N	2,5 m
c)		1,5 m	2500 N	60 cm
d)	850 N	1,8 m		2,4 m

49

Im Punkt A soll eine Kraft angreifen, sodass der Hebel im Gleichgewicht ist. Ermittle den Betrag und die Richtung dieser Kraft.

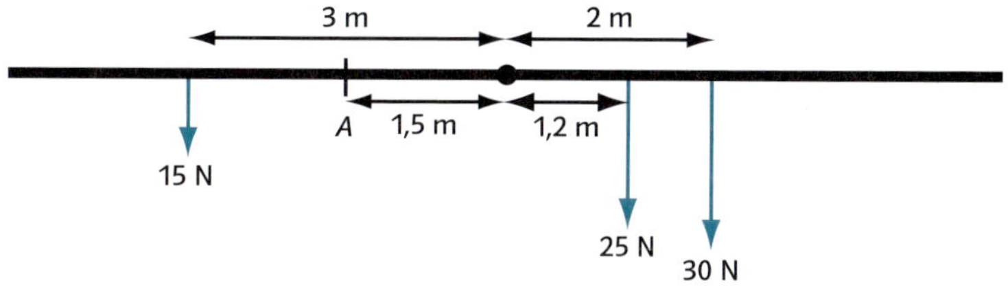

50

Mit einer Stange wird eine Kiste angehoben. Die Kiste drückt mit 200 N auf die Stange. Mit welcher Kraft muss man den Hebel am Ende hochdrücken? Berechne die Kraft und trage die Kraftrichtung und die Hebelarme in die Skizze ein.

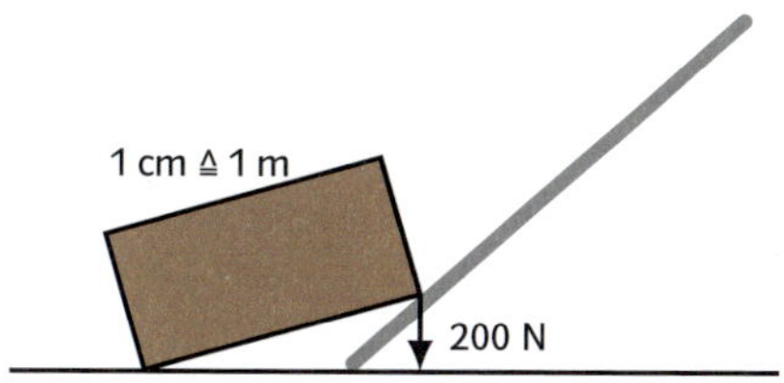

51 für KÖNNER

Häufig benutzt man Schraubendreher zum Öffnen von Farbdosen. Ermittle aus der Zeichnung die Kraft, mit der der Deckel angehoben wird.

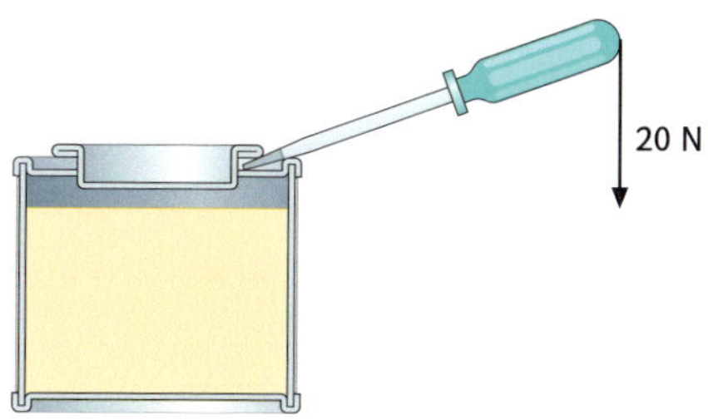

52

In dieser Aufgabe geht es um das Gewicht des Hebels.

a) Ein Hebel von 2 m Länge bleibt im Gleichgewicht, wenn am linken Ende 0,40 m vom Drehpunkt entfernt ein Gewicht mit der Gewichtskraft von 120 N angehängt wird. Berechne die Masse des Hebels.

b) Ein 2 m langer und 15 kg schwerer Hebel ist im Punkt *D* drehbar gelagert. Der Hebel soll sich nicht drehen. Berechne die Kraft, die dann im Punkt *A* angreifen muss.

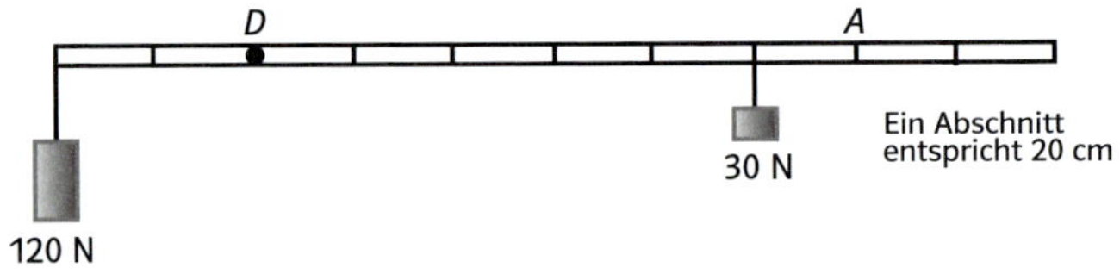

53

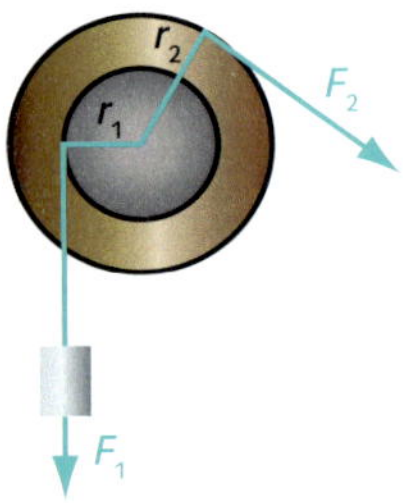

Drehbare Scheiben sind Hebel.

a) Formuliere die Gleichgewichtsbedingung.

b) Es ist: $r_1 = 2{,}5\,\text{cm}$, $r_2 = 4\,\text{cm}$, $F_1 = 12\,\text{N}$. Berechne F_2, so dass Gleichgewicht herrscht.

54 für KÖNNER

Die Abbildung zeigt den Antrieb eines Fahrrades mit den folgenden Radien: $r_1 = 18\,\text{cm}$, $r_2 = 9\,\text{cm}$, $r_3 = 5\,\text{cm}$ und $r_4 = 35\,\text{cm}$. Auf die Pedale wirkt eine Kraft von 100 N.

Berechne die Drehmomente und die Kraft zwischen Rad und Straße.

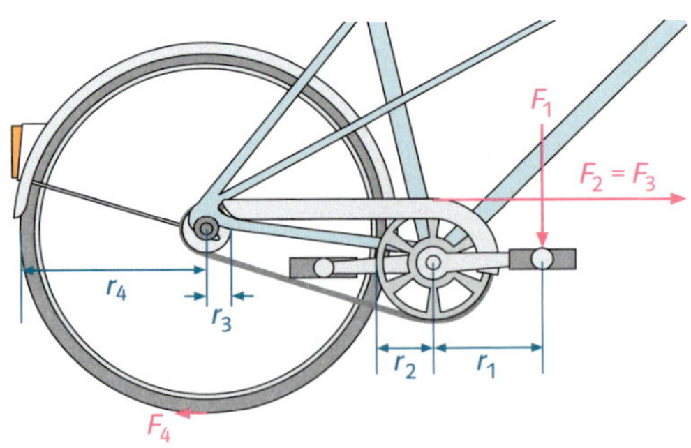

55

Vervollständige die Tabelle.

	Last Gewichtskraft	Zugkraft bei fester Rolle	loser Rolle	Flaschenzug ($n = 6$)
a)	30 kN			
b)		5 kN		
c)			25 kN	
d)				12 kN

56

Ein Gewicht von 200 kg soll mit einem Flaschenzug mit vier losen Rollen 3 m hochgehoben werden. Das Gewicht der unteren vier Rollen beträgt 16 kg.

a) Berechne die zum Gleichgewicht nötige Zugkraft.
b) Berechne die Seillänge, die aufgewickelt werden muss.
c) Die ziehende Person wiegt 75 kg. Wie schwer darf die Last am Flaschenzug höchstens sein?

57

Wie groß muss die Kraft F_2 sein, damit die abgebildete Kombination von Flaschenzug und Hebel im Gleichgewicht ist?

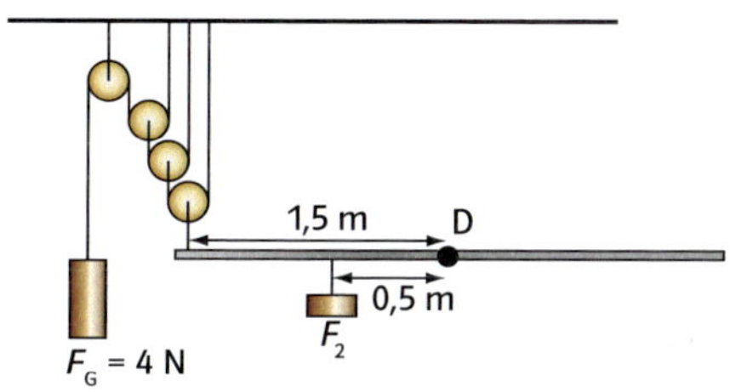

58

Der menschliche Arm ist ein Hebel mit $l_1 : l_2 = 1:8$.
Welcher Zusammenhang besteht zwischen der Gewichtskraft F_G und der Muskelkraft F_1?

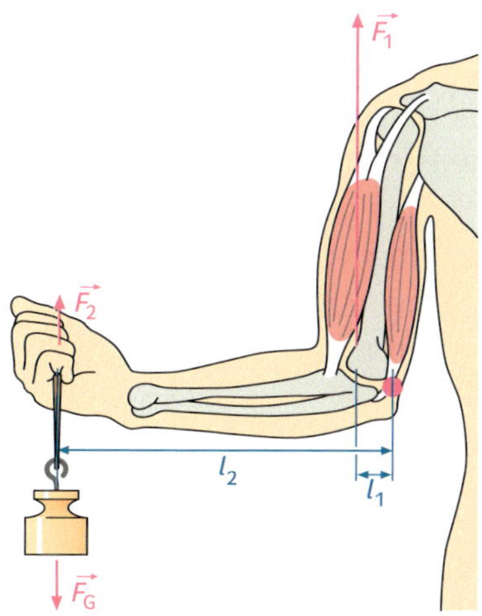

2.8 Arbeit – Energie – Leistung

WISSEN

Wird ein Körper mit der konstanten, in Wegrichtung wirkenden Kraft F um die Strecke s bewegt, so wird an ihm die **Arbeit** $\boldsymbol{W = F \cdot s}$ verrichtet.

Hubarbeit: $W = F_G \cdot h = m \cdot g \cdot h$ Einheit: 1 Nm = 1 J (Joule)

Arbeit an einem Körper führt zu einer gleich großen Änderung der **mechanischen Energie:** $\boldsymbol{W = \Delta E = F \cdot s}$.

Energie der Lage oder potentielle Energie: $E_L = m \cdot g \cdot h$
Energie der Bewegung oder kinetische Energie: $E_{Bewegung} = \frac{1}{2} \mathrm{m} \cdot v^2$
Energie der gespannten Feder: $E_{Spann} = \frac{1}{2} D \cdot s^2$

Der **Quotient** aus **verrichteter Arbeit** W und **benötigter Zeit** t heißt **Leistung:** $P = \frac{W}{t}$ mit der Einheit: $1 \frac{\mathrm{J}}{\mathrm{s}} = 1\,\mathrm{W}$ (Watt).

59

Du trägst einen 5 kg schweren Rucksack auf einen 400 m hohen Berg. Berechne die Arbeit, die du am Rucksack verrichtest.

60

Peter trägt einen Koffer mit der Masse 25 kg in ein 13 m höher gelegenes Stockwerk. Dabei verrichtet er eine Arbeit von 9,49 kJ. Wie schwer ist Peter?

61

Eine Person (m = 50 kg) trägt einen Koffer die abgebildete Treppe hinauf. Dabei verrichtet er insgesamt die Arbeit 480 J. Berechne die Masse des Koffers.

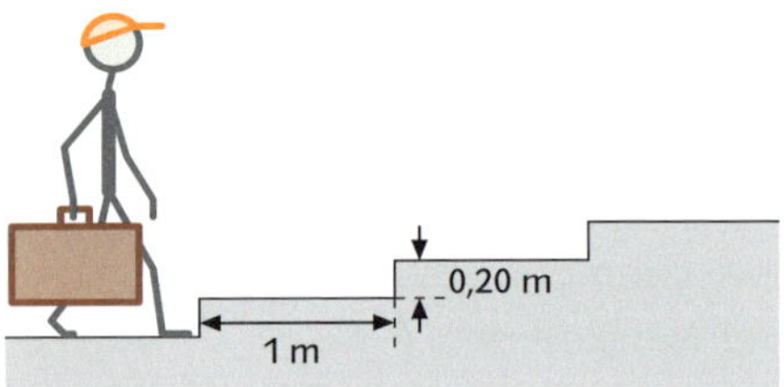

62

Ein 210 kg schwerer Baumstamm wird von einem Traktor 30 m weit gezogen. Die Reibungskraft beträgt 400 N. Berechne die Arbeit, die der Traktor am Baumstamm verrichtet.

63

Man hat die Wahl einen Koffer den Bahnsteig entlang zu tragen (A) oder mit einem Wagen zu schieben (B). Bei welcher Methode ist die verrichtete Arbeit kleiner?

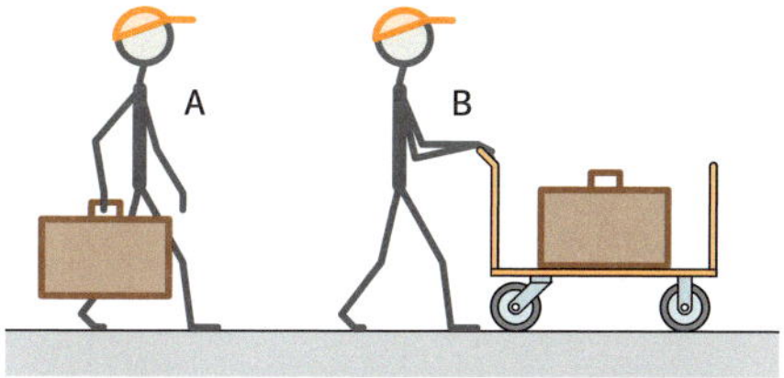

64

Mithilfe eines Flaschenzuges (sechs tragende Seilstücke) wird eine 160 kg schwere Betonplatte um 2,5 m gehoben. Ein Motor muss dabei mit einer Kraft von 300 N am Seil ziehen.

a) Berechne die an der Betonplatte verrichtete Arbeit.

b) Berechne die vom Motor verrichtete Arbeit. Vergleiche dieses Ergebnis mit der Arbeit aus dem Teil a) und erkläre den Unterschied.

65

a) Max zieht einen Kraftmesser bis zur Anzeige 15 N. Die Feder wird dabei um 10 cm gedehnt. Er behauptet, beim Dehnen die Arbeit von 1,5 J verrichtet zu haben. Stimmt das? Begründe!

b) Jan dehnt seinen Expander mit einer Kraft von 600 N um 40 cm. „Beim Festhalten verrichte ich eine Arbeit von 120 J." Hat er Recht? Begründe!

66

Eine Feder der Masse 20 g wird zusammengepresst und dann losgelassen. Sie fliegt 2 m hoch. Wie hoch war die Spannenergie?

67

Ein Auto erhöht seine Geschwindigkeit von 30 km/h auf 120 km/h.
Wie ändert sich die Energie der Bewegung?

68

Beschreibe die Energieumsetzungen beim Trampolinspringen.

69

a) Berechne die Leistung eines Motors, der in 2 Sekunden einen 50 kg schweren Gegenstand 3 m hoch hebt.

b) Eine Pumpe der Leistung 0,4 kW pumpt Wasser 5 Minuten lang 20 m hoch. Wie viel Liter Wasser werden dabei gefördert?

70 für KÖNNER

a) Zeige: Die Leistung eines Fahrzeuges bei einer horizontalen Bewegung mit konstanter Geschwindigkeit lässt sich mit der Formel $P = F \cdot v$ berechnen.

b) Ein PKW mit der Motorleistung 90 kW hat auf ebener Straße die Höchstgeschwindigkeit $180\,\frac{\text{km}}{\text{h}} = 50\,\frac{\text{m}}{\text{s}}$. Berechne die Motorkraft.

71

Der Fjord Skjerstad (Norwegen) ist über eine schmale Rinne mit dem offenen Meer verbunden. Hier entstehen starke Gezeitenströmungen in den Fjord hinein bzw. aus dem Fjord heraus. Die Energie könnte man mit einem Gezeitenkraftwerk nutzen.
Wie hoch wäre die mittlere Leistung, wenn innerhalb von 6 Stunden 250 000 000 m^3 Wasser eine Höhe von 1 m herabstürzen?

72

Aus einer Ernährungstabelle: Eine Apfeltasche liefert 693 kJ.
Du hast jetzt 30 Minuten intensiv Aufgaben gelöst. Deine Leistung betrug während dieser Zeit 120 W. Wie viele Apfeltaschen darfst du essen, wenn du die umgesetzte Energie ersetzen möchtest?

73

Gib jeweils ein Beispiel für die angegebenen Energieumsetzungen an.

a) Energie der Bewegung in Energie der Lage
b) Energie der gespannten Feder in Energie der Bewegung
c) Elektrische Energie in Energie der Bewegung
d) Energie der Lage in elektrische Energie

2.9 Druck in Flüssigkeiten und Gasen

WISSEN

Druck macht sich in Flüssigkeiten und Gasen durch Kräfte senkrecht zu den Begrenzungsflächen bemerkbar.

Der **Kolbendruck** ist definiert als der Quotient aus Kraft und Fläche:

$p = \frac{F}{A}$.

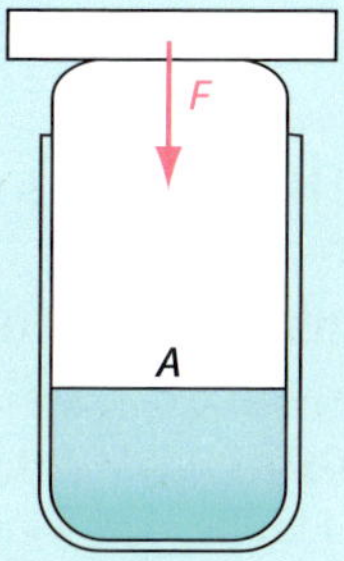

Der Druck wird in der Einheit Pascal (Pa) gemessen. Es ist $1\,\text{Pa} = 1\,\frac{\text{N}}{\text{m}^2}$.

1 Pa ist ein sehr kleiner Druck. Man benutzt häufig Vielfache dieser Einheit.

100 Pa = 1 hPa (Hektopascal), 1000 Pa = 1 kPa (Kilopascal),
100 000 Pa = 1 bar = 1000 mbar.

Der **Schweredruck** in einer Flüssigkeit ist proportional zur Tiefe h und zur Dichte ϱ der Flüssigkeit.

$p = \varrho \cdot g \cdot h$

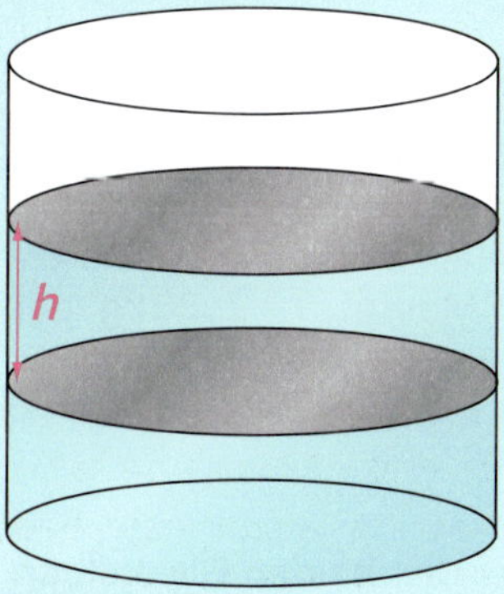

Der Schweredruck der Lufthülle beträgt auf der Erdoberfläche etwa 1000 hPa.

Anmerkung: Wähle bei der Rechnung günstige Einheiten:

$1\,\frac{\text{g}}{\text{cm}^3} = 1\,\frac{\text{kg}}{\text{dm}^3} = 1000\,\frac{\text{kg}}{\text{m}^3}$ und $10\,\frac{\text{N}}{\text{kg}} = 1\,\frac{\text{cN}}{\text{g}}$.

Dichte von Wasser: $1\,\frac{\text{g}}{\text{cm}^3}$

74

Forme in die vorgegebenen Einheiten um.

a) 1 bar $\left(\frac{\text{N}}{\text{cm}^2}\right)$ b) 1 Pa (mbar) c) $1\,\frac{\text{N}}{\text{cm}^2}$ (hPa)

d) 13 kPa (bar) e) $1{,}3\,\frac{\text{N}}{\text{cm}^2}$ (Pa) f) 980 hPa $\left(\frac{\text{N}}{\text{cm}^2}\right)$

75

Zwei Kolbenprober sind mit einem Schlauch verbunden. A_1 und A_2 sind die Flächen der Kolben, F_1 und F_2 die zugehörigen Kräfte.

	F_1	A_1	F_2	A_2	p
a)	55 N	10 cm²		25 cm²	
b)		12 cm²		30 cm²	$1{,}5\ \frac{N}{cm^2}$
c)	12 N	3,5 cm²	8 N		

76

Auf einer hydraulischen Hebebühne steht ein PKW der Gewichtskraft 70 kN. Die Fläche des kleinen Pumpkolbens an der Pumpe beträgt $A_1 = 4\ cm^2$, die des großen Kolbens für die Hebebühne 500 cm².

a) Berechne den Druck in der Flüssigkeit in Pa.

b) Berechne die notwendige Kraft am Pumpkolben.

77

In einer alten Werkstatt wurde die hydraulische Hebebühne mit der Wasserleitung betrieben. Der Wasserdruck betrug 3,5 bar. Es soll ein Wagen mit der Masse $m = 2500\ kg$ gehoben werden. Berechne die Querschnittsfläche des Arbeitskolbens.

78

Welcher der beiden Glaskolben platzt zuerst, wenn man die Kraft ständig vergrößert?

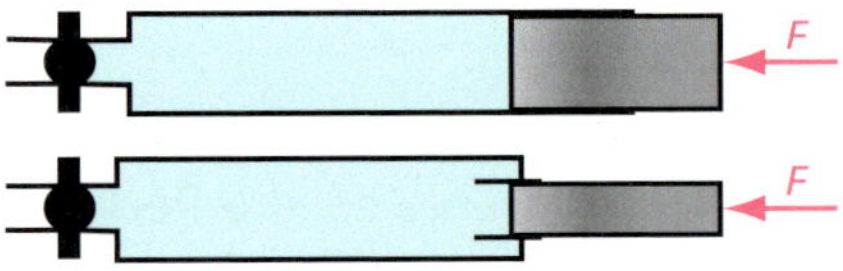

79

Mithilfe der unten stehenden Gleichungen kann man das Gesetz für den Schweredruck herleiten. Begründe jede von ihnen.

$$F = F_G$$
$$p \cdot A = m \cdot g$$
$$p \cdot A = \varrho \cdot V \cdot g$$
$$p \cdot A = \varrho \cdot A \cdot h \cdot g$$
$$p = \varrho \cdot h \cdot g$$

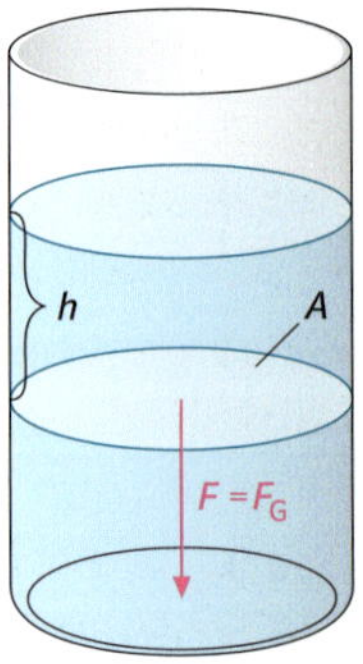

80

Berechne den Schweredruck in einer Wassertiefe von 10 m, 20 m, 30 m, 40 m und 50 m. Wähle als Dichte 0,98 $\frac{g}{cm^3}$ (Süßwasser) und 1,03 $\frac{g}{cm^3}$ (Salzwasser). Zeichne je ein Wassertiefe-Druck-Diagramm.

81

Die erste blutige Blutdruckmessung wurde 1726 in London von Referent Stephen Hales durchgeführt. Er stach mit einem spitzen Gänsekiel in die Halsarterie eines Pferdes. Das Blut stieg in einer senkrecht stehenden Glasröhre 2,40 m hoch $\left(\text{Dichte des Blutes } 1{,}06 \frac{g}{cm^3}\right)$.

a) Berechne den Blutdruck des Pferdes in kPa.

b) Wie hoch steht das Blut im Rohr, falls der Blutdruck 26,5 kPa beträgt?

82

Um Wasser aus einem Stausee ablassen zu können, befindet sich 40 m unter der Wasseroberfläche in der Staumauer ein 2 m^2 großer Schieber.

a) Berechne die Kraft auf den Schieber.

b) Der See wird vergrößert, der Wasserstand bleibt aber gleich. Wie verändert sich die in a) berechnete Kraft?

83 für KÖNNER

a) Auf dem Boden eines Heizöltanks ist ein Druckmessgerät angebracht, das bei leerem Tank 0 hPa anzeigt. Wie hoch ist der Tank gefüllt, wenn es 1400 hPa anzeigt $\left(\text{Dichte von Heizöl: } 0{,}8 \frac{g}{cm^3}\right)$?

b) Am Boden befindet sich ein Absperrhahn mit einer Querschnittsfläche von 30 cm^2. Welche Kraft wirkt auf den geschlossenen Absperrhahn?

84

Zwei Taucher haben je einen gleichgroßen Gummiball gleicher Qualität mit auf den Grund eines Sees genommen. Der Taucher A begibt sich unter einen Felsvorsprung.
Welche Aussage ist richtig?

(1) Ball A ist größer als Ball B.
(2) Beide Bälle sind gleich groß.
(3) Ball A ist kleiner als Ball B.

Begründe deine Antwort.

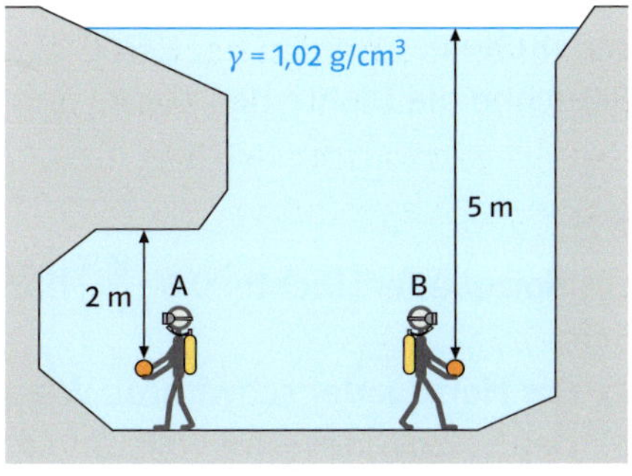

WISSEN

Durch den Schweredruck erfährt jeder in eine Flüssigkeit eingetauchte Körper eine nach oben wirkende Auftriebskraft, kurz: **Auftrieb.**

Für diese Kraft gilt das **Archimedische Gesetz**:
Die Auftriebskraft hat den gleichen Betrag wie die Gewichtskraft der durch den Körper verdrängten Flüssigkeit.

$F_A = \varrho_{\text{Flüssigkeit}} \cdot V_{\text{verdrängt}} \cdot g$

85

Begründe jede Gleichung.

$F_1 = \varrho_{\text{Flüssigkeit}} \cdot h_1 \cdot g \cdot A$
$F_2 = \varrho_{\text{Flüssigkeit}} \cdot h_2 \cdot g \cdot A$
$F_A = \varrho_{\text{Flüssigkeit}} \cdot (h_2 - h_1) \cdot g \cdot A$
$F_A = \varrho_{\text{Flüssigkeit}} \cdot V_{\text{Körper}} \cdot g$
$F_A = \varrho_{\text{Flüssigkeit}} \cdot V_{\text{verdrängt}} \cdot g$

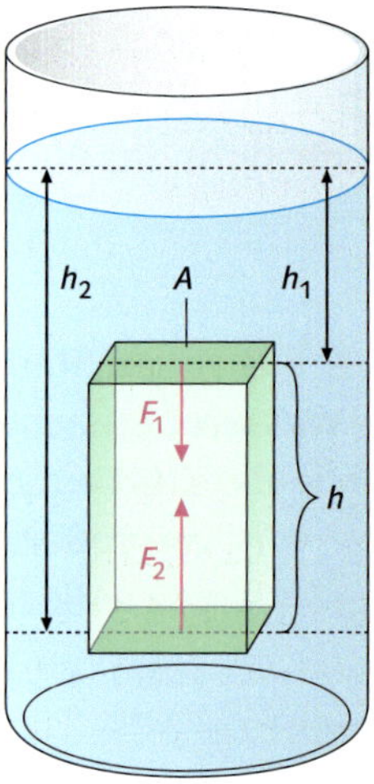

86

a) Ein Gegenstand schwimmt in Öl $\left(\text{Dichte: } 0{,}8\,\frac{\text{g}}{\text{cm}^3}\right)$ und verdrängt 75 cm^3 Öl. Berechne die Gewichtskraft des Körpers.

b) Ein Stein mit dem Volumen 180 cm^3 und der Gewichtskraft 4,5 N wird vollständig in Wasser eingetaucht. Berechne die Kraft, die ein Kraftmesser anzeigt.

87

Ein Stein mit der Gewichtskraft 95 cN erfährt in Wasser eine Auftriebskraft von 38 cN. Taucht man ihn in eine zweite Flüssigkeit, so zeigt ein Kraftmesser 48 cN an.
Berechne die Dichte des Steins und die Dichte der zweiten Flüssigkeit.

88

Ein Holzquader $\left(\text{Dichte: } 0{,}6\,\frac{\text{g}}{\text{cm}^3}\right)$ hat die Grundfläche 20 cm^2 und die Höhe 5 cm.

a) Der Holzquader schwimmt. Wie weit ragt er aus dem Wasser?

b) Der Holzquader wird vollständig unter Wasser gedrückt. Berechne die notwendige Kraft.

89

Ein Würfel der Masse 18 g und dem Volumen 20 cm^3 wird in eine Alkohollösung $\left(\text{Dichte } 0{,}8\ \frac{g}{cm^3}\right)$ getaucht.

a) Entscheide, ob der Würfel schwimmt oder sinkt.

b) Falls er sinkt, berechne die Kraft, die nach unten wirkt.
Falls er schwimmt, berechne das im Alkohol eingetauchte Volumen.

90

Zwei gleich große Cola-Gläser sind randvoll gefüllt, einmal ohne und einmal mit Eiswürfeln $\left(\text{Dichte Cola: } 1{,}1\ \frac{g}{cm^3}, \text{ Dichte Eis: } 0{,}9\ \frac{g}{cm^3}\right)$.
Welche Aussage ist richtig?

(1) Das Glas ohne Eis ist schwerer.
(2) Beide Gläser sind gleich schwer.
(3) Das Glas mit Eis ist schwerer.

91 für KÖNNER

Ein Metallwürfel hängt an einem Gummiband und ist vollständig in Wasser eingetaucht. Es wird zusätzlich Wasser in das Glas geschüttet. Wie ändert sich die Länge des Gummibandes?

(1) Das Gummiband wird länger.
(2) Das Gummiband wird kürzer.
(3) Die Länge ändert sich nicht.

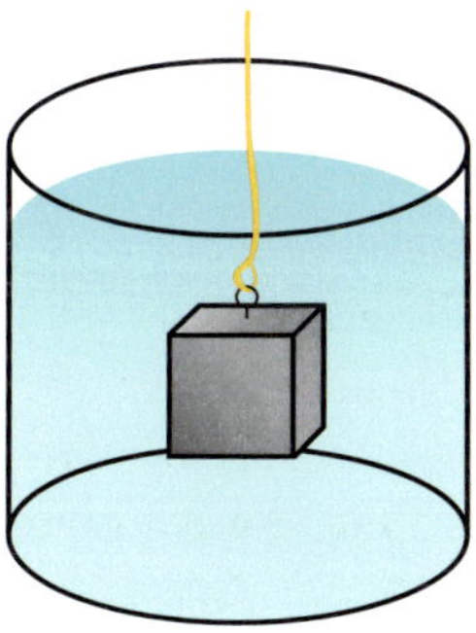

92

Bei Ausgrabungen fand man einen goldenen Kelch der Gewichtskraft 25,5 N. Bei vollständigem Eintauchen in Wasser muss der Kelch mit einer Kraft von 23,3 N gehalten werden. Besteht der Kelch aus reinem Gold $\left(\text{Dichte von Gold: } 19{,}3\ \frac{g}{cm^3}\right)$?

93 für KÖNNER

a) Formuliere das Gesetz von Boyle-Mariotte.

b) Du pumpst mit einer Luftpumpe einen Fahrradreifen auf. Dadurch steigt sowohl der Druck im Reifen als auch sein Volumen. Nach dem Gesetz von Boyle-Mariotte müsste aber bei steigendem Druck das Volumen abnehmen. Wie kommt es zu diesem Widerspruch?

2.10 Experimente

Die Korkenbefreiung

Drücke einen Korken in eine leere Weinflasche.
Kannst du ihn wie im Bild gezeigt herausholen? Natürlich soll die Weinflasche nicht zerstört werden.
Äußere eine Vermutung, begründe und überprüfe sie im Experiment.

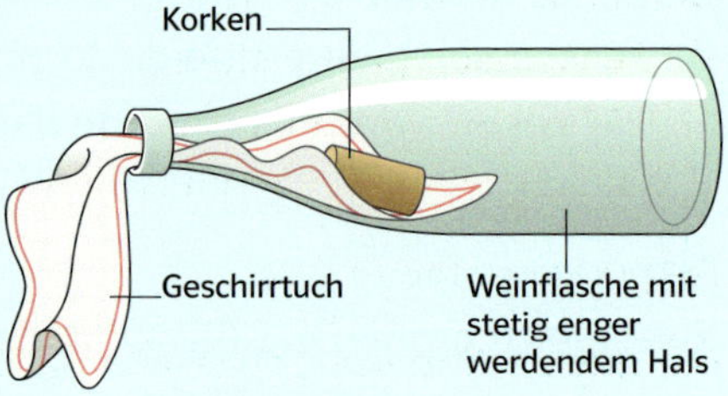

Die „Handwaage“

Stelle ein genügend großes Gefäß mit Wasser auf eine Waage.
Was geschieht, wenn du deine Hand in das Wasser tauchst, ohne dabei das Gefäß zu berühren?

a) Die Anzeige der Waage sinkt.
b) Die Anzeige der Waage steigt.
c) Die Anzeige der Waage ändert sich nicht.

Entscheide dich für eine Antwort und begründe deine Wahl.
Führe dann das Experiment durch und vergleiche das Ergebnis mit deiner Vermutung.

Ein Stein wird versenkt

Du bist mit einem Ruderboot auf einem kleinen See unterwegs. Im Boot befindet sich auch ein großer Stein. Wie ändert sich der Wasserspiegel, wenn du den Stein ins Wasser wirfst?

a) Der Wasserspiegel steigt.
b) Der Wasserspiegel sinkt.
c) Der Wasserspiegel ändert sich nicht.

Begründe deine Antwort.

Mit diesem Experiment kannst du deine Vermutung überprüfen:
Wähle ein hohes Marmeladenglas oder eine Glasvase als Teich, einen etwas beschwerten Joghurtbecher als Boot und einen passenden Stein.

Wo liegt der Schwerpunkt?

Zeichne die Figuren vergrößert auf Pappe und schneide sie aus. Beschreibe, wie man ihren Schwerpunkt bestimmen kann. Führe das Experiment durch.

3 Elektrizitätslehre

3.1 Magnete

WISSEN

Ein Magnet besteht aus **magnetisierbaren Stoffen**. Hierzu zählen Eisen, Nickel, Cobalt oder bestimmte Verbindungen wie Eisenoxid oder Chromdioxid.

Ein Magnet übt **Kräfte** auf andere Gegenstände aus, die wie er selbst aus magnetisierbaren Stoffen bestehen. Die Kraft eines Magneten nimmt mit der Entfernung stark ab.

Jeder Magnet hat zwei **Pole**, das sind die Stellen mit der größten Kraft auf andere Magnete. Sie unterscheiden sich in der **Kraftrichtung** auf die Pole anderer Magnete. Zwischen den Polen liegt ein Bereich mit fehlender oder sehr geringer Kraft.

Dabei gilt die **Polregel**: Gleichnamige Pole stoßen sich ab, ungleichnamige ziehen sich an.

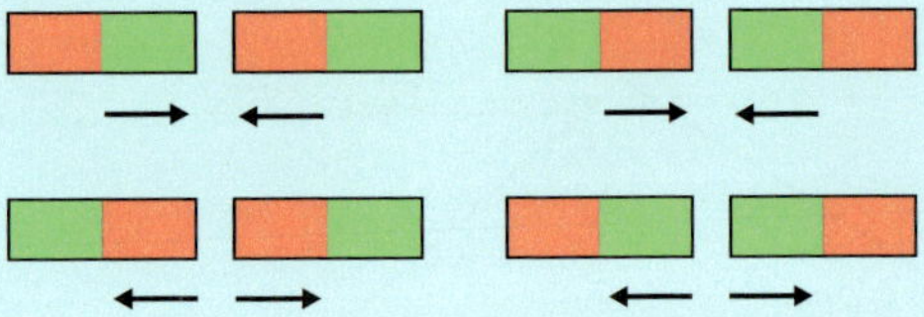

Die Pole eines Magneten heißen **Nordpol** und **Südpol**, weil sich drehbare Magnetnadeln überall auf der Erde horizontal so ausrichten, dass sie immer mit denselben Polen in Nord- bzw. Süd-Richtung weisen.

1

Welche Stoffe können für Magnete verwendet werden? Kreuze an.

- ☐ Cobalt
- ☐ Kupfer
- ☐ Blei
- ☐ Messing
- ☐ Stahl
- ☐ Nickel
- ☐ Aluminium
- ☐ Magnesium

2

Eine Kompassnadel wird in die Nähe eines großen Eisenstücks gehalten. Kreuze an, was mit der Nadel geschieht.

- ☐ Die Nadel dreht sich weg.
- ☐ Die Nadel zeigt zum Eisen hin.
- ☐ Es geschieht nichts weiter.
- ☐ Das Eisenstück bewegt sich.

3

Ein Magnet wurde in einen Behälter mit Eisenfeilspänen gehalten und wieder herausgezogen. Was sagt das Bild über den Magnet aus?

4

Wie kann man mithilfe einer drehbaren Magnetnadel den Nordpol bzw. den Südpol eines anderen Magneten finden? (Die Färbung der Nadel ist willkürlich.)

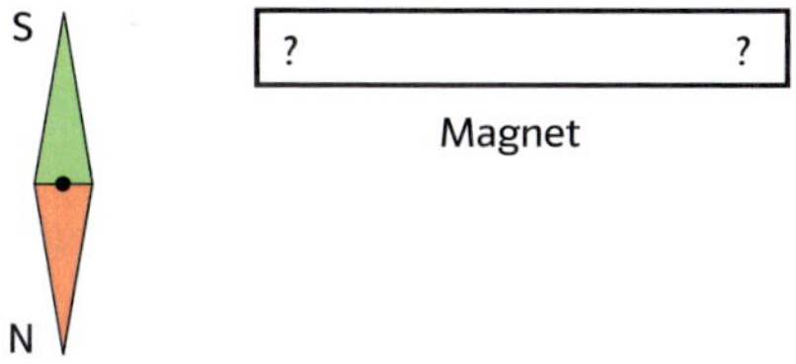

5

Stehen sich wie im folgenden Bild zwei Stabmagnete gegenüber, wird eine Abstoßung der Nordpole beobachtet. Es müsste jedoch auch zu einer Anziehung zwischen Nord- und Südpolen kommen. Erkläre diese Beobachtung.

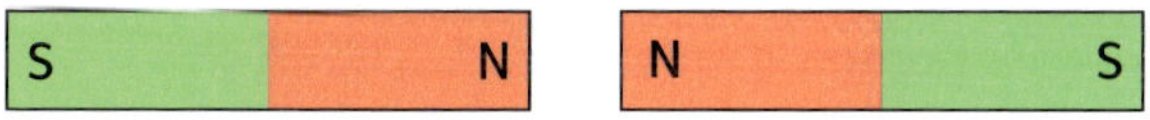

6 für KÖNNER

Auf einem Tisch liegen zwei runde, äußerlich gleich aussehende Eisenstäbe. Einer davon ist ein Magnet. Durch Wegziehen des einen Stabes lässt sich feststellen, welcher von beiden ein Magnet ist. Erkläre dieses.

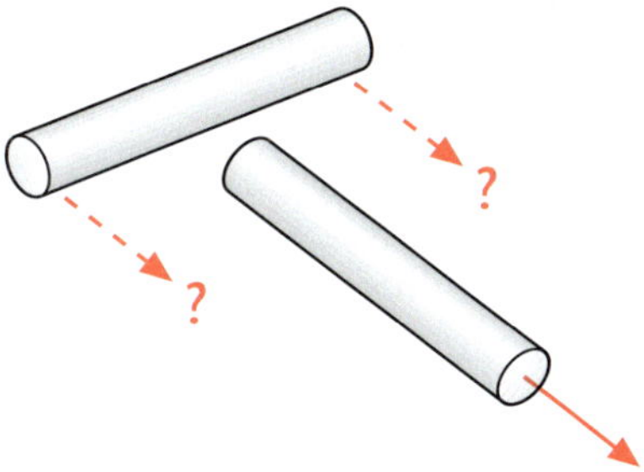

7

Ist die Magnetkraft in *A* größer oder kleiner als in *B*?
Sind die Kräfte gleich gerichtet?
Begründe deine Antwort.

3.2 Magnetfelder

WISSEN

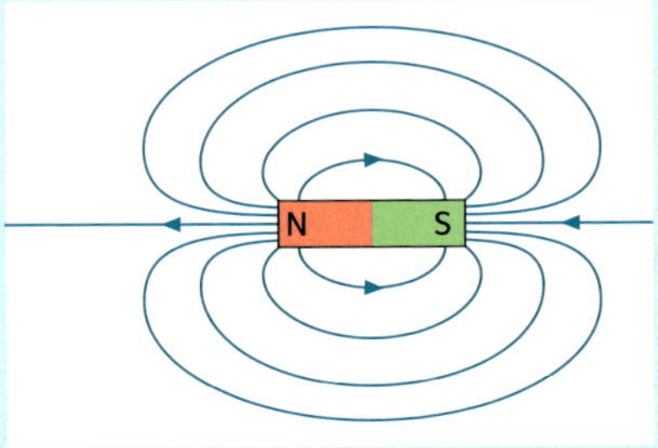

Ein Magnet verändert seine Umgebung so, dass auf andere Magnete ohne Beteiligung weiterer **Körper** Kräfte ausgeübt werden. Diesen Wirkungsbereich nennt man **Magnetfeld.** Zur Beschreibung des Magnetfeldes benutzt man **Feldlinien.** Die Feldlinien beginnen am Nordpol des Magneten und münden in dessen Südpol. Sie zeigen in die Richtung der Kraft auf den Nordpol eines anderen Magneten.

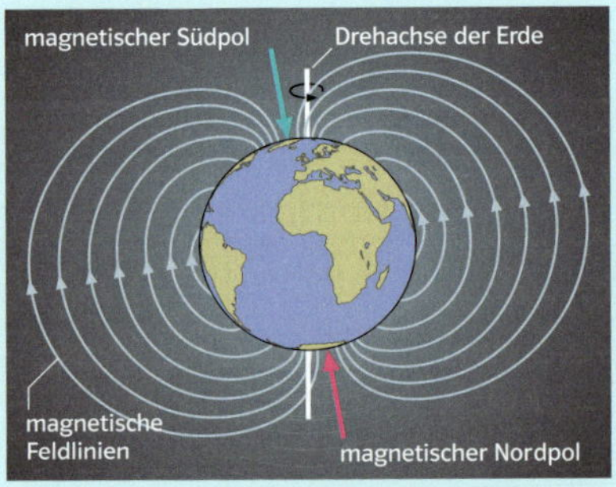

Das **Magnetfeld der Erde** gleicht dem Feld eines Stabmagneten, dessen Südpol im Norden liegt. Deshalb wird der Nordpol der **Kompassnadel** nach Norden, ihr Südpol nach Süden gezogen.

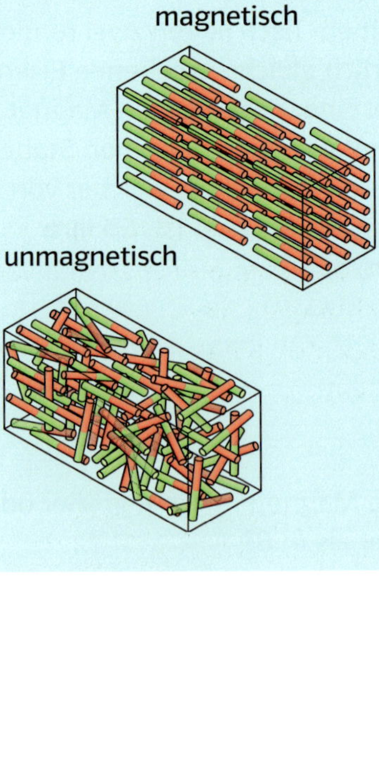

Magnetisierbare Stoffe bestehen aus winzigen Bereichen, die sich wie Magnete verhalten. Sie heißen **Elementarmagnete**. In einem **Modell** werden sie als kleine, in jede Richtung orientierbare Magnete angenommen, die normalerweise alle verschieden gerichtet sind, so dass sich ihre Wirkung nach außen aufhebt. Sind sie aber überwiegend gleichsinnig ausgerichtet, so addiert sich ihre Wirkung zu einem außerhalb des Körpers feststellbaren Magnetfelds.

8

Kreuze richtige Aussagen an:

- ☐ Ein Magnetfeld vermittelt durch den leeren Raum die Kraft, die ein Magnet auf andere Magnete ausüben kann.
- ☐ Jeder Körper hat ein Magnetfeld.
- ☐ In einem Magnetfeld zeigt ein Kompass stets die Himmelsrichtungen an.
- ☐ Die Feldlinien eines Magnetfeldes sind gedachte Linien, die vom Süd- zum Nordpol des Magneten verlaufen.
- ☐ Feldlinien zeigen an jedem ihrer Punkte die Kraftrichtung auf den Nordpol eines anderen Magneten an. Auf einen Südpol wirkt in dem Magnetfeld die entgegengerichtete Kraft.

9

In der Umgebung eines Stabmagneten und eines Hufeisenmagneten ordnen sich kleine Magnetnadeln in einem bestimmten Muster an. Was zeigen die Nadeln an und welche Vorstellung wird aus der Richtungsangabe abgeleitet?

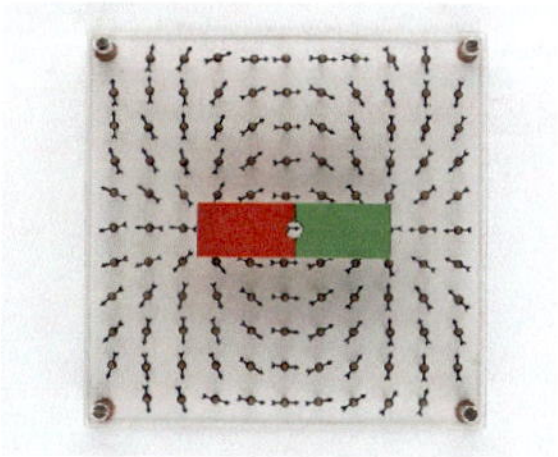

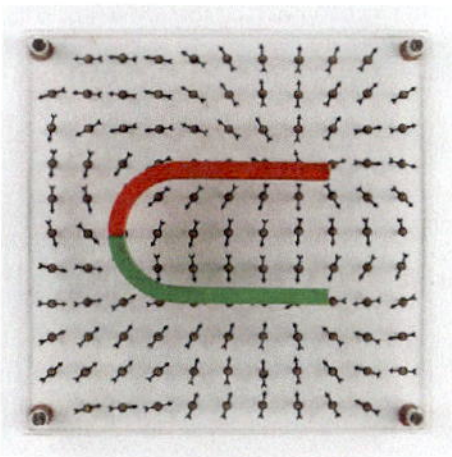

10

Zwei Stabmagnete stehen sich gegenüber.

a) Gib die Magnetpole an und vervollständige die Feldlinien mit Richtungspfeilen.

b) Begründe deine Antwort auf die Frage, ob sich die beiden Stabmagnete anziehen oder abstoßen.

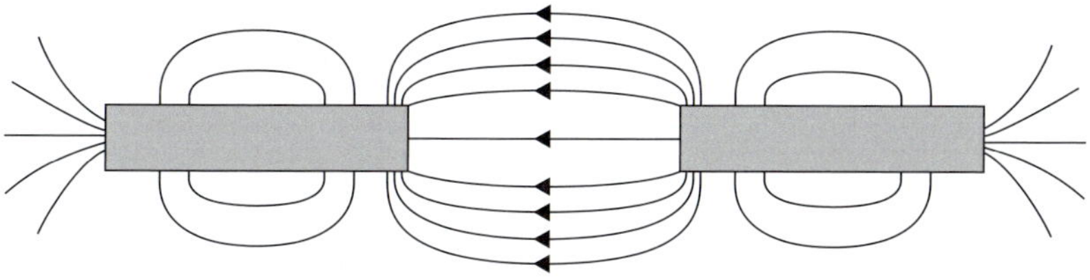

11

Rechts ist ein Magnetfeld mit drehbaren Magneten wiedergegeben. Zeichne mit roten Pfeilen die Kräfte auf die Pole ein und mit schwarzen eine sich eventuell ergebende Drehung der Nadeln in diesem Feld. Spielt die Stärke des Magnetfeldes eine Rolle?

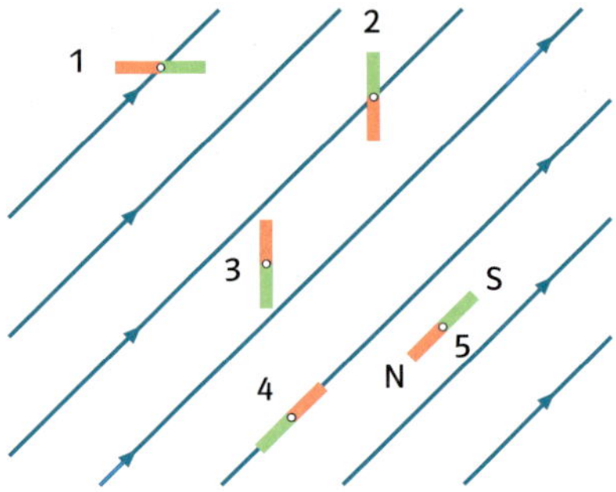

12

Mit einer Kompassnadel lässt sich feststellen, ob ein Eisenstück magnetisch ist. Wie musst du hierbei vorgehen?

13

Die Ausrichtung von Magneten kann auf der Erde überall beobachtet werden. Welche Folgerung daraus ist richtig? Kreuze an:

- ☐ Hat sich ein Magnet so eingestellt, dann ändert er diese Lage nicht mehr.
- ☐ Die Bezeichnung der Magnetpole beruht auf dieser Ausrichtung.
- ☐ Das ist Grundlage für den Bau eines Kompasses mit einem Magneten.
- ☐ Das ist der Grund, weshalb sich die Erde um ihre Achse dreht.

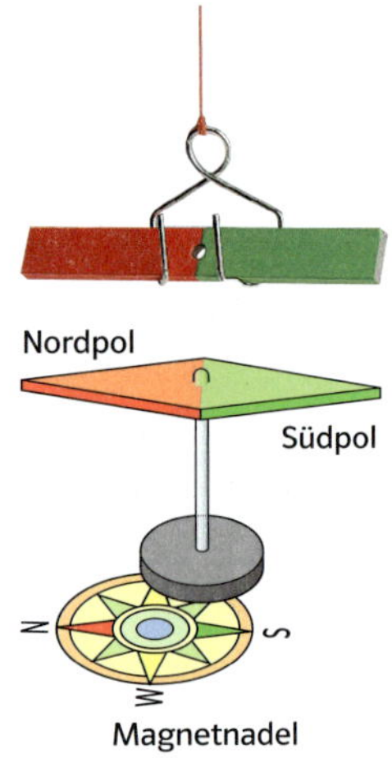

14 für KÖNNER

Eine horizontal drehbar gelagerte Magnetnadel zeigt nach kurzem Einschwingen immer in dieselbe Richtung. Beschreibe, wie sich mit dieser Richtungsanzeige alle Himmelsrichtungen bestimmen lassen. Beschrifte die Abbildung mit den Polbezeichnungen des Erdmagneten und erläutere den Unterschied zu der Bezeichnung der geografischen Pole.

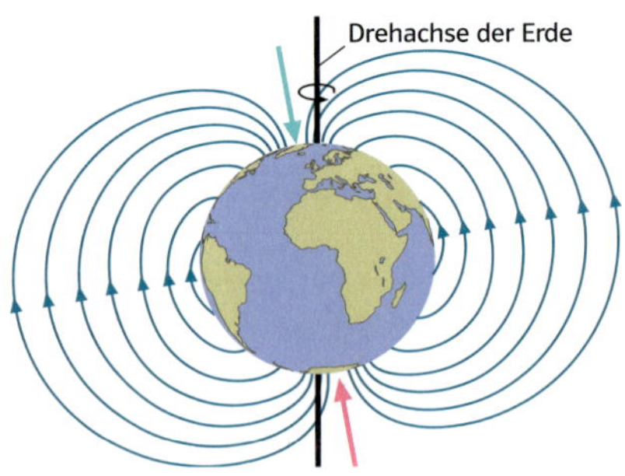

15

Eine drehbare Magnetnadel, deren Achse nicht senkrecht sondern horizontal zur Erdoberfläche liegt, dreht sich auf der Erde bei einer Nord-Süd-Reise ebenfalls. Am magnetischen Pol zeigt sie nahezu senkrecht nach unten, am Äquator liegt sie horizontal. In Deutschland ändert sich ihre Neigung nach unten zwischen rund 69° im Norden und 63° im Süden. Erkläre diese Beobachtung.

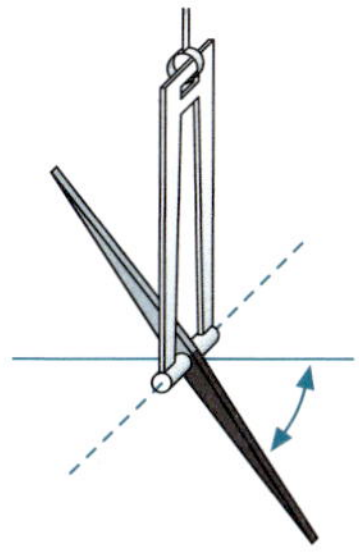

16

Auf der Kompassrose befindet sich etwas westlich von der Nordrichtung ein kleiner Pfeil. Er zeigt die **Missweisung** an. Was bedeutet sie? Wie muss man sie bei der Ausrichtung des Kompasses berücksichtigen?

17

Das Entstehen oder Verschwinden der magnetischen Eigenschaft eines Körpers wird mit einem Modell erklärt.

a) Weshalb kann ein Eisenstück einmal magnetisch, ein anderes Mal nicht magnetisch sein?

b) Das Modell erklärt auch folgende Beobachtung: Ein Ende eines nichtmagnetischen Eisenstückes zieht winzige Eisenspäne an, wenn sich das andere Ende in der Nähe eines Magnetpoles befindet.

18 für KÖNNER

a) Wie ändert sich die Kraft zwischen zwei Magnetpolen, wenn man ein Blatt Papier oder ein Stück Holz dazwischenhält?

b) Durch einen Magneten wird unmagnetisches Eisenblech magnetisiert. Sein Magnetfeld ist entlang der Oberfläche schwach. Erläutere, wieso das Feld hinter dem Eisenblech abgeschirmt ist.

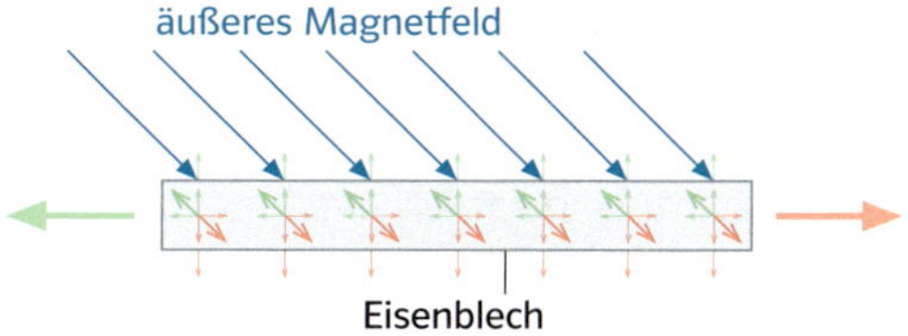

3.3 Ladung und Strom

WISSEN

Ladung oder Strom erkennen wir nur an bestimmten Wirkungen. Z. B. üben elektrisch geladene Gegenstände Kräfte auf andere Körper aus oder bewegte Ladung erwärmt Körper bis zum Aufleuchten, zersetzt sie oder erzeugt Magnetfelder.

Es gibt **positive** und **negative Ladung**. Ungeladene Körper enthalten gleich viel positive und negative Ladungen, sie neutralisieren sich. In **geladenen** Körpern überwiegt eine Ladungsart.

Elektrischer Strom ist bewegte Ladung. In Metallen fließen nur negative Ladungen, die negativen **Elektronen**, vom Minus- zum Pluspol. Elektrische Ladung geht nie verloren, daher gibt es elektrischen Strom nur in einem **geschlossenen Stromkreis.**

Eine elektrische Quelle und ein oder mehrere elektrische Geräte bilden einen geschlossenen Stromkreis. Jede **Stromquelle** hat zwei Anschlüsse, auch **Pole** genannt. Der Strom geht von einem Pol aus und gelangt durch **Leitungen** und **Geräte** zum anderen Pol zurück. Manche Stoffe leiten elektrischen Strom, sie heißen **Leiter**, andere leiten Strom überhaupt nicht, sie heißen **Isolatoren** oder **Nichtleiter**.

Stromkreise zeichnet man mithilfe genormter **Schaltzeichen** für einzelne Bauteile. Alle Bauteile verfügen über zwei **Anschlussstellen.**

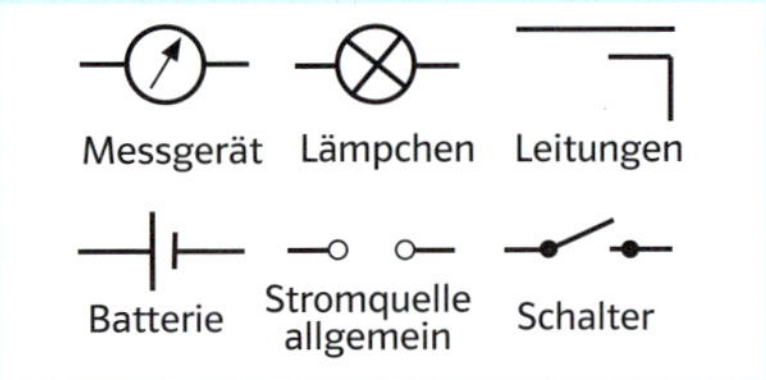

19

Welche Voraussetzung muss ein Stromkreis erfüllen, damit ein elektrischer Strom in ihm möglich ist?
Zeichne einen Stromkreis mit Lämpchen, Schalter und Quelle.

20

Ergänze durch Leitungen so, dass mit dem Schalter das Lämpchen ein- und ausgeschaltet werden kann.

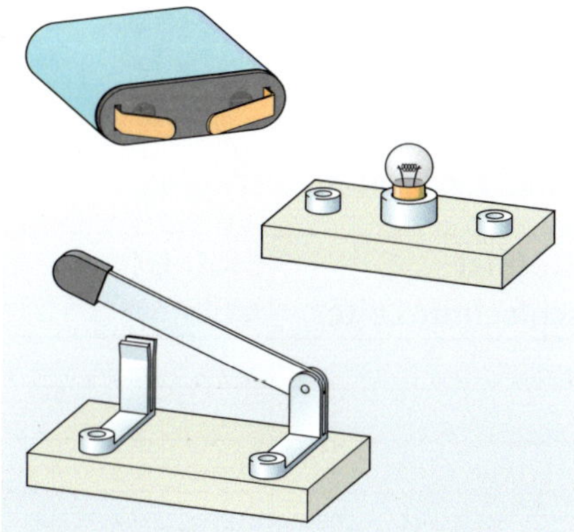

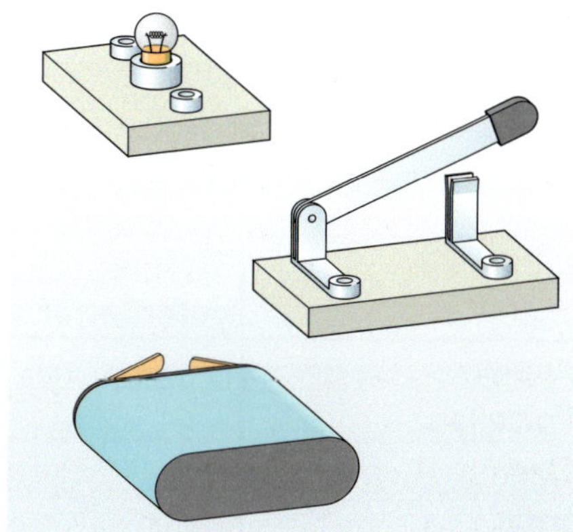

21

Für elektrischen Strom haben wir kein Sinnesorgan, wir können ihn nur als Ursache anderer beobachtbarer Vorgänge erkennen.
Beschreibe drei Vorgänge, bei denen du auf das Vorhandensein eines elektrischen Stromes schließt.

22

Elektrischer Strom hat verschiedene Wirkungen:
- Wärme- und Lichtwirkung (WW),
- magnetische Wirkung (MW),
- chemische Wirkung (CW).

Ordne die folgenden Beispiele diesen drei Wirkungen zu, es können gleichzeitig mehrere Wirkungen auftreten.

	es blitzt im Gewitter		der Dynamo liefert Strom
	die Taschenlampe leuchtet		der Akku wird geladen
	der Trafo wird warm		die Spule zieht Eisen an
	die Münze wird verkupfert		die Kochplatte wird heiß

23

Wie kannst du zwei Lämpchen, zwei Schalter und eine Quelle zu einem Stromkreis so schalten, dass
a) beide Lämpchen nur gleichzeitig,
b) jedes Lämpchen einzeln
leuchten. Zeichne die zugehörigen Schaltpläne.

24

Es gibt Stoffe, die den elektrischen Strom gut leiten und Stoffe, die ihn nicht leiten. Beschreibe und skizziere einen Versuch, mit dem man feststellen kann, zu welcher Gruppe ein Stoff gehört.

25

Kreuze in der Tabelle an, zu welcher Gruppe der Stoff gehört.

Körper aus	Stoff ist guter Leiter	Stoff ist schlechter Leiter	Stoff ist Isolator
Kupfer			
Porzellan			
Eisen			
Luft			
Salzsäure			
Kunststoff			
Kohle			
Gummi			
Aluminium			
feuchte Erde			
Holz			
Gold			
destilliertes Wasser			
Seifenlauge			
Essigwasser			
festes Glas			
schmelzendes Glas			

26

Elektrischer Strom in flüssigen, nichtmetallischen Leitern ist mit chemischen Reaktionen verbunden. So beobachtet man z. B.
- die Zersetzung der Flüssigkeit an den Elektroden;
- einen Stofftransport von einer Elektrode zur anderen.

Nenne jeweils ein Anwendungsbeispiel.

27

Der menschliche Körper leitet elektrischen Strom. Welche Wirkungen können dabei entstehen?

28

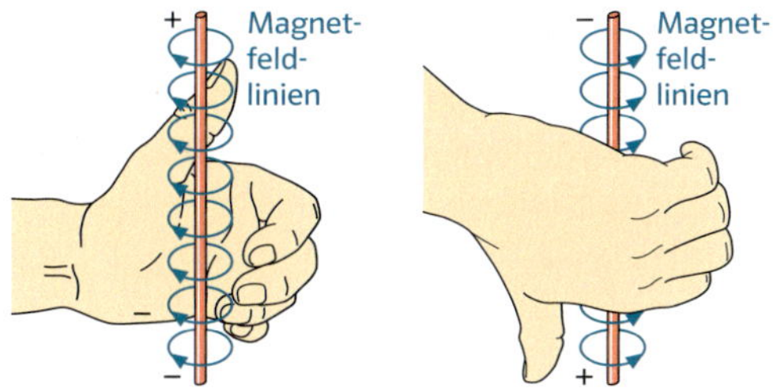

Jeder elektrische Strom ist von einem Magnetfeld umgeben. Bei einem geraden Leiter bilden die Feldlinien konzentrische Kreise.
Die Feldlinien-Richtung ergibt sich nach einer **Linken-Hand-Regel**. Formuliere die Regel an Hand der Abbildung.

29

Gib die zu diesen Feldlinien gehörende Stromrichtung an.

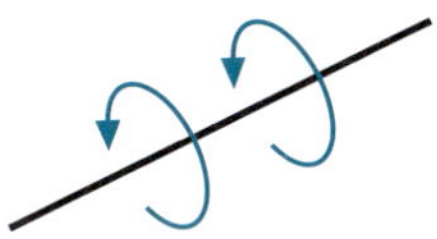

Zeichne zugehörige magnetische Feldlinien ein.

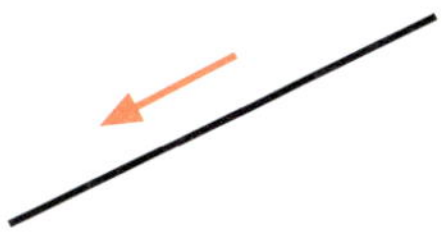

Gib die Stromrichtung an und zeichne weitere Feldlinien.

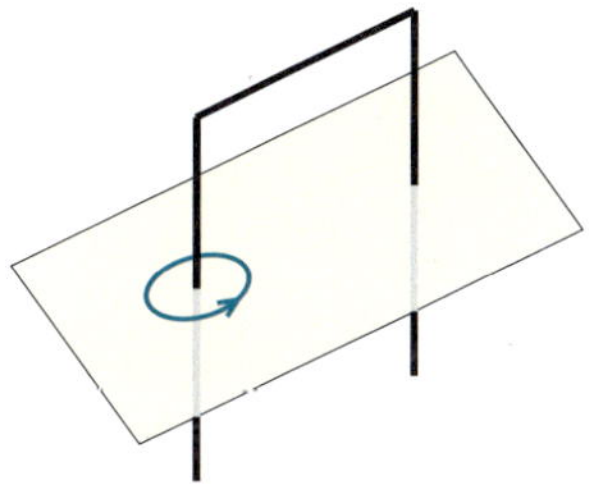

30 für KÖNNER

Mit der Linken-Hand-Regel kann auch das Magnetfeld des Stroms in einer Leiterschleife bestimmt werden. Daraus ergibt sich durch „Addition" das Magnetfeld einer aus mehreren Schleifen zusammengesetzten Spule.

a) Bestimme den Nord- bzw. Südpol der abgebildeten Spule.
b) Ändert sich das Magnetfeld der Spule, wenn die Stromrichtung des Elektronenstroms durch die Leiterschleifen umgekehrt wird?

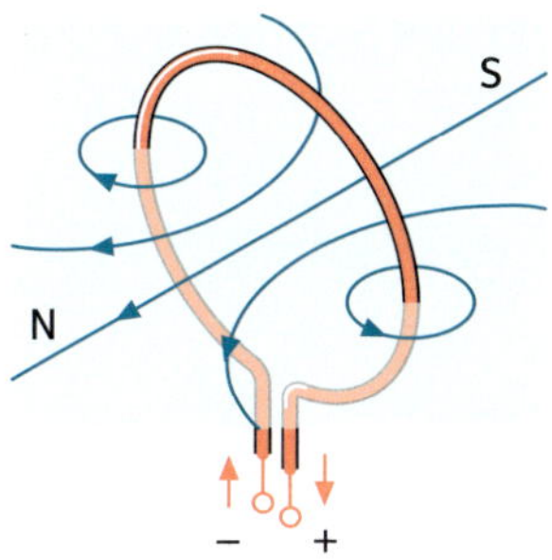

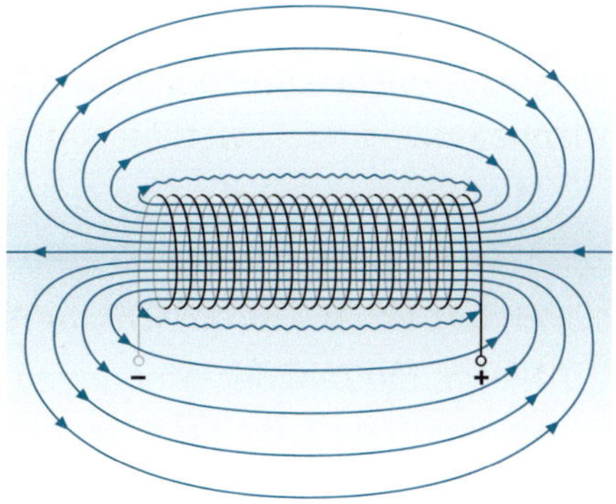

31

a) Ändert sich das Magnetfeld einer Spule, wenn der Wicklungssinn der Schleifen vom Minuspol aus gesehen nicht im Uhrzeigersinn sondern entgegengesetzt dazu ist?

b) Leite eine Pol-Regel für Spulen entsprechend der Abbildung rechts ab.

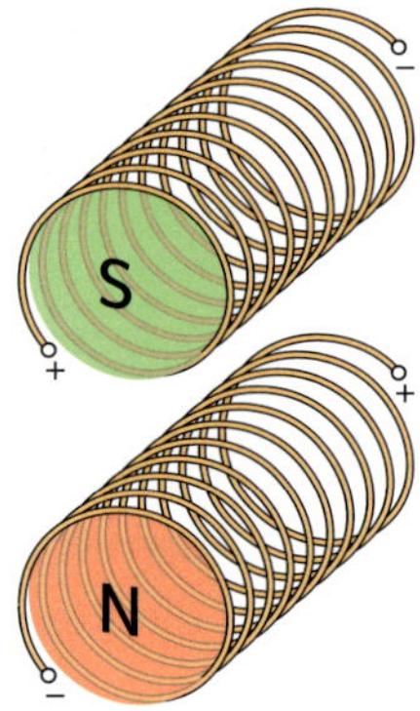

32

a) Skizziere die Feldlinienbilder, die jeweils zu einem Stabmagneten und zu einem Strom in einer Spule gehören.

b) Welche Folgerung kann man daraus für den Verlauf der Feldlinien im Innern von Magneten ziehen?

33

Bei geraden Leitern, die senkrecht auf der Zeichenebene stehen, seien zur Angabe der Stromrichtung folgende Zeichen vereinbart:

⊗ der Elektronen-Strom kommt aus der Zeichenebene heraus;

⊙ der Elektronen-Strom tritt in die Zeichenebene hinein.

In den Bildern sind kleine Magnetnadeln (Pfeilspitze ≙ Nordpol) vor Einschalten des Stromes eingezeichnet. Zeichne die Endstellungen ein.

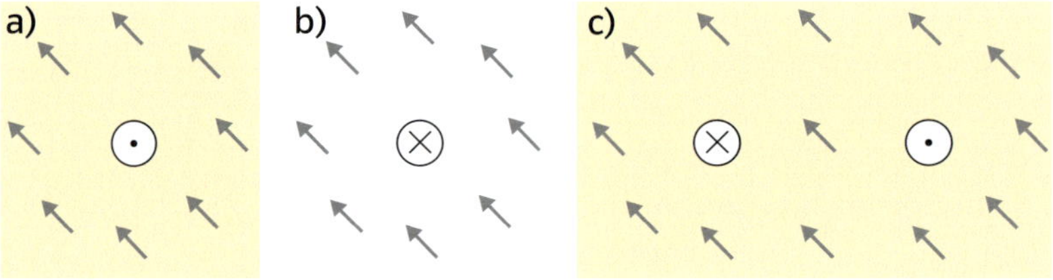

34

Das Magnetfeld einer Spule kann im Gegensatz zu dem eines Dauermagneten verändert werden. Kreuze richtige Aussagen an.

- ☐ Mit größerer Stromstärke steigt auch die Magnetkraft.
- ☐ Mit einem Eisenkern im Innern erhöht sich die Magnetkraft.
- ☐ Ändert sich die Stromrichtung, so auch die Polung des Feldes.
- ☐ Nimmt die Zahl der Windungen bei gleicher Länge der Spule ab, so nimmt auch die Kraft des Spulenmagneten ab.

WISSEN

Elektrischer Strom ist **gefährlich**. Er kann Verbrennungen, Lähmungen und sogar einen Herzstillstand verursachen.
Deshalb gilt: Schalte nie eine Stromquelle ein, bevor du nicht sichergestellt hast, dass niemand mit leitenden Teilen des Stromkreises in **Berührung** (Kontakt) kommt.
Vermeide blanke Leitungen und Stecker und berühre nur isolierte Bauteile. Benutze zum Experimentieren nur Batterien oder Netzstromgeräte der Schule.

35

Weshalb verwendet man Kunststoffe oder Lack zur Isolierung von Kabeln, Schaltern oder ganzen Elektrogeräten?

36

Elektrische Leitungen in den Wänden zu den Steckdosen oder in Anschlusskabeln dürfen durch den Strom nicht heiß werden.

a) Beschreibe Aufbau und Wirkungsweise einer Schmelzsicherung.
b) Lege dar, weshalb zur Sicherung nicht jede Stelle in einem Stromkreis mit mehreren Geräten sinnvoll ist.

37 für KÖNNER

Die Leitungen vom Elektrizitätswerk zu den Polen der Haushaltssteckdosen heißen Nullleiter und Außenleiter. Der Nullleiter ist im Haushalt wie im Kraftwerk mit der Erde verbunden. Ein Berühren des Außenleiters, auch Phase genannt, ist lebensgefährlich.

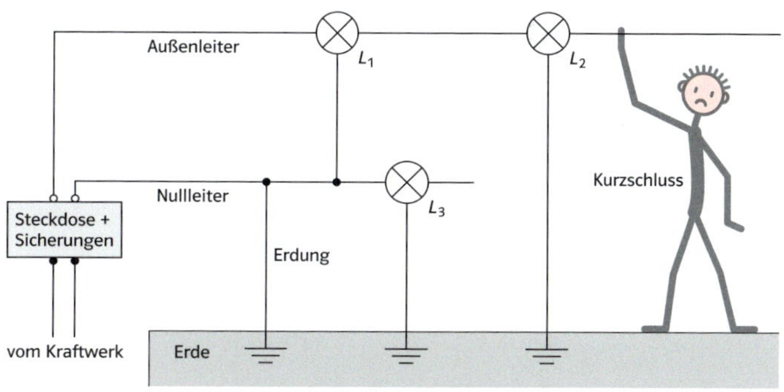

a) Beschreibe den Stromkreis für die Lampen L_1 und L_2 und bei einem Menschen, der den Außenleiter berührt.
b) Erläutere, weshalb das Lämpchen L_3 nicht leuchtet.
c) Wo müsste für L_2 eine Sicherung eingebaut werden?
d) Lege den Unterschied zwischen „Erdung“ etwa bei L_1 und dem „Kurzschluss“ bei dem gezeigten Menschen dar.

3.4 Schalten und Messen

WISSEN

Schalter, Geräte und Quelle können zu einem Stromkreis entweder hintereinander- oder parallelgeschaltet werden. Man spricht von **Reihen-** bzw. **Parallelschaltung.** Da elektrische Ladung nicht verloren geht, ist die Stromstärke in der Reihenschaltung überall gleich. Bei der Parallelschaltung teilt sich der Strom in den Zweigen so auf, dass die Summe der Stromstärken unverändert bleibt. **Messgeräte** für die Stromstärke werden stets in Reihe mit dem Stromkreisabschnitt angeordnet.

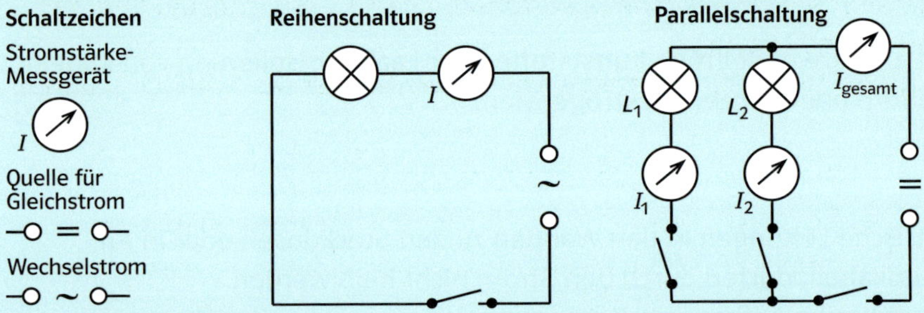

Es gibt Quellen für **Gleichstrom** und solche für **Wechselstrom.** Bei Gleichstrom ist die Stromrichtung im Stromkreis unverändert, bei Wechselstrom ändert sie sich laufend. Beim Wechselstrom im **Haushalt** geschieht der Wechsel 100-mal in der Sekunde, so dass derselbe Pol der Quelle 50-mal in der Sekunde ein Pluspol und 50-mal ein Minuspol ist. Der Polwechsel hat die **Frequenz** von 50 Hz $\left(1\text{ Hertz} = 1\text{ Hz} = \frac{1}{\text{s}}\right)$.

Elektrische Ladungen Q misst man in der Einheit Coulomb: 1 C.
Elektrische Stromstärken I misst man in der Einheit Ampere: 1 A.
Die elektrische Stromstärke ist als $I = \frac{Q}{t}$ definiert, wobei t die Zeitspanne für die durch den Leiter bewegte Ladung Q bedeutet.
Die Einheiten Coulomb und Ampere hängen wie folgt zusammen:
$1\text{ A} = 1\frac{\text{C}}{\text{s}}$ bzw. $1\text{ C} = 1\text{ A}\cdot\text{s}$.

38

Ein elektrischer Stromkreis lässt sich mit einem Wasserkreislauf vergleichen. Beschreibe die Parallelität der beiden Kreise für eine Reihen- und eine Parallelschaltung.

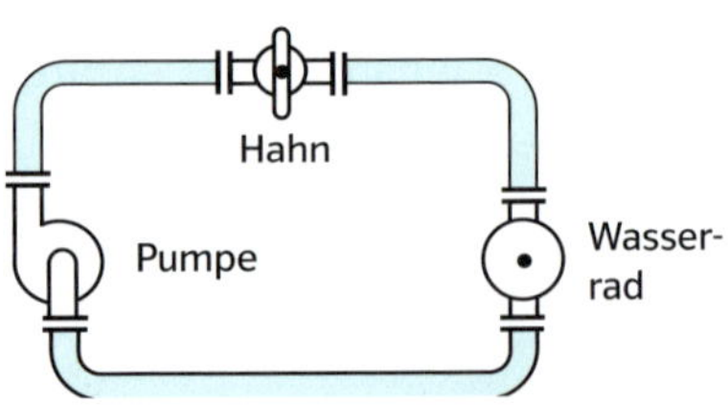

39

Im Stromkreis rechts sind sechs gleiche Lämpchen eingebaut. Welche Lämpchen sind in Reihe, welche parallel geschaltet? Wie groß ist die Stromstärke in ihnen, wenn sie bei der Quelle 3 A beträgt?

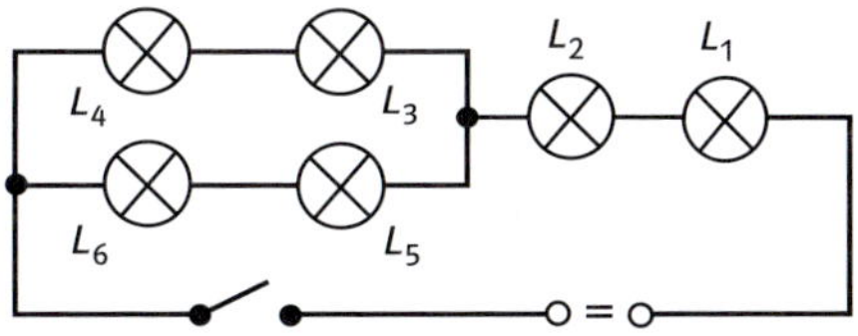

40

In einem Schaltkreis mit vier Geräten soll die Stromstärke in den Geräten gemessen werden. Zeichne die erforderlichen Messgeräte ein und begründe deine Lösung.
Wie ändert sich die Stromstärke, wenn jeweils einer der Schalter geöffnet wird?

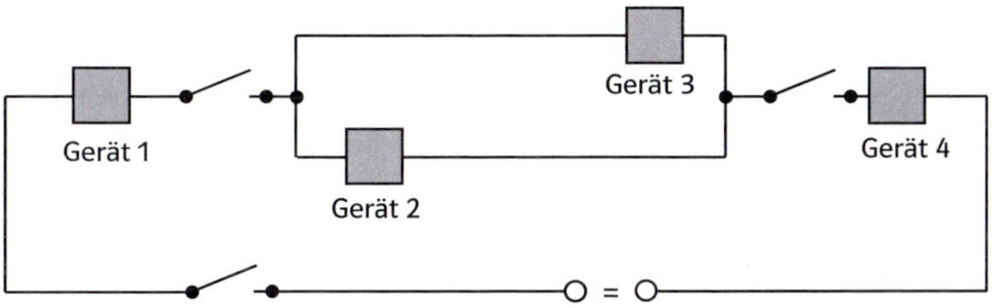

41

Vervollständige die Schaltpläne so, dass mit dem Messgerät die Stromstärke in der Lampe bestimmt wird.

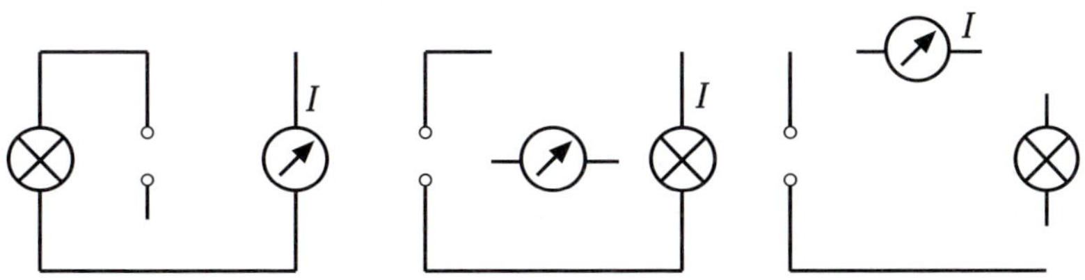

42

Gib die von den Messgeräten bestimmte Stromstärke an.

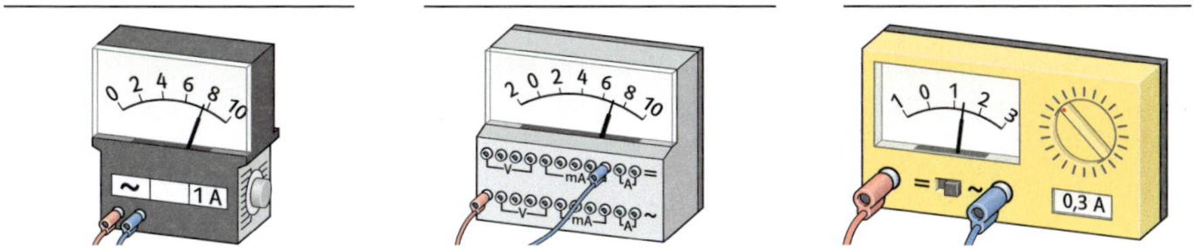

43

Wird eine Glimmlampe an verschiedene Stromquellen angeschlossen, so stellt man beim Betrachten der Leitungsenden (**Elektroden**) im Glaskolben fest:

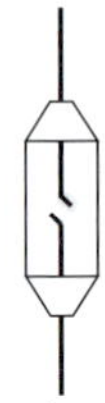

- ☐ Es leuchtet stets nur eine Elektrode.
- ☐ Es leuchten immer beide Elektroden gleichzeitig.
- ☐ Es leuchtet nur die mit dem Minuspol der Quelle verbundene Elektrode.
- ☐ Es leuchtet nur die mit dem Pluspol der Quelle verbundene Elektrode.

44

Es gibt Gleichstromquellen und Wechselstromquellen. Kennzeichne die richtigen Fortsetzungen der beiden Sätze mit einem G oder einem W.

Von den Polen einer **Gleichstromquelle (G)** bewegen sich die Elektronen im Stromkreis …

Von den Polen einer **Wechselstromquelle (W)** bewegen sich die Elektronen im Stromkreis …

- ☐ nur von einem bestimmten Pol zum anderen Pol.
- ☐ je nach Gerät vom einen oder vom anderen Pol aus.
- ☐ ständig wechselnd von einem, dann vom anderen Pol aus.

45

Welches der Bilder zeigt ein Stück der Bahn einer pendelnden Glimmlampe, die an eine Wechselstromquelle angeschlossen ist?

a)

b)

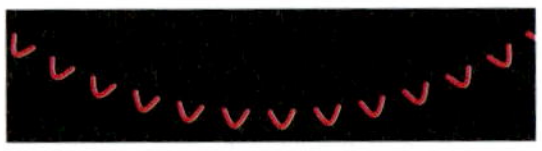

c)

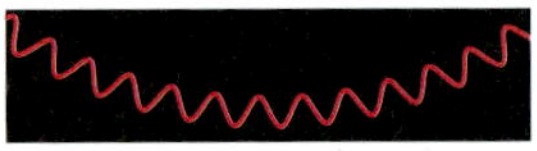

46

Ergänze folgende Gleichungen.

a) $I = \frac{\quad\ \mathrm{C}}{2\,\mathrm{s}} = 3\,\mathrm{A}$ b) $Q = 4\,\mathrm{mA} \cdot 2000 \quad\ = 8\,\mathrm{C}$ c) $I = \frac{\quad}{t}$

47

Berechne die Stromstärke I.

a) 6000 C in 120 min b) 0,005 C in 2 s c) 0,8 C in 3 h

48

Berechne die bewegte Ladungsmenge Q.

a) 24 Stunden lang bei 3 A

b) 150 mA während 4 min

c) 365 Tage mit $\frac{1}{100}$ A

49

Wie lange dauert der Transport der Ladung?

Ladung *Q*	Stromstärke *I*	Zeit *t*
0,03 C	0,6 mA	
1,2 mC	0,1 A	
20 C	2 A	

50

Auf einer Autobatterie steht „60 Ah". Was sagt diese Angabe über die Batterie aus?

51

Der aufladbare Akku einer Bohr- und Schraubmaschine für Heimwerker trägt die Aufschrift 0,9 Ah. Zunächst werden $\frac{1}{2}$ Stunde lang mit einer Stromstärke von 0,6 A Löcher gebohrt. Danach werden mit derselben Stromstärke $\frac{1}{4}$ Stunde lang Schrauben eingedreht. Wie lange muss danach der Akku mit einer Stromstärke von 0,3 A geladen werden, wenn die Ladezeit um 20 % länger als die Entladezeit ist?

52

Ein Blitz im Gewitter dauert etwa $\frac{1}{2}$ Sekunde lang. Schlägt er in einen Blitzableiter ein, so können Ströme von 20 000 A gemessen werden. Wie viel Ladung ist vom Blitz transportiert worden?

53 für KÖNNER

In einem 1 m langen Kupferdraht mit 1 mm^2 Querschittsfläche befinden sich 10^{23} für den Strom zur Verfügung stehende Elektronen, die jeweils eine Ladung von rund 10^{-19} Coulomb haben. Wie viel Elektronen bewegen sich in 1 Sekunde bei 1 A durch den Leiterquerschnitt?

3.5 Elektrische Felder

WISSEN

Alle Körper enthalten **positive** und **negative Ladungen.**
Ungeladene Körper enthalten gleich viel positive und negative Ladungen, sie **neutralisieren** sich.
In **geladenen** Körpern überwiegt eine Ladungsart.
Es gilt: Gleichartig geladene Körper stoßen sich ab, ungleichartige ziehen sich an.

Elektrisch geladene Körper üben auf andere geladene Körper Kräfte aus. Diese nehmen mit der Entfernung der Körper ab. Den Wirkungsbereich einer Ladung nennt man **elektrisches Feld.**

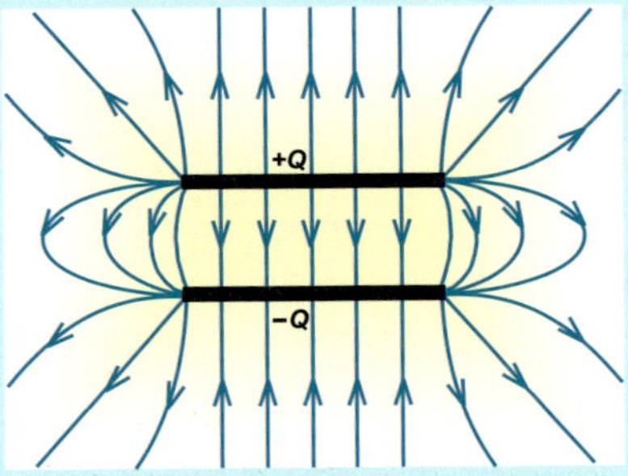

Zur Beschreibung des elektrischen Feldes benutzt man eine Zeichnung mit Feldlinien. Die Feldlinien beginnen bei der positiven Ladung $+Q$ und münden bei der negativen Ladung $-Q$. Sie zeigen in die Richtung der Kraft auf einen positiv geladenen Körper.
Wird durch ein elektrisches Feld in einem anderen Körper positive und negative Ladung getrennt, so spricht man von **Influenz.**

54

Ergänze die Beschreibungen über Beobachtungen mit Ladungen.

- Wenn ich mir die trockenen Haare kämme, ________________ sie mir vom Kopf ab, sobald der ______________ in der Nähe ist.
- Manchmal bekomme ich einen heftigen ________________, wenn ich isoliert stehende Gegenstände wie eine Autotür oder ein Treppengeländer ______________________ will.
- Die Kunststofffolie eines Schnellhefters ________________ mit dem darunter liegenden Blatt zusammen.

55

Ein aus dem Hahn strömender Wasserstrahl wird von einem geriebenen Kunststoffkamm angezogen. Weshalb?

56

Wird ein Kunststoffstab mit einem Wollstoff gerieben, so zieht er Papierschnitzel an. Man stellt sich vor, dass beim Reiben der eine Körper dem anderen Ladungen entzieht und auf seiner Oberfläche sammelt. Welche Eigenschaft folgt für diese Ladungen in Körpern?

57

Beschreibe, wie man nachweisen kann, ob ein Körper elektrisch geladen ist, und dass es zwei verschiedene Ladungsarten gibt.

58

Die Pole von Quellen geben elektrische Ladungen ab. Wird z. B. eine Metallkugel kurz mit einem Pol einer Gleichstromquelle berührt, so wird sie geladen. Die Kräfte, die so geladene Kugeln aufeinander ausüben, sind verschieden, je nachdem, welchen Pol der Quelle sie berührt haben. Ergänze folgende Aussagen.

1. Der Pluspol der Quelle ruft bei der Kugel Wirkungen einer ____________ Ladung hervor, der Minuspol der einer ____________________________.
2. Für elektrische Ladungen gilt ein Kraftgesetz:

   Gleichartige Ladungen ______________________________________,

   ungleichartige Ladungen __________________________________.

59

Das Elektroskop zeigt elektrische Ladungen an. Wird oben die Kontaktplatte des ungeladenen Elektroskops von einem geladenen Gegenstand berührt, so schlägt der elektrisch mit der Platte verbundene Zeiger im Innern aus, und zwar um so weiter, je größer die übertragene Ladung ist. Erkläre, weshalb das so ist.

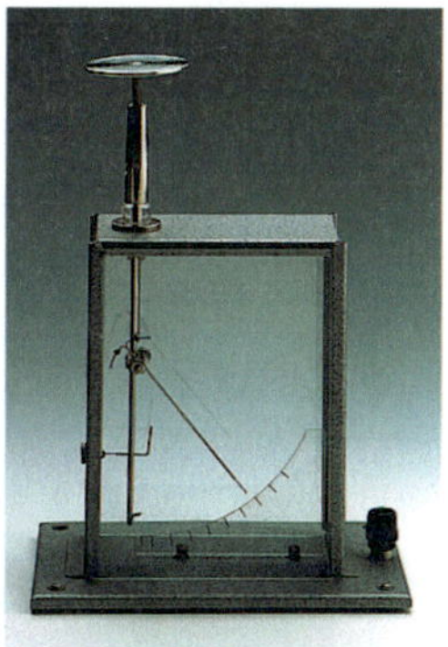

60

Mit Grießkörnern lassen sich elektrische Felder grob sichtbar machen. Die Körner richten sich darin wie Magnetnadeln im Magnetfeld aus. Die Ladungen befinden sich auf

zwei Kreisscheiben,

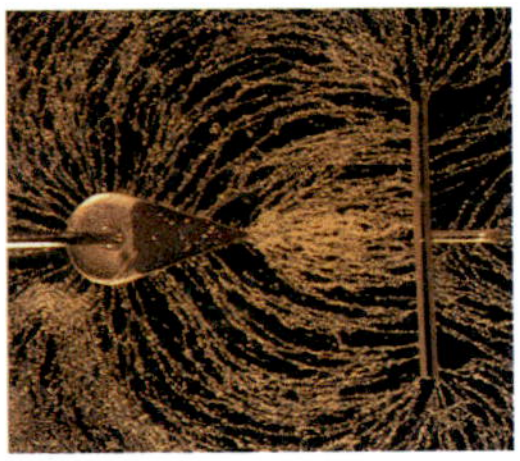
Kegel und Platte,

zwei Ringen.

Skizziere die Feldlinien und gib an, ob sich jeweils gleichartige oder ungleichartige Ladungen gegenüberstehen.

61

Es wird behauptet, dass man im Auto vor der tödlichen Wirkung eines einschlagenden Blitzes sicher ist, weil die Gummireifen eine Isolierung gegenüber der Erde darstellen. Widerlege diese Begründung und führe mit der im rechten Teilbild von Aufgabe 60 belegten Beobachtung aus, dass ein Auto trotzdem sicher ist.

62

Feldlinien kreuzen sich nie! Was würde eine Kreuzung von zwei Feldlinien bedeuten?

63 für KÖNNER

Einem ungeladenen Elektroskop wird eine elektrisch geladene Metallkugel genähert, worauf der Zeiger des Elektroskops ausschlägt.

a) Erkläre den Vorgang mit der Vorstellung von beweglicher und unbeweglicher Ladung in Metallen.
b) Beschreibe und deute das Verhalten des Elektroskops, wenn die Metallkugel von einer gleichen zweiten, aber ungeladenen, Metallkugel berührt und diese danach entfernt wird.

3.6 Spannung und Widerstand

WISSEN

Elektrische Quellen lassen sich als „Elektrizitätspumpen" ansehen. Sie verrichten Arbeit, indem sie Elektronen in den Stromkreis „hineinpressen" und am Ende wieder aufnehmen. Die als Strom bewegten Elektronen leiten die **Energie** untereinander mit nahezu Lichtgeschwindigkeit weiter und geben sie im Stromkreis als Arbeit oder Wärme ab.

Elektrische Spannung wird deshalb als Quotient aus der Energie W und der damit im Stromkreis bewegten Ladung Q definiert:
$U = \frac{W}{Q}$, die Einheit der Spannung ist 1 Volt (1V), es gilt: $1\,\mathrm{V} = 1\,\frac{\mathrm{J}}{\mathrm{C}} = 1\,\frac{\mathrm{J}}{\mathrm{A \cdot s}}$.
Aus $1\,\mathrm{J} = 1\,\mathrm{N \cdot m} = 1\,\mathrm{W \cdot s}$ folgt, dass Arbeit und Energie dieselbe Einheit haben.

Im Wassermodell des Stromkreises hat eine Erhöhung des Drucks der Pumpe eine größere Stromstärke zur Folge. Analog nimmt die elektrische Stromstärke zu, wenn die Spannung der Quelle größer wird. Bei vielen Leitern gilt das **Ohm'sche Gesetz**: Die Spannung U und die Stromstärke I sind zueinander proportional, sofern die Temperatur des Leiters konstant bleibt. Der konstante Quotient $\frac{U}{I}$ kennzeichnet den Einfluss des Leiters auf die durch die Quelle bewirkte Stromstärke, er wird als **Widerstand** R des Leiters bezeichnet:
$R = \frac{U}{I}$, die Einheit des Widerstandes ist 1 Ohm (1 Ω), es ist $1\,\Omega = 1\,\frac{\mathrm{V}}{\mathrm{A}}$.
Jeder Leiter (Stoff) hat einen **spezifischen Widerstand** ϱ mit der Einheit: $1\,\Omega \cdot \frac{\mathrm{mm}^2}{\mathrm{m}}$.
Der Widerstand eines Drahts lässt sich aus seiner Länge l, der Querschnittsfläche A und dem spezifischen Widerstand ϱ berechnen:
$R = \varrho \cdot \frac{l}{A}$ (bei konstanter Temperatur).

64

Kreuze richtige Aussagen an. Elektrische Quellen eines Stromkreises …

- ☐ geben Energie an Elektronen ab.
- ☐ speichern Strom.
- ☐ erzeugen Ladungen.

65

Was bedeutet es, wenn eine Batterie als „verbraucht" oder „leer" bezeichnet wird?

66
Was geschieht mit einer Glühlampe für 6 V, wenn sie an eine Quelle mit 12 V Spannung angeschlossen wird? Begründe deine Antwort.

67
Erläutere die beiden Schaltungen.

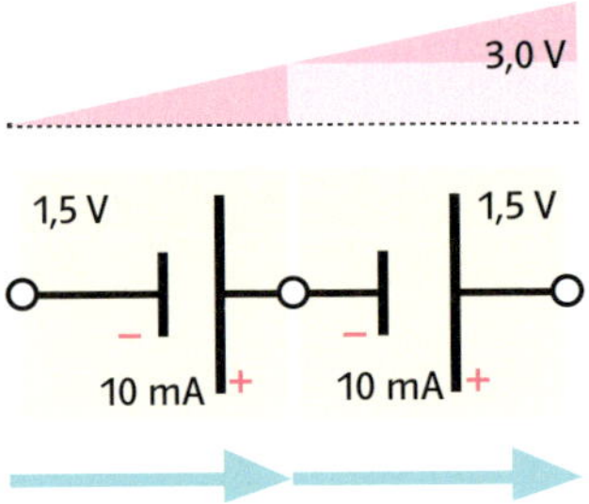

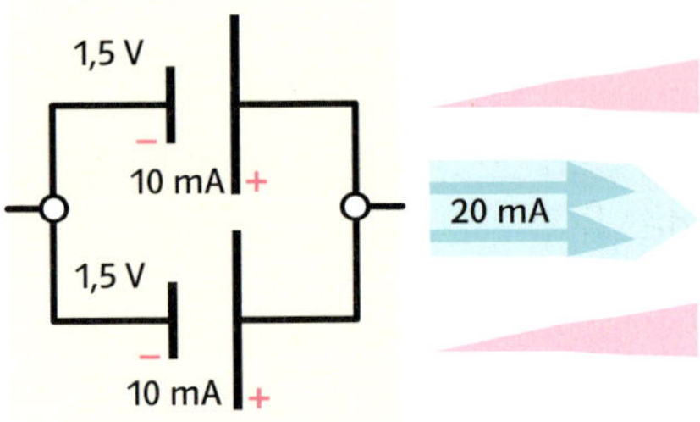

68
Welche der Anordnungen hat an den Anschlüssen außen eine Spannung von

3 V: __________, 0 V: __________?

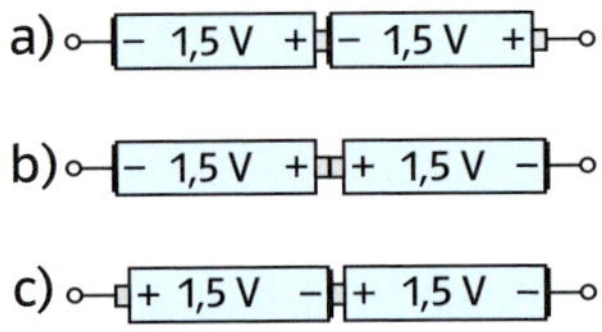

Welche Anordnung ist unbedingt zu vermeiden und warum?

69
Es gibt Aale und Rochen, die ihre Beute mit elektrischen Stromstößen betäuben. In ihrem Muskelgewebe befinden sich viele kleine Organe, die wie Akkus aufladbar sind. Jedes Organ hat eine Spannung von etwa 1 V, beim Schlag treten allerdings bis zu 800 V auf. Wie ist das möglich?

70
In den Stromkreisen liegt die Spannung der Quelle auch an den Anschlüssen des Lämpchens, weil der Einfluss der Leitungen vernachlässigt werden kann. Welche Schaltung misst die Spannung am Lämpchen?

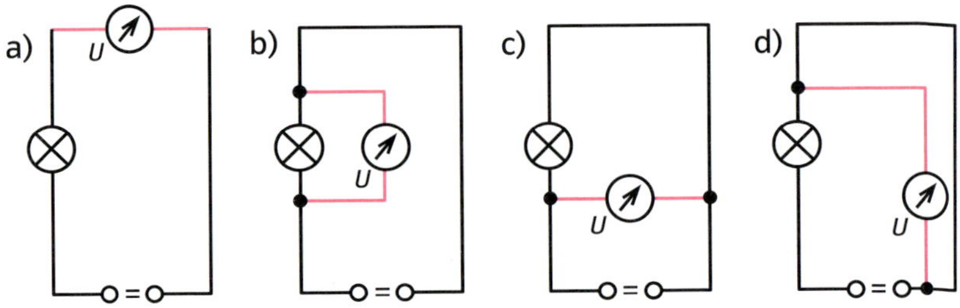

71

Das nebenstehende Diagramm wurde aus Messwerten bei einem 12-V-Lämpchen ermittelt. Interpretiere das Messergebnis im Hinblick auf den Widerstand des Lämpchens.

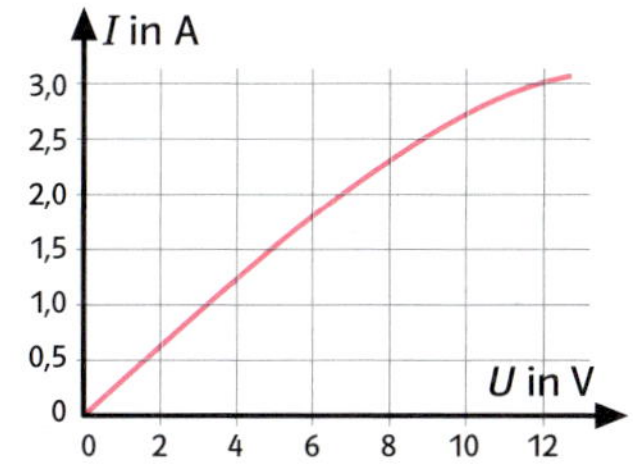

72

Glühlampen brennen oft unmittelbar nach dem Einschalten durch. Woran mag das liegen?

73

Ergänze die Werte unter der Voraussetzung, dass das Ohm'sche Gesetz gilt.

U in V	20	35		45
I in A		0,50	1,3	

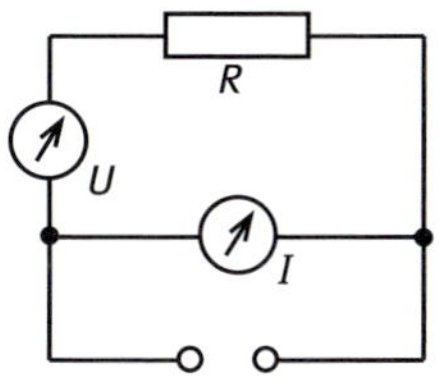

74

a) Zeichne ein *U*-*I*-Diagramm für einen Leiter mit diesen Messwerten.

U in V	0,5	1,0	1,5	2,0	2,5	3,0
I in A	0,07	0,10	0,12	0,14	0,15	0,17

b) Welche Spannung ergibt sich aus der Kennlinie bei 0,08 A?

c) Berechne für jedes Wertepaar der Tabelle den Widerstand des Leiters und interpretiere die Unterschiede.

75

In einem Stromkreis hält eine Quelle die Stromstärke konstant bei 1,5 mA. Wie groß muss der Widerstand im Stromkreis sein, wenn die Spannung der Quelle folgende Werte hat?

a) 100 mV b) 12 V c) 50 V d) 230 V e) 1000 V

76

Vervollständige die Gleichungen. U = ______; I = ______; R = ______;

150 mA = 6 V ______________; 250 Ω = 15 kV ______________;

540 Ω = ______________ kΩ; 7800 kΩ = ______________ MΩ

77

Die meisten Leiter ändern ihren Widerstand mit der Temperatur.

a) Ordne den Linien im Diagramm die richtigen Stoffe mit den Buchstaben
A für Aluminium,
B für Konstantan und
C für Kohle zu.

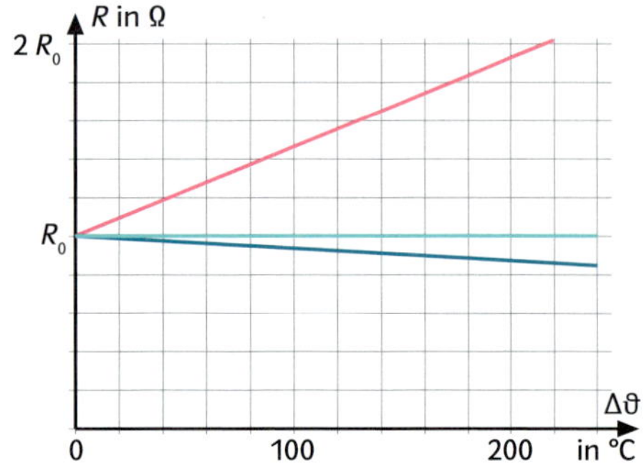

b) Ergänze das Diagramm um eine Linie **E** für Eisen, das seinen Widerstand bei einer Temperaturerhöhung von 100 °C um das 1,6fache steigert.

78

Wie ändert sich der Widerstand eines Drahts, wenn er soweit in die Länge gezogen wird, dass er nur noch halb so dick wie zuvor ist?
(Tipp: Volumen und spezifischer Widerstand ändern sich nicht.)

79 für KÖNNER

Für einen auf Papier gezeichneten, 1 mm breiten und 10 cm langen Bleistiftstrich aus Graphit ergibt die Messung einen Widerstand von 12 Ω. Wie dick ist der Strich, wenn der spezifische Widerstand von Graphit $75\,\Omega \cdot \frac{mm^2}{m}$ beträgt?

80 für KÖNNER

In einem in der Erde verlegten Telefonkabel ist ein Kurzschluss zwischen zwei Kupferdrähten mit je 0,8 mm² Querschnittfläche aufgetreten. Wird zwischen den am Ende des Kabels heraustretenden Drahtenden ein Spannung von 3,0 V angelegt, so wird ein Strom von 75 mA gemessen.

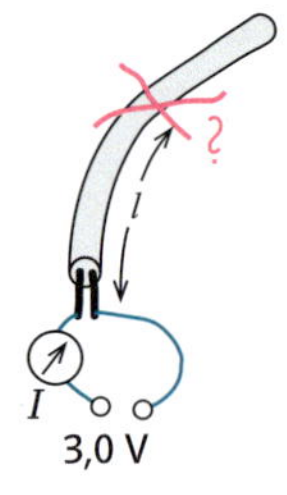

Berechne die Entfernung der Schadstelle. Verwende als Wert für den spezifischen Widerstand $\varrho_{Kupfer} = 0{,}017\,\Omega \cdot \frac{mm^2}{m}$.

81

Vervollständige die Gleichungen.

$\varrho = \frac{R}{l}$ ______________________ ;

0,3 __________ $\cdot \frac{1\,\Omega \cdot m}{6\,mm^2} = 0{,}05$ __________

$\frac{5\,km}{2\,mm^2} \cdot$ __________________ $= 15\,\Omega$

3.7 Schaltungen mit Widerständen

WISSEN

Im Stromkreis bestimmen Spannung und Stromstärke die Energieumsetzungen bei Quelle und Geräten. Diese Größen hängen mit dem Widerstand zusammen. Befinden sich mehrere Geräte im Stromkreis, so hängt die Verteilung der gelieferten Energie auf die einzelnen Geräte auch noch von ihrer Schaltung im Stromkreis ab. Die von ihnen insgesamt umgesetzte Energie beschreibt ein **Ersatzwiderstand**.

Bei einer **Reihenschaltung** mehrerer Geräte ist die Stromstärke in allen Geräten dieselbe und die Spannung der Quelle verteilt sich entsprechend den einzelnen Widerständen auf sie.

Es gilt: $I_{Quelle} = I_1 = I_2 = \ldots;\quad U_{Quelle} = U_1 + U_2 + \ldots$

$R_{Ersatz} = R_1 + R_2 + \ldots$

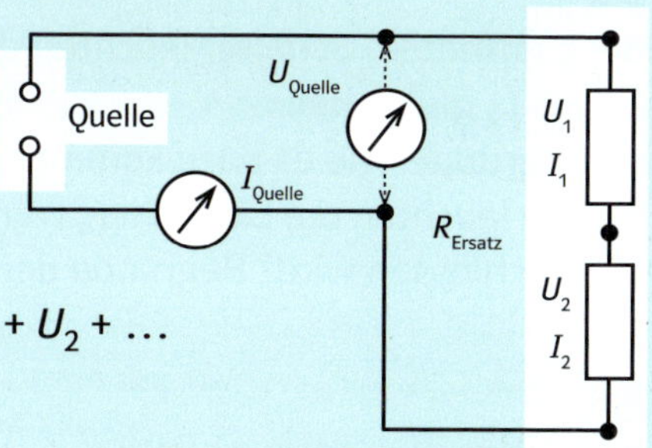

Bei einer **Parallelschaltung** mehrerer Geräte ist die Spannung an allen Geräten dieselbe und die Stromstärke verteilt sich entsprechend den Kehrwerten ihrer Widerstände auf sie.

Es gilt: $\frac{1}{R_{Ersatz}} = \frac{1}{R_1} + \frac{1}{R_2};\quad U_{Quelle} = U_1 = U_2 = \ldots$

$I_{Quelle} = I_1 + I_2 + \ldots$

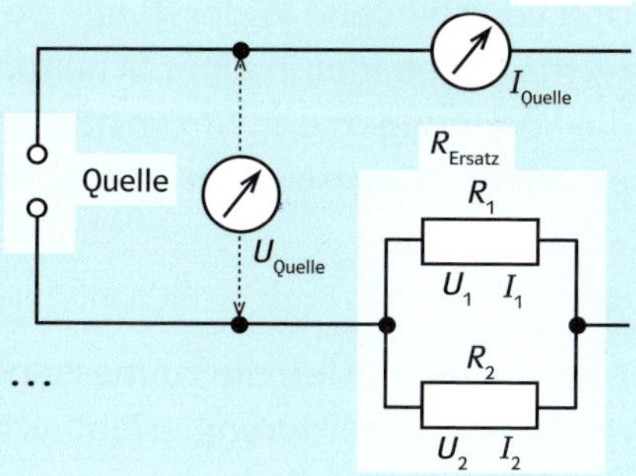

82

Wie lässt sich bei einer Schaltung von mehreren Geräten, deren Verbindungen nicht sichtbar sind, ohne Messgeräte klären, ob es sich um eine Reihen- oder Parallelschaltung handelt?

83

Vervollständige den Satz. Bei einer Reihenschaltung der Widerstände R_1, R_2, R_3 wird der Gesamtwiderstand ______ als jeder Einzelwiderstand, bei einer Parallelschaltung ______ als jeder Einzelwiderstand.

84

a) Ein Lämpchen mit den Betriebsdaten 4,5 V/0,3 A soll mit einem 12-V-Akku betrieben werden. Welcher Widerstand ist mit dem Lämpchen in Reihe zu schalten, damit es korrekt betrieben werden kann? Zeichne den zugehörigen Schaltplan.

b) Welcher Widerstand wäre erforderlich, wenn zwei dieser Lämpchen parallel geschaltet würden? Zeichne den zugehörigen Schaltplan und begründe deine Lösung im Vergleich zum Ergebnis von a).

85

Bei geöffnetem Schalter leuchten die Lämpchen L_2 und L_3 gleich hell.

a) Begründe, wie es dazu kommt.

b) Wie leuchten die Lämpchen, wenn der Schalter geschlossen wird? Begründe deine Antwort.

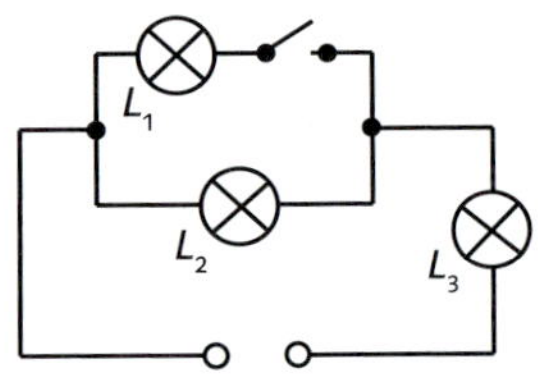

86

Drei verschiedene Widerstände befinden sich wie rechts abgebildet in einer Schaltung. Berechne die Spannungen und Stromstärken, die bei den einzelnen Widerständen vorhanden sind.

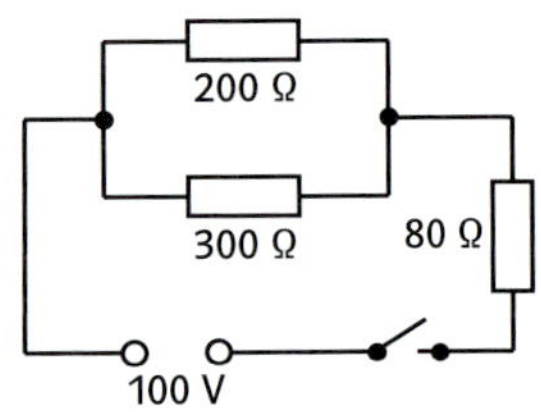

87

Messgeräte dürfen die zu messende Größe so wenig wie möglich verändern. Welche Forderung ergibt sich dadurch für den „inneren" Widerstand des Messgerätes, bei …

a) der Messung der Stromstärke in einem Widerstand, bei der das Messgerät mit diesem in Reihe geschaltet wird?

b) der Messung der Spannung zwischen den Anschlüssen des Widerstandes, zu dem das Messgerät parallel geschaltet wird?

88 für KÖNNER

a) Ein Messgerät hat einen Widerstand von 20 Ω und einen Messbereich bis 100 mA. Wie kann es unter Verwendung eines zusätzlichen Widerstandes R_x Stromstärken bis 10 A anzeigen? Zeichne den Schaltplan hierfür und berechne R_x.

b) Das Messgerät zeigt auch Spannungen bis 3 V an. Wie kann mit einem Widerstand R_y die Anzeige bis 300 V erweitert werden? Zeichne den Schaltplan hierfür und berechne R_y.

3.8 Elektromagnetismus

WISSEN

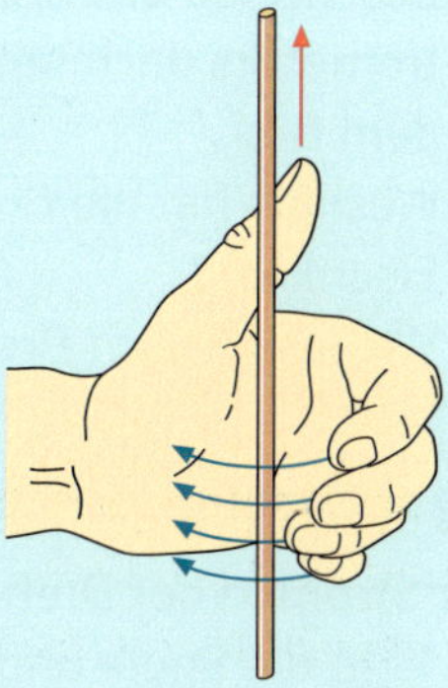

Mit elektrischem Strom ist stets ein Magnetfeld verbunden. Die Richtung des Elektronenstroms und die Magnetfeldorientierung lassen sich mit der **Linken-Hand-Regel** ermitteln.

Ein zur Spule geformter Leiter wirkt als **Elektromagnet**. Die Anziehungs- bzw. Abstoßungskräfte zwischen Magnetpolen nutzt man beim **Elektromotor** zur Drehung des Elektromagneten gegenüber anderen, feststehenden Magneten.

Damit die Drehung bestehen bleibt, muss die Stromrichtung in den Spulen nach jeder halben Umdrehung mit einem **Kommutator** umgepolt werden.

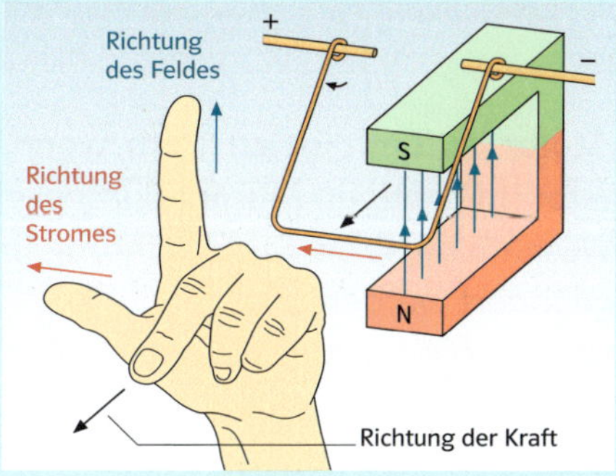

Ströme erfahren im Magnetfeld eine Kraft (Lorentzkraft), deren Richtung sich mit der **Drei-Finger-Regel** der linken Hand bestimmen lässt. Wird ein Leiter quer zum Magnetfeld bewegt, so erfahren die Elektronen in ihm eine Kraft zu einem Ende des Leiters hin. Zwischen den Enden des Leiters entsteht so die **Induktionsspannung**.

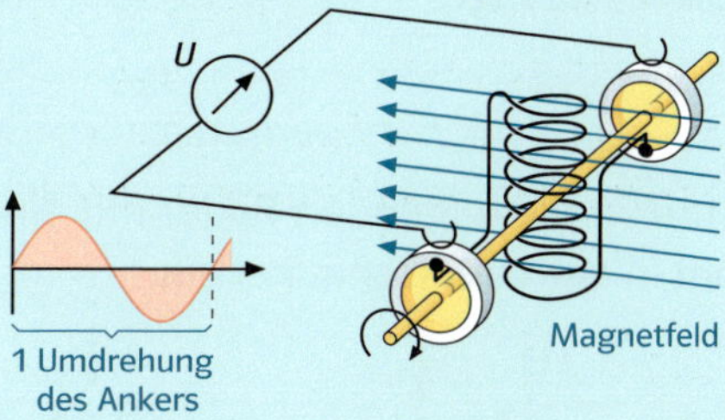

Dreht sich eine Spule in einem Magnetfeld, so ändert sich die in ihr induzierte Spannung mit der Stärke und Richtung des Magnetfeldes sowie mit der vom Feld durchsetzten Querschnittsfläche der Spule. Die Spannung *U* ändert sich bei der Drehung ständig zwischen einem positiven und negativen Maximalwert: Sie ist eine **Wechselspannung**. Die Pole der Quelle (Spule) ändern sich pro Umdrehung zweimal. Maschinen, die Spannung auf diese Weise erzeugen, heißen **Generatoren**.

89

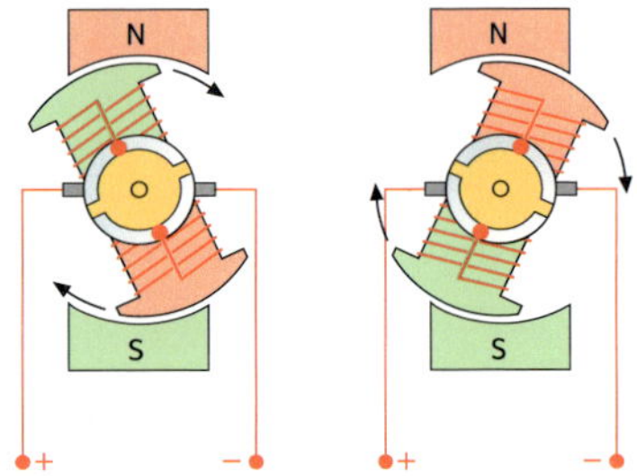

a) Wie lautet das Gesetz für die Kräfte zwischen Magnetpolen?
b) Beschreibe das Prinzip des Elektromotors nach nebenstehendem Bild.
c) Weshalb hat die Drehspule einen Eisenkern?
d) Wie lassen sich Drehsinn und Drehgeschwindigkeit der Spule ändern?

90

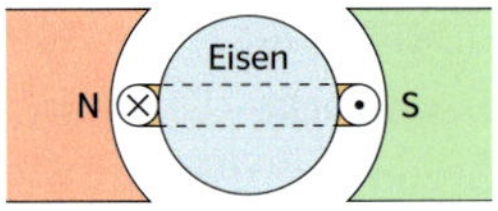

Der Strom in der Drehspule des Motors geht links bei ⊗ in die Spule und verlässt sie rechts bei ⊙. Stelle ihre Polung fest und bestimme damit die Drehrichtung.

91

Ein Motor läuft mit Gleichstrom, wenn dessen Richtung mit einem Kommutator im richtigen Moment umgekehrt wird.
a) Weshalb muss die Stromrichtung im sich drehenden Elektromagneten geändert werden?
b) Setzt sich der Elektromotor mit dem Einschalten des Stromes immer in Bewegung? Begründe deine Antwort.
c) Wenn man statt Gleichstrom einen Wechselstrom verwendet, braucht man keinen Kommutator. Dafür muss der feststehende Magnet ein Elektromagnet sein, der seine Polung im selben Takt ändert. Begründe diese Aussage.

92

Zeichne in die folgenden Bilder mit einem Pfeil die Kraftrichtung auf den Strom in der Leiterschaukel ein.

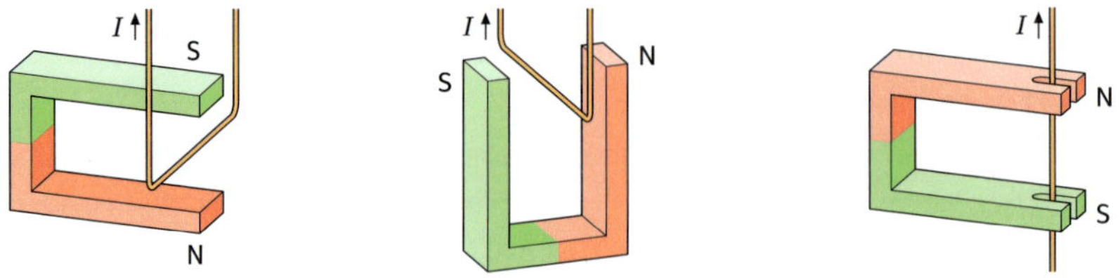

(Hinweis: Achte auf Richtungsunterschiede von Feld und Strom).

93

Wird der Nordpol des Magneten in die Spule eingetaucht, so entsteht durch das Lämpchen ein Strom von unten nach oben. Welche Richtung hat er, wenn

a) der Nordpol wieder herausgezogen wird?
b) der Südpol in die Spule eingetaucht wird?
c) der Südpol aus der Spule herausgezogen wird?

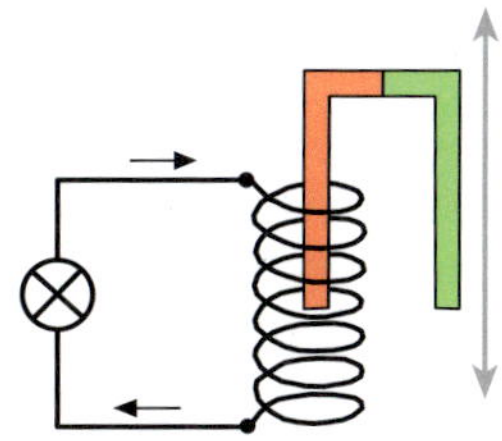

94

Streiche Falsches durch: Die vom Magnetfeld in einer Spule induzierte Spannung ist umso größer,

- je ***größer / kleiner*** ihre Windungszahl ist;
- je ***schneller / langsamer die Spule / der Magnet*** bewegt wird;
- je ***mehr / weniger*** sich die Stärke des Magnetfeldes während der Bewegung ändert;
- je ***größer / kleiner*** die vom Magnetfeld durchdrungene Fläche der Spulenwindungen ist.

Welche Aussage macht die Abbildung?

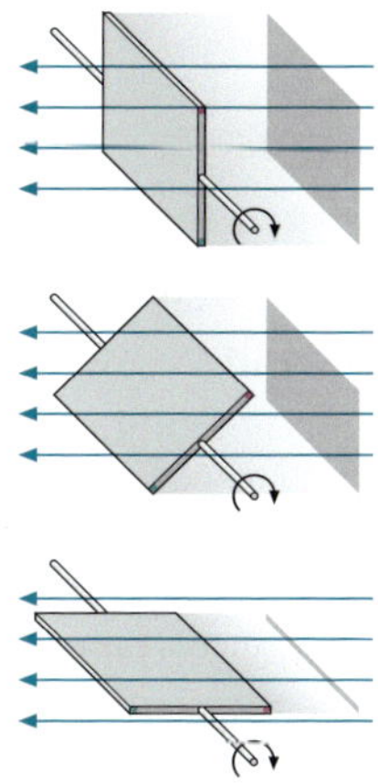

95 für KÖNNER

Eine Spule mit einem Eisenkern ist an ein empfindliches Messgerät für die Spannung angeschlossen. Sie befindet sich vor einem Elektromagneten, dessen Stromstärke sich verändern lässt. Beschreibe und erkläre die Anzeige des Messgerätes, wenn

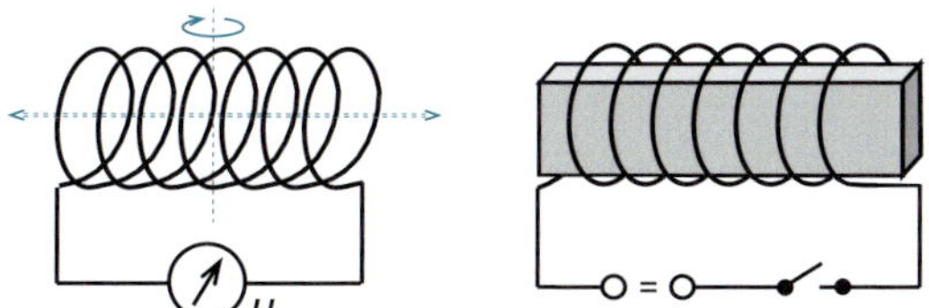

a) die Stromstärke im Elektromagneten vergrößert wird,
b) die Stromstärke im Elektromagneten unverändert bleibt,
c) der Elektromagnet ein- oder ausgeschaltet wird,
d) die Spule bei konstanter Stromstärke im Elektromagneten genähert oder weiter entfernt wird,
e) sich die Spule vor dem Elektromagneten um eine zur Spulenachse senkrechte Achse dreht.

3.9 Elektrische Energie und Leistung

WISSEN

Mit elektrischem Strom gelieferte Energie heißt **elektrische Energie**. Quellen geben Energie ab, die dann im Stromkreis von den einzelnen Geräten bzw. Leitern entsprechend ihrem Widerstand umgesetzt wird.
Die **elektrische Spannung** U ist der Quotient aus der Energieabgabe ΔE und der hierbei im Strom bewegten Ladung $Q = I \cdot t$:
$U = \frac{\Delta E}{Q}$.
Die Energieabgabe des elektrischen Stroms I berechnet sich also zu:
$\Delta E = U \cdot Q = U \cdot I \cdot t$, Einheit 1 Wattsekunde ($1\,\mathrm{W} \cdot \mathrm{s} = 1\,\mathrm{J} = 1\,\mathrm{N} \cdot \mathrm{m}$).

Die in der Zeit t von einem Gerät oder einer Leitung umgesetzte Energie ΔE heißt elektrische **Leistung** P, sie ist zur Stromstärke I proportional:
$P = U \cdot I$, Einheit 1 Watt $\left(1\,\mathrm{W} = 1\,\frac{\mathrm{J}}{\mathrm{s}} = 1\,\frac{\mathrm{N} \cdot \mathrm{m}}{\mathrm{s}}\right)$.
Gelegentlich wird die Einheit der Leistung als Produkt $1\,\mathrm{V} \cdot \mathrm{A}$ angegeben.

In einer **Reihenschaltung** entfällt auf den größeren Widerstand der größere Teil der Leistung / Energie:
Für die Widerstände R_1, R_2 gilt: $\frac{P_1}{P_2} = \frac{R_1}{R_2}$.

In einer **Parallelschaltung** entfällt auf den kleineren Widerstand der größere Teil der Leistung / Energie:
Für die Widerstände R_1, R_2 gilt: $\frac{P_1}{P_2} = \frac{R_2}{R_1}$.

96

Eine Batterie hat die Spannung 9 V, sie kann 90 Minuten lang die Stromstärke von 0,6 A in einem Stromkreis aufrechterhalten.
Welche Energie liefert sie dabei?

97

Eine normale Glühbirne mit 75 W wird täglich fünf Stunden lang betrieben. Sie wird durch eine Energiesparlampe mit 15 W ersetzt. Wie viel spart man im Jahr, wenn der Preis 0,20 € für 1 kWh ist?

98

a) Wie groß darf insgesamt die Leistung von Haushaltsgeräten für 230 V sein, bevor die Sicherung bei 16 A anspricht?
b) Um wie viel Prozent ändert sich die maximale Leistung mit dem Haushaltsnetz bei Spannungsschwankungen zwischen 210 V und 240 V?
c) Auf einer Herdplatte mit 1500 W wird gerade gekocht. Darf noch ein Bügeleisen mit 800 W eingeschaltet werden?

99

Bei 230 V werden zwei Lampen parallel betrieben, eine mit einer Leistung von 150 W, die andere mit 30 W. Wie verhalten sich die Stromstärken in ihnen gegenüber den umgesetzten Energien?

100

Ein 500 km langes Kabel einer Hochspannungsleitung hat etwa 30 Ω Widerstand. Ein 3000 W-Elektroheizkörper (230 V) hat einen Widerstand von 18 Ω. Wird er an einem Ende des Kabels angeschlossen und der Stromkreis mit einer Quelle für 230 V geschlossen, so sinkt die Leistung der Heizkörpers erheblich.

a) Bestimme Stromstärke und Teilspannung bei Kabel und Heizkörper und berechne damit die reduzierte Leistung.
b) Wohin gelangt die vom Heizkörper nicht umgesetzte Energie?
c) Was macht man, um diesen Verlust zu verringern?

101 für KÖNNER

Beim Transformator verhalten sich die Spannung U_1 auf der Primärseite zu U_2 auf der Sekundärseite wie die Windungszahlen n_1 und n_2 der Spulen.

a) Ergänze: Ein Transformator funktioniert nur mit ______________strom. Durch sein sich ständig änderndes Magnetfeld wird elektrische Energie von der _________spule auf die _____________spule übertragen. Die _________zahlen n_1 bzw n_2 von Primär- und Sekundärspule verhalten sich zur ___________ U_1 auf der Primärseite bzw. U_2 auf der Sekundärseite wie $\frac{U_1}{U_2} = —$.
b) Wenn $U_1 = 6000\,\text{V}$ ist, wie groß muss das Verhältnis von $n_1 : n_2$ sein, damit sich für $U_2 = 240\,000\,\text{V}$ ergeben?
c) Erläutere die Bedeutung, die ein für beide Spulen gemeinsamer Eisenkern hat.

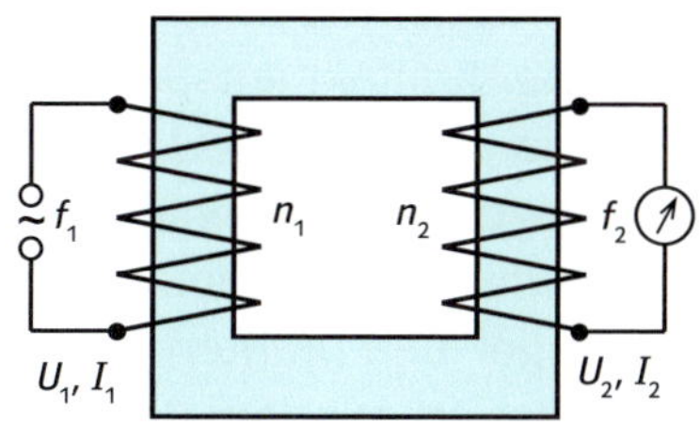

3.10 Experimente

Das Lametta-Elektroskop

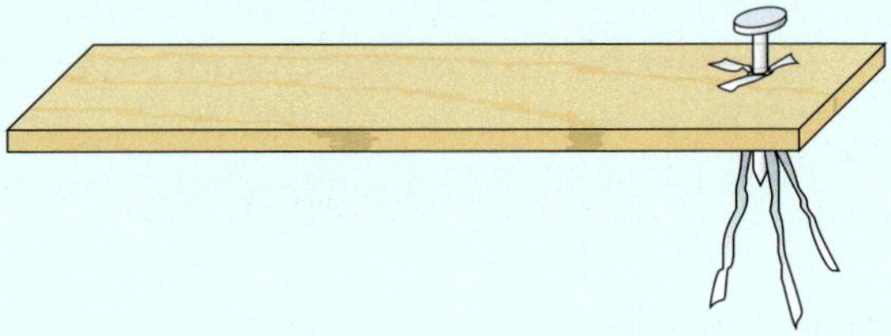

Oft sind nichtmetallische Gegenstände elektrisch geladen, ohne dass man es erkennen kann. Jemand behauptet, dass es ganz einfach sei, sich ein Elektroskop zu basteln, um Gegenstände auf ihre Ladung zu überprüfen. Nämlich so: Nimm einen Streifen Pappe, Kunststoff oder Holz, bohre an einem Ende ein Loch hinein und klemme darin mehrere etwa 10 cm lange Lamettafäden mit einer Reißzwecke oder einem Nagel ein. Es gehen auch dünne Fäden aus Haushalts-Alufolie.
Wenn du den Kopf der Reißzwecke mit einem Gegenstand berührst, weißt du, ob er geladen ist. Wie funktioniert das?

Ein schwimmender Kompass

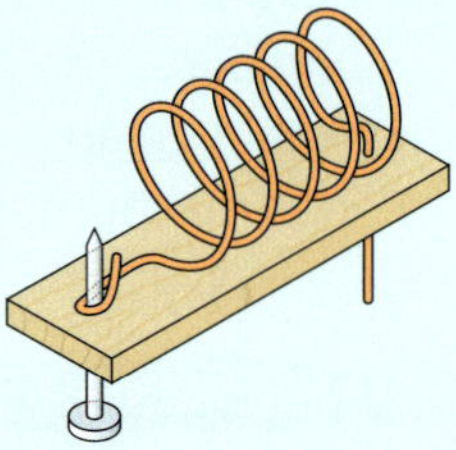

Besorge dir ein leichtes Holzbrettchen, das etwa 3 cm breit und 10 cm lang ist und einen etwa 15 cm langen Kupferdraht aus einem alten Netzkabel. Wickle den Draht so um einen Bleistift, dass eine ca. 8 cm lange Spule mit zwei etwa 2 cm langen geraden Drahtenden entsteht. Die Enden dürfen nicht isoliert sein.
Durchbohre das Brettchen an dessen Enden so, dass durch die eine Bohrung gerade eben ein 1 cm langes Ende des Drahtes geschoben werden kann. Durch das Loch am anderen Ende muss ein Eisennagel so hindurch geschoben werden, dass er ebenfalls mit 1 cm Länge unten aus dem Brettchen herausragt. Umwickle den oben aus dem Brettchen herausragenden Nagel mit dem noch freien Ende der Spule möglichst eng, so dass ein gut leitender Kontakt entsteht.
Gieße in eine Schüssel lauwarmes Wasser, sodass das Brettchen mit Spule und Nagel darin ungehindert schwimmen kann. Gib in das Wasser 1 bis 2 Teelöffel Kochsalz hinein und verrühre es, bevor du darin das Brettchen mit Nagel- und Drahtende nach unten schwimmen lässt.
Was passiert mit dem Brettchen und wie lässt sich das erklären?

Rekorde im Hochsprung

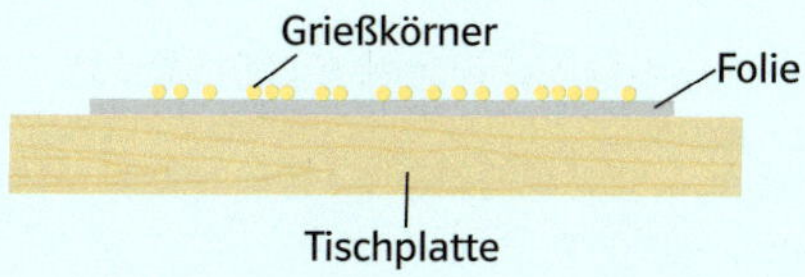

Besorge dir ein etwa 20 cm langes Stück einer Haushaltsfolie oder einer Prospekthülle. Außerdem brauchst du einen Esslöffel voll Hartweizengrieß und einen ebenen Tisch mit einer Kunststoffplatte (Furnier).

Du legst die Folie auf die saubere, ebene Tischplatte und streichst sie mehrere Male fest mit der Hand glatt. Anschließend streust du die Grießkörner auf die Folie. Was passiert?

Nun wird die Folie vorsichtig, damit die Körnchen nicht herunterfallen, von der Tischplatte hoch gehoben. Das erfordert ein wenig Geschick und du solltest dies vielleicht mit Hilfe von zwei Kunststoff-Linealen versuchen, die du zuerst etwas unter die Folienenden geschoben hast.

Welche Beobachtung kannst du jetzt machen?
Wie lassen sich diese Beobachtungen erklären?

4 Wärmelehre

4.1 Temperatur und ihre Messung

WISSEN

Mittels unserer Haut können wir **Temperaturen** subjektiv unterscheiden. Für objektive Aussagen über Temperaturen benötigen wir **Thermometer**. Sie messen die Temperatur indirekt über eine von der Temperatur abhängige Messgröße (z. B. Volumen oder elektrischer Widerstand).
Zur Messung der Temperatur wird häufig die **Celsius-Skala** verwendet. Zur Eichung dieser Skala dienen zwei Bezugspunkte, die Temperatur von Eiswasser (0 °C) und die Temperatur von siedendem Wasser (100 °C). Der Abstand zwischen diesen Punkten wird in 100 gleiche Teile unterteilt.
Die **Fahrenheit-Skala** ist so festgelegt, dass die Schmelztemperatur von Eis 32 °F und die Siedetemperatur von Wasser 212 °F beträgt. Der Abstand dazwischen wird in 180 gleiche Teile unterteilt. Diese Skala wird in den USA verwendet.
Umrechungsformel Celsius-Skala in Fahrenheit-Skala:
$T[°F] = \frac{9}{5} \cdot T[°C] + 32.$

Umrechungsformel Fahrenheit-Skala in Celsius-Skala:
$T[°C] = \frac{5}{9} \cdot (T[°F] - 32).$

Die **Kelvin-Skala** hat ihren Nullpunkt (0 K) bei der niedrigst möglichen Temperatur von −273 °C. Der Temperaturunterschied von 1 K entspricht dem Unterschied von 1 °C. Bei der Kelvin-Skala gibt es keine negativen Temperaturen. Sie wird nur in der Physik verwendet.
Umrechungsformel Celsius-Skala in Kelvin-Skala: $T[K] = T[°C] + 273.$
Umrechungsformel Kelvin-Skala in Celsius-Skala: $T[°C] = T[K] - 273.$

1

Vor Daniel und Stefan stehen zwei Gefäße mit jeweils einem Liter Wasser. Das Wasser in Gefäß eins hat eine andere Temperatur als das Wasser in Gefäß zwei. Um herauszufinden, in welchem Gefäß sich das wärmere Wasser befindet, hält zuerst Daniel seine linke Hand in das eine und seine rechte Hand in das andere Gefäß. Danach wiederholt Stefan den Versuch. Daniel behauptet nun, das Wasser in Gefäß eins sei wärmer als das in Gefäß zwei. Stefan behauptet genau das Gegenteil. Wie kann das passieren? Wie können die beiden überprüfen, wer von ihnen Recht hat?

2

Nenne verschiedene Arten von Thermometern.

3

Petra und Frank sollen die Temperatur des Bodens messen. Wer von beiden macht es richtig und warum?

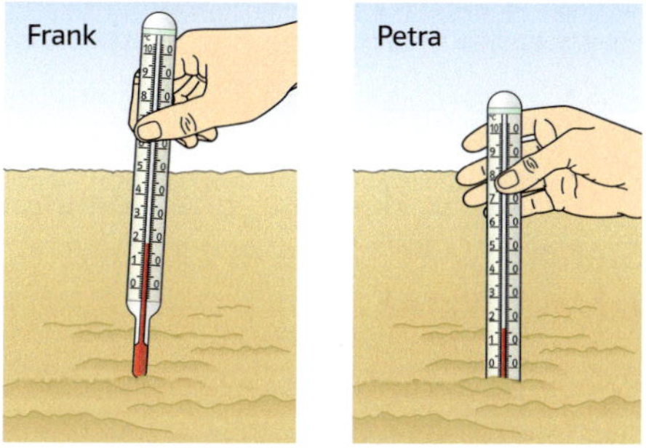

4

Maren will die Temperatur ihres Badewassers bestimmen. Dazu hält sie ein Flüssigkeitsthermometer ganz kurz ins Wasser und liest sofort die Temperatur ab. Ist die abgelesene Temperatur mit der des Wassers identisch? Begründe.

5

Wie kann man ein selbstgebautes Flüssigkeitsthermometer mit einer Celsiusskala versehen?

6

Kann man für ein Flüssigkeitsthermometer jede beliebige Flüssigkeit benutzen?

7

Fülle die Tabelle aus.

Temperatur in °Celsius	Temperatur in °Fahrenheit	Temperatur in Kelvin
−5		
15		
	−10	
	30	
		−20
		50

4.2 Ausdehnung fester Körper

WISSEN

Steigt die Temperatur eines festen Körpers, so dehnt sich dieser aus. Sinkt seine Temperatur, so zieht er sich zusammen.
Die Längenausdehnung hängt auch vom Material des Körpers ab.
Für die **Längenänderung eines festen Körpers** gilt: $\Delta l = \alpha \cdot l_0 \cdot \Delta\vartheta$.
Dabei ist α der Längenausdehnungskoeffizient (abhängig von der Stoffart), l_0 die Länge des Körpers zu Beginn und $\Delta\vartheta$ die Temperaturdifferenz in Kelvin.

8

Peter misst mit einem Stahllineal, das in der Sonne gelegen hat, eine Strecke. Werden die Messwerte zu groß oder zu klein?

9

Die Ausdehnung fester Körper muss man auch im Alltag beachten. Nenne verschiedene Beispiele.

10

Um wie viel Zentimeter verlängert sich ein 100 cm langer Kupferdraht, wenn er von 0 °C auf 50 °C erwärmt wird $\left(\alpha = 0{,}000017\,\frac{1}{\text{K}}\right)$?

11

Ein Eisenstab hat bei einer Temperatur von −15 °C die Länge 8,5 m. Berechne seine Länge bei einer Temperatur von 45 °C $\left(\alpha = 0{,}000012\,\frac{1}{\text{K}}\right)$.

12

Eine eiserne Brücke hat bei 0 °C eine Länge von 80 m. Sie ist Temperaturschwankungen zwischen 50 °C und −30 °C ausgesetzt. Das eine Ende der Brücke ist fest, das freie Ende auf ein Rollenlager gestützt. Berechne die Strecke s, um die das freie Ende verschiebbar sein muss.

13 für KÖNNER

Wie ändert sich das Volumen einer Betonwand mit einer Länge von 8 m, einer Höhe von 3,2 m und einer Breite von 20 cm bei einer Temperaturschwankung von 65 K $\left(\alpha = 0{,}000012\,\frac{1}{\text{K}}\right)$?

4.3 Ausdehnung flüssiger Körper

WISSEN

Steigt die Temperatur eines flüssigen Körpers, so dehnt sich dieser aus. Sinkt seine Temperatur, so zieht sich die Flüssigkeit wieder zusammen. Die Volumenänderung hängt von der Art der Flüssigkeit ab.
Für die **Volumenänderung eines flüssigen Körpers** gilt: $\Delta V = \gamma \cdot V_0 \cdot \Delta\vartheta$.
Dabei ist α der Volumenausdehnungskoeffizient (abhängig von der Flüssigkeit) und V_0 das Volumen des Körpers zu Beginn.

Anomalie des Wassers
Erhöht man die Temperatur von Wasser ausgehend von 0 °C, so zieht es sich zunächst zusammen. Erst ab der Temperatur von 4 °C beginnt es sich auszudehnen. Bei 4 °C hat es seine größte Dichte.

14
Was passiert, wenn eine Flasche Wasser länger in der Tiefkühltruhe liegt?

15
Warum nimmt nach dem Winter die Zahl der Schlaglöcher in Straßen zu?

16
Warum kann die Temperatur eines tiefen Sees nicht unter 4 °C sinken?
Welchen Vorteil hat dieser Effekt?

17
Die Temperatur von 7 m³ Wasser sinkt von 34 °C auf 8 °C. Wie groß ist die Volumenänderung $\left(\gamma = 0{,}00021\,\frac{1}{K}\right)$?

18
In einer Warmwasserheizung werden 3,5 m³ Wasser von 14 °C auf 75 °C erwärmt. Um wie viel Liter nimmt das Volumen dabei zu $\left(\gamma = 0{,}00021\,\frac{1}{K}\right)$?

19 für KÖNNER
Der Stahltank einer Heizungsanlage fasst bei 18 °C 10 000 l Heizöl. Der Tank wird mit 9000 l gefüllt. Nun steigt die Temperatur von 18 °C auf 29 °C an. Läuft der Tank über? Von der Ausdehnung des Stahltanks ist abzusehen $\left(\text{Heizöl: } \gamma = 0{,}00021\,\frac{1}{K}\right)$.

4.4 Ausdehnung gasförmiger Körper

WISSEN

Bei Erhöhung der Temperatur dehnen sich alle Gase in bestimmten Grenzen gleich aus. Viele Gase verhalten sich bei Temperaturänderungen annähernd wie Luft.

Bei **konstantem Druck** gilt:

- das Volumen nimmt proportional zur Temperaturänderung in Kelvin zu: $V \sim T$,
- das **Gesetz von Gay-Lussac:** $\frac{V_1}{T_1} = \frac{V_2}{T_2}$,
- ist V_0 das Anfangsvolumen bei T_0 = 273 **K** bzw. ϑ_0 = 0 °C, so gilt: $V = V_0 \cdot \frac{T}{273\ \text{K}}$.

Bei **konstantem Volumen** gilt:

- der Druck nimmt proportional zur Temperaturänderung in Kelvin zu: $p \sim T$,
- das **Gesetz von Amontons:** $\frac{p_1}{T_1} = \frac{p_2}{T_2}$,
- ist p_0 der Anfangsdruck bei T_0 = 273 **K** bzw. ϑ_0 = 0 °C, so gilt: $p = p_0 \cdot \frac{T}{273\ \text{K}}$.

Bei **konstanter Temperatur** gilt:

- der Druck ist umgekehrt proportional zum Volumen: $p \sim \frac{1}{V}$,
- das **Gesetz von Boyle-Mariotte:** $p_1 \cdot V_1 = p_2 \cdot V_2$.

20

Bei wie viel Grad Celsius ist das Volumen eines Gases doppelt so groß wie das ursprüngliche Volumen bei 0 °C (bei konstantem Druck)?

21

Eine mit Luft gefüllte Flasche liegt über Nacht im Gefrierfach des Kühlschrankes. Was passiert, wenn du sie herausnimmst und ihre Öffnung mit einer Münze luftdicht verschließt?

22

Durch ein undichtes Ventil entweicht einer Flasche Wasserstoff. Bei einer Temperatur von 7 °C beträgt das Volumen des Wasserstoffes 10 l. Nun erwärmt sich die Flasche auf 17 °C, der Druck bleibt konstant. Wie viel Liter Wasserstoff sind der Flasche entwichen?

23

Ein Physiksaal ist 8 m lang, 5 m breit und 3 m hoch. Vor der ersten Stunde beträgt dort die Temperatur 22 °C. Nun betreten 30 Schüler und ein Lehrer den Raum. In der ersten Stunde steigt die Temperatur auf 25 °C. Welche Masse an Luft strömt aus dem Raum bei konstantem Druck (Dichte von Luft: $\varrho = 1{,}29\,\frac{\text{g}}{\text{dm}^3}$).

24

In einem zylindrischen Gefäß befindet sich Gas. Ein Kolben drückt dieses mit 75 000 Pa auf ein Volumen von 360 cm^3 zusammen. Welches Volumen nimmt das Gas ein, wenn man bei gleicher Temperatur den Druck auf 100 kPa erhöht?

25

Ein Behälter mit einem Inhalt von 10 l wird mit Gas befüllt. Bei 0 °C steht das Gas unter einem Druck von 200 kPa. Nun erwärmt sich der Behälter, wobei der Druck auf 250 kPa ansteigt. Wie hoch ist nun die Temperatur?

26

Bei einer Temperatur von 35 °C und einem Druck von 115 kPa nimmt ein Gas ein Volumen von 462 cm^3 ein. Nun verringern wir die Temperatur und den Druck. Wie groß ist das Volumen bei 0 °C und 101 kPa?

27 für KÖNNER

Warum ist die Kelvin-Skala nach unten begrenzt, aber nicht nach oben?

4.5 Das Teilchenmodell

WISSEN

Das **Teilchenmodell** ist ein einfaches Modell zur Erklärung des Aufbaus der Materie. Alle Körper sind aus **kleinsten Teilchen**, den **Atomen** oder **Molekülen**, aufgebaut. Zwischen den Teilchen herrschen Anziehungskräfte. Die Teilchen befinden sich in ständiger Bewegung. Je höher die Temperatur des Körpers ist, umso stärker ist diese Bewegung und damit die mittlere Geschwindigkeit der Teilchen. Eine Temperaturerhöhung hat eine größere Bewegungsenergie der Teilchen zur Folge und damit auch eine höhere **innere Energie** (Summe der Energien all seiner Teilchen).
Feste Körper: Die Teilchen haben feste Plätze und sind regelmäßig angeordnet. Die Abstände der Teilchen sind sehr gering und sie üben eine große Anziehung aufeinander aus.
Flüssigkeiten: Die Teilchen haben keine festen Plätze, sie können sich gegeneinander verschieben. Die Anziehung der Teilchen ist nicht mehr so stark und die Abstände sind größer als bei festen Körpern.
Gase: Die Teilchen bewegen sich frei und regellos im ganzen zur Verfügung stehenden Raum. Die Abstände zwischen den Teilchen sind groß und es ist so gut wie keine Anziehung mehr vorhanden. Die Gasteilchen haben wegen der starken Bewegungsenergie die größte innere Energie.

28

Fertige Skizzen an, die die verschiedenen Aggregatzustände (fest, flüssig und gasförmig) im Teilchenmodell zeigen.

29

Wie lässt sich mittels des Teilchenmodells die Auswirkung von Kräften auf feste und flüssige Körper erklären?

30 für KÖNNER

Erkläre mithilfe des Teilchenmodells: Wird ein Körper auf einer Unterlage entlang gezogen, so erhöht sich dabei die Temperatur des Körpers.

4.6 Energietransport

WISSEN

Energie kann auf drei Arten transportiert werden.

Bei der **Wärmeleitung** geht die Energie innerhalb eines Körpers von Stellen höherer zu solchen niedrigerer Temperatur über. Die Teilchen am wärmeren Ort übertragen ihre höhere Geschwindigkeit durch Stöße auf die sich langsamer bewegenden Nachbarteilchen am kälteren Ort. Es findet kein Stofftransport statt.

Jeder Stoff transportiert die innere Energie verschieden schnell. Für die transportierte Energie gilt: $\Delta E = \lambda \cdot \frac{A}{l} \cdot \Delta\vartheta \cdot \Delta t$, mit λ = Wärmeleitfähigkeit des Stoffes, A = Querschnittsfläche und l = Länge.

Konvektion: Bei dieser Art der Energieübertragung wird die innere Energie zusammen mit dem Stoff transportiert.

Temperaturstrahlung: Hierbei kann Energie auf einen entfernten Körper übertragen werden. Die Temperaturstrahlung transportiert keine Materie und es finden keine Teilchenstöße statt. Mit steigender Temperatur wird die Strahlung intensiver.

31

Nenne für jede Art des Energietransports ein Beispiel.

32

Vier Schüler einer Klasse halten vier verschiedene Stäbe über einen Bunsenbrenner. Schüler 1 hält einen Kupferstab, Schüler 2 einen Eisenstab, Schüler 3 einen Glasstab und Schüler 4 einen Aluminiumstab.

a) In welcher Reihenfolge geben die Schüler auf?

b) Um welche Art des Energietransportes handelt es sich? Erkläre, was in den Stäben passiert.

33

Erkläre, warum beim Lagerfeuer die Aschereste nach oben steigen.

34 für KÖNNER

Durch Hauswände geht Energie verloren. Berechne die Energie, die durch eine 40 cm dicke Betonaußenwand von 10 m^2 bei einer Temperaturdifferenz von 25 K innerhalb eines Tages verloren geht $\left(\lambda_{Beton} = 1{,}7 \frac{W}{m \cdot K}\right)$.

4.7 Spezifische Wärmekapazität

WISSEN

Erwärmt man einen Körper der Masse m um eine Temperaturdifferenz $\Delta\vartheta$, so führt man ihm eine bestimmte Energiemenge ΔE zu und erhöht damit seine innere Energie. Die zugeführte Energiemenge hängt von der Masse des Körpers, der Temperaturdifferenz sowie der Art des Stoffes ab. Die Stoffart drückt sich in Form einer Konstanten aus, der so genannten **spezifischen Wärmekapazität *c*.**
Es gilt: $\Delta E = c \cdot m \cdot \Delta\vartheta$.

Die Einheit dieser Stoffkonstanten c ist $\frac{\text{J}}{\text{g} \cdot \text{K}}$. Ihr Zahlenwert gibt die Energie an, die man braucht, um die Temperatur einer Stoffmenge von 1 g um 1 K zu erhöhen.

Bei Mischungsexperimenten gilt stets, dass die abgegebene Wärme gleich der aufgenommenen Wärme ist: $\Delta E_{\text{ab}} = \Delta E_{\text{auf}}$.

Es gilt der Energieerhaltungssatz.

35

Welche Wärme braucht man, um 2,5 l Wasser von 17 °C auf 35 °C zu erwärmen $\left(c_{\text{Wasser}} = 4{,}2\,\frac{\text{J}}{\text{g} \cdot \text{K}}\right)$?

36

Ein Bunsenbrenner hat eine Leistung von 16 $\frac{\text{kJ}}{\text{min}}$. Wie lange dauert es, bis 0,3 l Wasser mit einer ursprünglichen Temperatur von 15 °C beginnen zu sieden $\left(c_{\text{Wasser}} = 4{,}2\,\frac{\text{J}}{\text{g} \cdot \text{K}}\right)$?

37

Auf welche Temperatur können 10 l Wasser mit $1\,\text{kWh} = 3{,}6 \cdot 10^6\,\text{J}$ erwärmt werden, wenn die Anfangstemperatur 18 °C betrug $\left(c_{\text{Wasser}} = 4{,}2\,\frac{\text{J}}{\text{g} \cdot \text{K}}\right)$?

38

In einem Becherglas befinden sich 1,6 l Wasser. Dieses Wasser wird mit einem Tauchsieder (P = 1000 W) erhitzt, nach jeweils 30 s wird mit einem Thermometer die Wassertemperatur T gemessen.

t in s	0	30	60	90	120	150	180	210	240
T in °C	29,5	33	36	40	43	48	52	56	59

a) Berechne die nach 30 s, 60 s, …, 240 s zugeführte Energie ΔE.
b) Stelle die Messwerte in einem ΔE-Diagramm dar und deute das Ergebnis.
c) Welche Messfehler könnten aufgetreten sein?

39

Beschreibe einen Versuch, der zeigt, dass die zur Temperaturerhöhung benötigte Energie proportional zur Masse der zu erwärmenden Flüssigkeit ist.

40

Beschreibe einen Versuch zur Bestimmung der spezifischen Wärmekapazität eines Metallkörpers.

41

Wir erhitzen ein Stück Kupfer der Masse 200 g auf 760 °C und tauchen es dann in einen Becher mit kaltem Wasser $\left(m_{\text{Wasser}} = 250\,\text{g};\ c_{\text{Wasser}} = 4{,}2\,\frac{\text{J}}{\text{g}\cdot\text{K}}\right)$. Dabei steigt die Wassertemperatur von 20 °C auf 70 °C. Berechne die spezifische Wärmekapazität von Kupfer.

42

Wir mischen 300 g Glykol $\left(c_{\text{Glykol}} = 2{,}5\,\frac{\text{J}}{\text{g}\cdot\text{K}}\right)$ mit einer Temperatur von 50 °C mit 700 g Wasser der Temperatur 20 °C $\left(c_{\text{Wasser}} = 4{,}2\,\frac{\text{J}}{\text{g}\cdot\text{K}}\right)$.

a) Beschreibe in Worten, was bei dieser Mischung passiert.
b) Berechne die Mischungstemperatur.

43

Eine Badewanne ist mit 80 l Wasser der Temperatur 20 °C gefüllt. Da dir das Wasser zum Baden zu kalt ist, lässt du 40 l mit einer Temperatur von 65 °C nachlaufen. Ist die Temperatur nun zum Baden angenehm oder ist es jetzt zu heiß $\left(c_{\text{Wasser}} = 4{,}2\ \frac{\text{J}}{\text{g} \cdot \text{K}}\right)$?

44

Eine Porzellantasse $\left(m = 125\ \text{g};\ c = 0{,}8\ \frac{\text{J}}{\text{g} \cdot \text{K}}\right)$ hat die Zimmertemperatur $\vartheta_1 = 20\ °\text{C}$. Wie warm wird die Tasse, wenn man 125 g Tee mit einer Temperatur von $\vartheta_1 = 80\ °\text{C}$ hineingießt $\left(c_{\text{Wasser}} = 4{,}2\ \frac{\text{J}}{\text{g} \cdot \text{K}}\right.$, der Wärmeaustausch mit der Umgebung ist zu vernachlässigen$\left.\right)$?

45 für KÖNNER

Ein glühender Nagel $\left(m = 4\ \text{g};\ c_{\text{Nagel}} = 0{,}45\ \frac{\text{J}}{\text{g} \cdot \text{K}}\right)$ wird zur Abkühlung in 100 ml Wasser mit einer Temperatur von 20 °C eingetaucht. Das Gefäß hat eine Wärmekapazität wie 10 g Wasser. Nach einiger Zeit stellt sich für das Gefäß und das Wasser eine Temperatur von 24 °C ein. Welche Temperatur hatte der glühende Nagel?

4.8 Schmelzen und Erstarren

WISSEN

Nach dem Teilchenmodell beginnen die einzelnen Teilchen eines festen Körpers bei dessen Erwärmung immer stärker zu schwingen. Wenn die Temperatur die **Schmelztemperatur** erreicht, schwingen die Teilchen so heftig, dass die Bindungskräfte nicht mehr ausreichen, um sie an ihren festen Plätzen zu halten. Sie verlassen ihren Platz und der Körper geht vom festen in den flüssigen Zustand über, er **schmilzt**. Die zugeführte Energie wird vollständig zur Überwindung der Bindungskräfte benötigt, deshalb verändert sich in der Phase des Schmelzens die Temperatur nicht.
Beim Übergang eines Körpers vom flüssigen in den festen Zustand gibt die Flüssigkeit ihre Energie als Bindungsenergie an die Teilchen ab und **erstarrt**.
Die zum Schmelzen notwendige Energie E hängt von der Masse m des zu schmelzenden Körpers ab. Der Quotient aus diesen beiden Größen heißt **spezifische Schmelzwärme** $s = \frac{E_{Schmelzen}}{m}$,
s ist eine Materialkonstante mit der Einheit $1\,\frac{J}{g}$.

46

In einem Glas befinden sich 200 ml Mineralwasser mit einer Temperatur von 20 °C. Wie viele Eiswürfel sind mindestens notwendig, um das Getränk auf eine Temperatur unter 8 °C abzukühlen? Jeder Eiswürfel besteht aus 10 g Eis mit einer Temperatur von −15 °C. Der Wärmeaustausch mit der Umgebung wird vernachlässigt $\left(c_{Wasser} = 4{,}2\,\frac{J}{g \cdot K};\ c_{Eis} = 2{,}1\,\frac{J}{g \cdot K};\ s_{Eis} = 334\,\frac{J}{g}\right)$.

47 für KÖNNER

Ein ungekühltes Glas Cola $\left(m = 250\,g;\ c_{Cola} = 4{,}2\,\frac{J}{g \cdot K}\right)$ hat eine Temperatur von 15 °C. Um es auf 10 °C abzukühlen, gibst du fünf Eiswürfel je 10 g dazu. Die umgebende Luft gibt 25 J pro Sekunde an das Gemisch aus Cola und Eis ab und erwärmt es langsam $\left(s = 335\,\frac{J}{g}\right)$.

a) Wie lange hält das Getränk kühl?
b) Welche Temperatur hat es nach 20 Minuten?

4.9 Verdampfen und Kondensieren

WISSEN

Nachdem ein Körper geschmolzen ist, kann die Temperatur weiter ansteigen, bis die **Siedetemperatur** erreicht ist. Nach dem Teilchenmodell schwingen die Teilchen nun so stark, dass sie auch die restlichen Bindungskräfte überwinden können und der Körper in den gasförmigen Zustand übergehen kann, er **verdampft**.
Kühlt sich der Dampf wieder ab, so wird Energie in Form von Bindungsenergie an die Teilchen abgegeben. Der Körper geht wieder in den flüssigen Zustand über, er **kondensiert**.
Die zum Verdampfen notwendige Energie E hängt von der Masse m des verdampfenden Körpers ab. Der Quotient aus diesen beiden Größen heißt **spezifische Verdampfungswärme** $r = \frac{E_{\text{Verdampfen}}}{m}$. Es handelt sich bei r um eine Materialkonstante mit der Einheit $1\,\frac{\text{J}}{\text{g}}$.

48

Beschreibe einen Versuch, mit dem man die spezifische Verdampfungswärme von Wasser bestimmen kann.

49

Kreuze die richtigen Aussagen an.

- ☐ Jeder Stoff hat eine eigene spezifische Verdampfungswärme.
- ☐ Kondensieren und Verdampfen sind umgekehrte Vorgänge.
- ☐ Die zum Verdampfen benötigte Energie ist unabhängig von der Masse des jeweiligen Körpers.

50

Zum Verdampfen von 1 g Wasser sind 2260 J nötig $\left(r = 2260\,\frac{\text{J}}{\text{g}}\right)$.
Wie viel Energie benötigt man, um 100 g Wasser von 30 °C zum Sieden zu bringen und anschließend zu verdampfen $\left(c_{\text{Wasser}} = 4{,}2\,\frac{\text{J}}{\text{g}\cdot\text{K}}\right)$?

4.10 Arbeit mittels innerer Energie

WISSEN

Ändert sich bei einem Vorgang die innere Energie eines Körpers, so bleibt dennoch die Summe der Energien aller beteiligten Körper gleich. Die Zufuhr und Abgabe von Energie kann sowohl durch mechanische Arbeit $\Delta E_{\text{mechanisch}}$ als auch beim Erwärmen oder Abkühlen $\Delta E_{\text{thermisch}}$ erfolgen.

Erster Hauptsatz der Thermodynamik
Die Änderung der inneren Energie eines Körpers ergibt sich aus der infolge von Arbeit, Erwärmen oder Abkühlen zugeführten bzw. abgeführten Energie: $\Delta E_{\text{innere}} = \Delta E_{\text{mechanisch}} + \Delta E_{\text{thermisch}}$.

Maschinen, die Wärme in mechanische Energie umwandeln können, nennt man **Wärmekraftmaschinen.**
Der Wirkungsgrad η einer Wärmekraftmaschine ist der Quotient aus nutzbarer mechanischer Energie und zugeführter Wärme:

$$\eta = \frac{E_{\text{nutzbar}}}{E_{\text{zugeführt}}}.$$

Die Funktionsweise einer Wärmekraftmaschine kann man an einem **Heißluftmotor** erläutern.

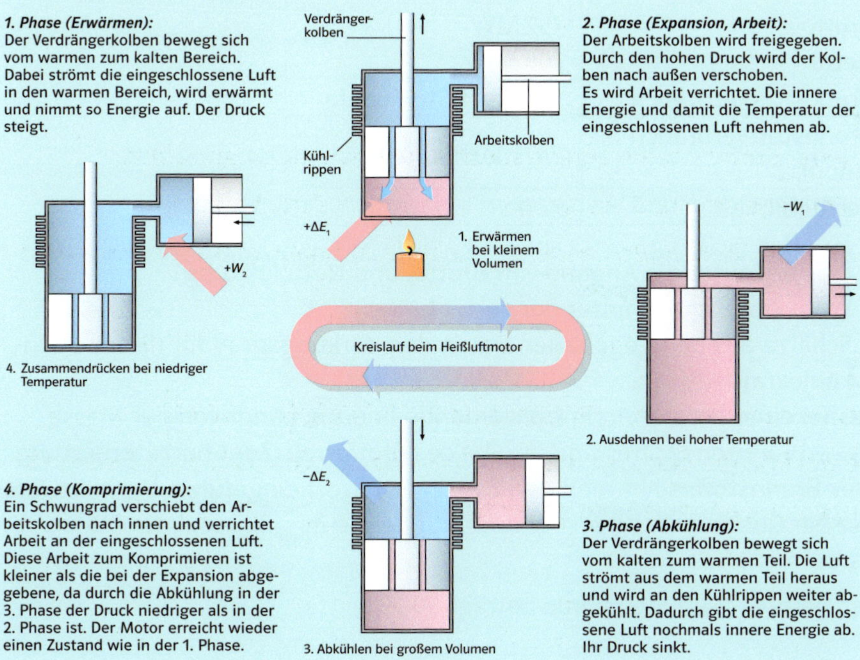

1. Phase (Erwärmen):
Der Verdrängerkolben bewegt sich vom warmen zum kalten Bereich. Dabei strömt die eingeschlossene Luft in den warmen Bereich, wird erwärmt und nimmt so Energie auf. Der Druck steigt.

2. Phase (Expansion, Arbeit):
Der Arbeitskolben wird freigegeben. Durch den hohen Druck wird der Kolben nach außen verschoben. Es wird Arbeit verrichtet. Die innere Energie und damit die Temperatur der eingeschlossenen Luft nehmen ab.

3. Phase (Abkühlung):
Der Verdrängerkolben bewegt sich vom kalten zum warmen Teil. Die Luft strömt aus dem warmen Teil heraus und wird an den Kühlrippen weiter abgekühlt. Dadurch gibt die eingeschlossene Luft nochmals innere Energie ab. Ihr Druck sinkt.

4. Phase (Komprimierung):
Ein Schwungrad verschiebt den Arbeitskolben nach innen und verrichtet Arbeit an der eingeschlossenen Luft. Diese Arbeit zum Komprimieren ist kleiner als die bei der Expansion abgegebene, da durch die Abkühlung in der 3. Phase der Druck niedriger als in der 2. Phase ist. Der Motor erreicht wieder einen Zustand wie in der 1. Phase.

51

Nenne drei verschiedene Wärmekraftmaschinen.

52

Ein Liter Diesel liefert beim Verbrennen 40 MJ Energie. Der Automotor nutzt davon nur 14 MJ zum Arbeiten. Berechne seinen Wirkungsgrad.

53

Eine Bohrmaschine mit 900 W hat einen Wirkungsgrad von 60 %. Wie groß ist ihre nutzbare Leistung?

54

Ein Dieselmotor hat einen höheren Wirkungsgrad als ein vergleichbarer Benzinmotor. Erkläre diesen Sachverhalt.

55 für KÖNNER

Über ein Steinkohlekraftwerk sind folgende Daten bekannt.

Kraftwerkstyp	Steinkohlekraftwerk
Gesamtleistung Brutto Netto	 752 MW 709 MW
Brennstoffverbrauch	1,4 Mio. t Steinkohle
Brennstoffverbrauch stündlich	231 t Steinkohle
Verfügbarkeit	97 %

a) Was bedeutet die Angabe von Brutto- und Nettoleistung?
b) Was versteht man unter der Verfügbarkeit?
c) Schätze aus den gegebenen Daten den Wirkungsgrad für dieses Steinkohlekraftwerk ab.

(Die bei einer Verbrennung freiwerdende Energie hängt von der Masse des verbrannten Stoffes und der Art des Stoffes ab. Zur Charakterisierung eines Brennstoffes hat man den Begriff **Heizwert** eingeführt. Der Heizwert H ist der Quotient aus der zugeführten Energie $E_{zugeführt}$ und der Masse m des Brennstoffes

$\left(\text{Der Heizwert von Steinkohle beträgt } 30\,\frac{\text{kJ}}{\text{g}}\right)$.

4.11 Experimente

Die Kerzenflamme

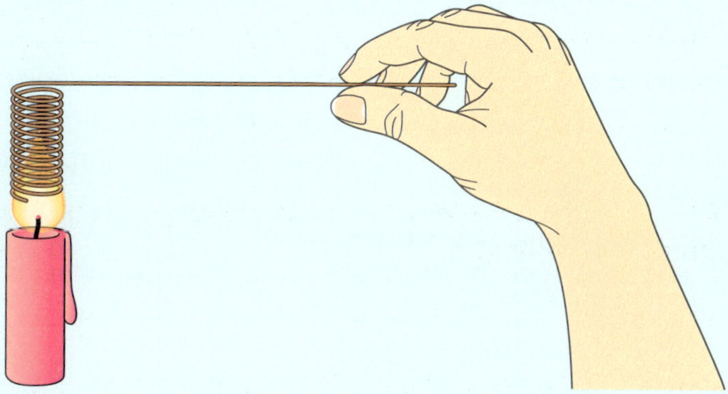

Wickle einen dünnen Kupferdraht um einen Bleistift und erzeuge so eine Spirale mit engen Windungen. Lass am Ende der Spirale ein Stück Draht als Stiel übrig. Nun stülpst du langsam die Spirale über die Kerzenflamme, jedoch ohne den Docht zu berühren. Was passiert?

Die Wasserleitung

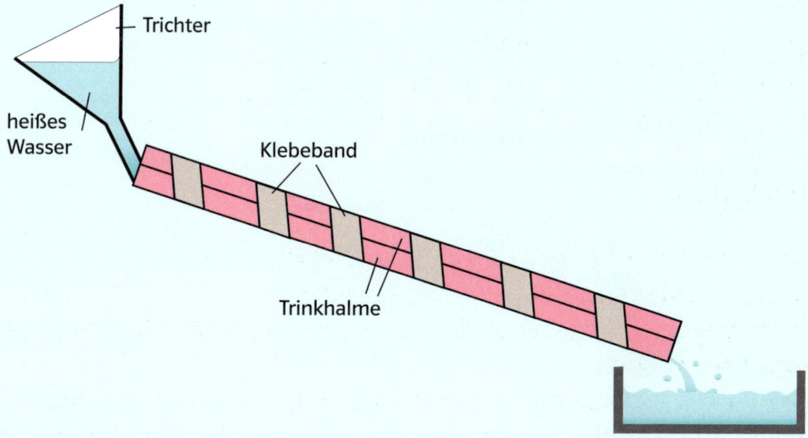

Klebe zwei gleich lange Trinkhalme mit Klebeband zusammen. Halte diese beiden Halme über einen Becher. Als Nächstes gießt du heißes Wasser in den unteren der beiden Trinkhalme. Was beobachtest du?
Was passiert, wenn du das heiße Wasser in den oberen Trinkhalm füllst?

5 Akustik

5.1 Erzeugung von Schall – Schwingungen

WISSEN

Schall wird von Schwingungen in einer Schallquelle erzeugt.
Eine Schwingung ist eine Hin- und Herbewegung eines Körpers um seine Ruhelage.

Die größte Auslenkung von der Ruhelage heißt **Amplitude.** Nimmt die Amplitude mit der Zeit ab, spricht man von einer **gedämpften Schwingung.**

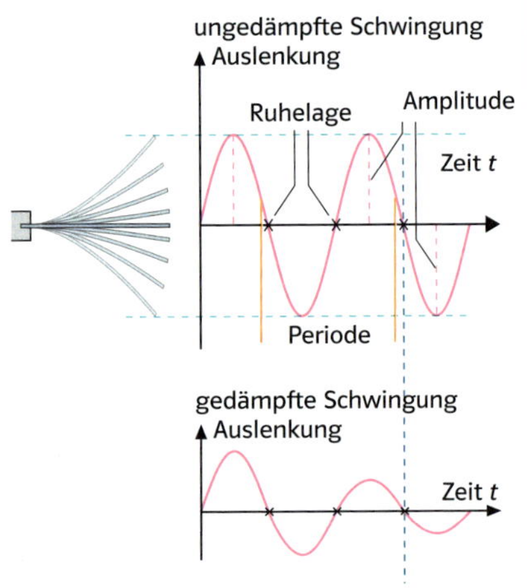

Eine vollständige Hin- und Herbewegung heißt **Periode** und die dafür benötigte Zeit **Periodendauer *T*.**

Der Quotient aus der Anzahl n der Perioden und der dafür benötigten Zeit t heißt **Frequenz *f*.**
Es gilt: $f = \frac{n}{t}$, für $n = 1$ ist $f = \frac{1}{T}$.
Die Einheit der Frequenz ist $1\,\text{Hz}$ (Hertz) $= 1\,\frac{1}{\text{s}}$.

Die Tonhöhe steigt mit der Frequenz.
Je größer die Amplitude ist, desto lauter ist der Ton.
Hörbarer Schall: ca. 16 Hz bis ca. 20 kHz.

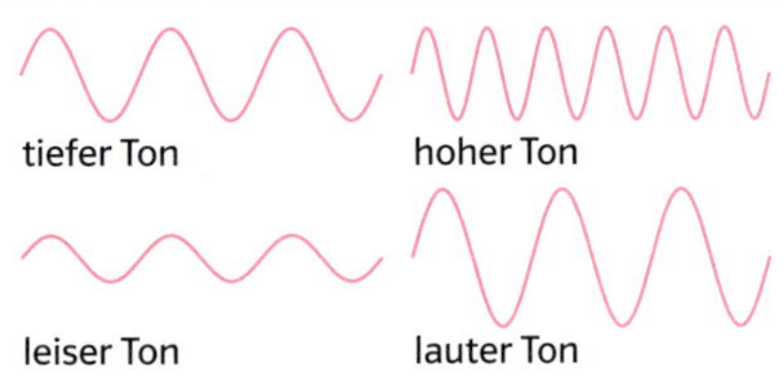

1

Eine Stimmgabel schwingt mit der Frequenz $f = 440\,\text{Hz}$. Berechne die Anzahl der Perioden innerhalb von 3,5 s.

2

Ein Stein wird an einem Faden aufgehängt und danach ausgelenkt. Das Pendel benötigt für 20 Perioden 4 s. Berechne Periodendauer *T* und Frequenz *f*.

3

Zeichne ein Schwingungsbild für einen Knall und einen Klang.

4

Mit einem Oszilloskop werden bei gleichem Maßstab vier Schwingungsbilder beobachtet. Vergleiche die Töne von b), c) und d) mit dem Ton von a) hinsichtlich Lautstärke und Tonhöhe.

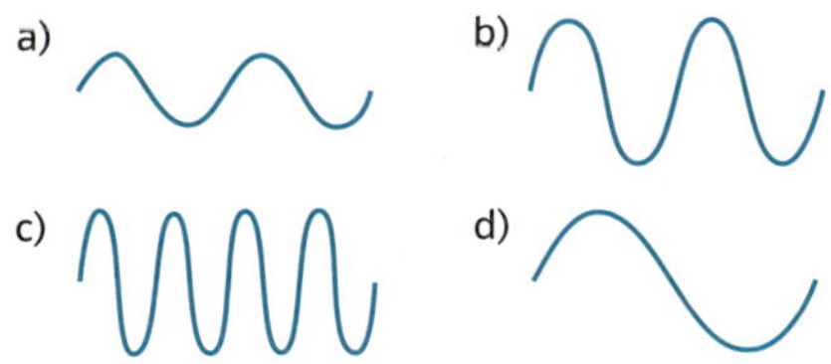

5

Die Scheibe einer Lochsirene dreht sich 40-mal in einer Sekunde und erzeugt einen Ton der Frequenz 1000 Hz. Berechne die Anzahl der Löcher in der angeblasenen Lochreihe.

6

Der Ton c′ hat die Frequenz 264 Hz. Welche Frequenz hat der um eine Oktave tiefere Ton, welche der um eine Oktave höhere Ton?

7

Die Abbildung ist das Schwingungsbild eines Tons der Frequenz 625 Hz.

a) Welche Zeiten gehören zu den Punkten A, B, C, D?

b) Ein zweiter Ton der Frequenz 500 Hz ist wesentlich leiser als der erste. Zeichne in das Achsenkreuz ein mögliches Schwingungsbild für den zweiten Ton.

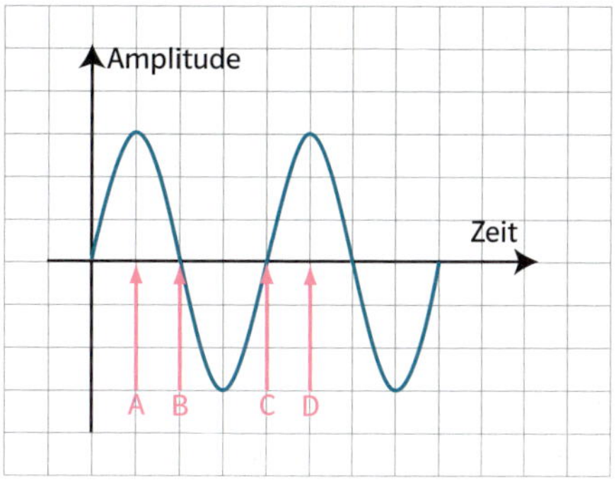

8

Gegeben sind die folgenden Schwingungsbilder.

A

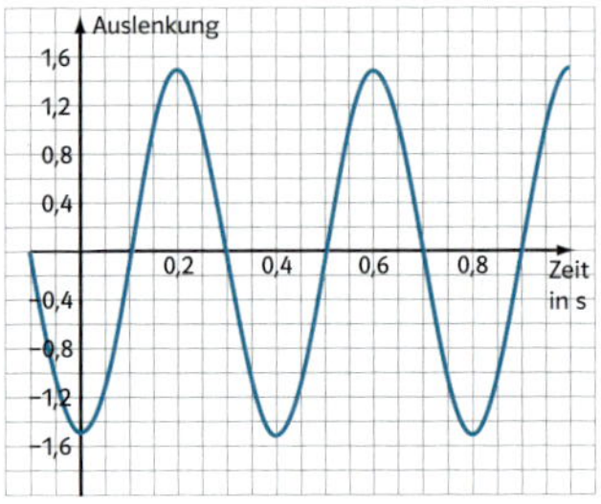

B

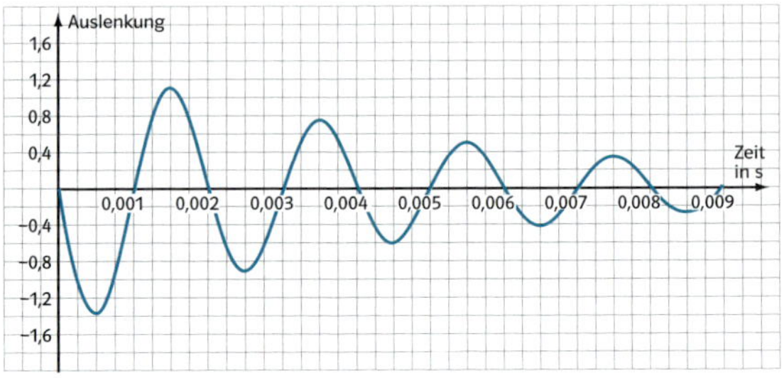

a) Welche Schwingung ist ungedämpft, welche gedämpft? Ändert sich durch die Dämpfung die Periodendauer?

b) Bestimme für jede Schwingung Periodendauer und Frequenz. Entscheide begründet „hörbar“ bzw. „nicht hörbar“.

c) Zeichne bei A eine Schwingung gleicher Frequenz aber größerer Lautstärke ins Schaubild ein.

9

Warum kannst du eine Biene oder eine Mücke fliegen hören, einen Schmetterling dagegen nicht?

10

Warum nimmt die Tonhöhe bei Streichinstrumenten ab, wenn sich diese erwärmen?

11

Erläutere die Begriffe erzwungene Schwingung, Eigenfrequenz und Resonanz? Gib Beispiele an.

12

Opernsänger und -sängerinnen, die kraftvoll hohe Töne singen, können Weingläser zum Zerspringen bringen. Warum gelingt dies? Warum vergehen einige Sekunden, bis das Glas bricht?

13 für KÖNNER

Welche physikalische Bedeutung hat bei einer Geige der Klangkörper? Warum ist die Bezeichnung Resonanzkörper nicht sinnvoll?

5.2 Ausbreitung des Schalls

WISSEN

Der Schall braucht zur Ausbreitung einen **Schallträger**, z. B. Luft, Metall oder Wasser.
Die Ausbreitung einer Folge von Verdichtungen und Verdünnungen bezeichnet man als **Schallwelle**. Eine lange Feder kann dies verdeutlichen.

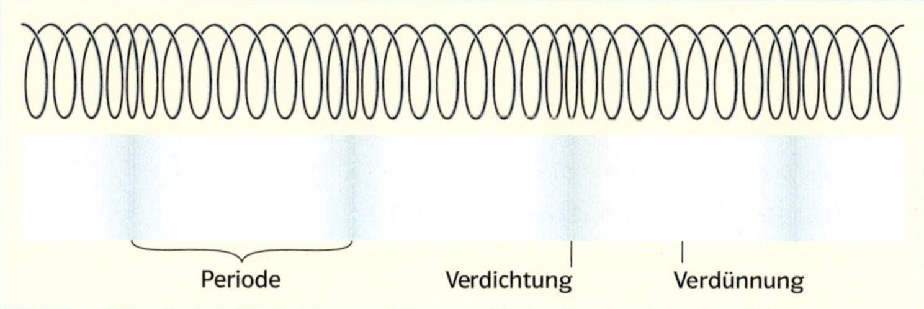

Die Schallgeschwindigkeit c ist abhängig von der Stoffart und der Temperatur des Schallträgers. Einige Werte bei 20 °C:
Luft: $c = 340\,\frac{m}{s}$, Wasser: $c = 1480\,\frac{m}{s}$, Meerwasser: $c = 1520\,\frac{m}{s}$,
Eisen bzw. Stahl: bis $5800\,\frac{m}{s}$

14
Beschreibe, wie ein Ton von einer Stimmgabel ans Ohr gelangt.

15
Beschreibe einen Versuch zur Messung der Schallgeschwindigkeit in Luft.

16
Jemand schlägt in einer Entfernung von 1 km mit einem Hammer auf eine Eisenbahnschiene. Berechne die Zeit, die der Schall benötigt, um diese Strecke zurückzulegen:

a) in der Schiene (Rechne mit $c = 5800\,\frac{m}{s}$.),
b) in Luft.

17
Wozu brauchen wir zwei Ohren? Begründe.

18

a) Zwischen Blitz und Donner vergehen 5 Sekunden. Wie weit ist die Gewitterwolke entfernt?

b) Eine Faustregel besagt, dass man die Entfernung eines Gewitters bestimmen kann, wenn man die Zahl der Sekunden zwischen Blitz und Donner durch 3 teilt. Begründe diese Regel.

19

Warum kann ein langer Festzug nicht gemeinsam ein Lied singen?

20

a) Beschreibe, wie ein Echo zustande kommt.

b) Das Ohr vermag zwei Laute nur dann getrennt wahrzunehmen, wenn zwischen ihnen eine Pause von ca. 0,1 s liegt. Berechne die kürzeste Entfernung, bei der ein Echo möglich ist.

21 für KÖNNER

a) Mit dem Echolot misst man für die Laufzeit des Schalls 0,56 s. Dies ist die Zeit vom Sender zum Meeresboden und zurück zum Empfänger. Berechne die Meerestiefe.

b) Die Abbildung zeigt das mit einem Echolot aufgenommene Meeresprofil. Welche Zeit wurde im Schiff an der mit dem Pfeil bezeichneten Stelle gemessen?

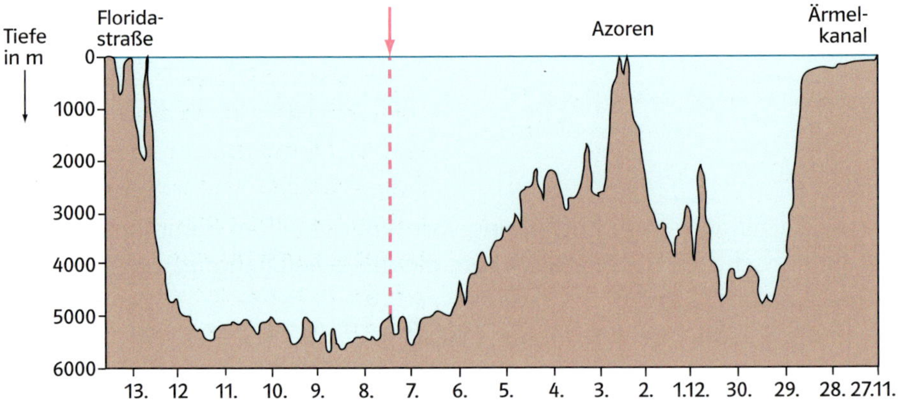

22

a) Beschreibe, wie ein Nachhall zustande kommt.

b) Warum klingt Gesang unter der Dusche viel schöner und voller?

5.3 Experimente

Das Schnurtelefon

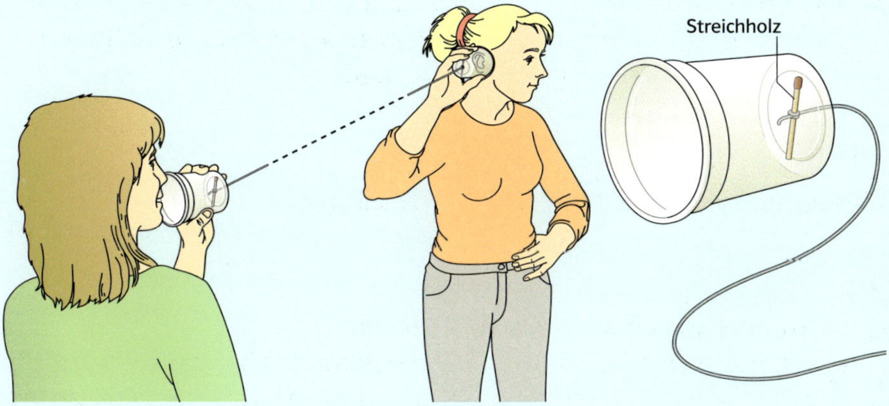

Für das Schnurtelefon benötigst du einige Meter Paketschnur, zwei Joghurtbecher und zwei Streichhölzer.
Bohre in die Böden der Becher je ein Loch, ziehe ein Stück des Fadens durch und verknote das Ende mit einem Zündholz. Benutze die Anordnung, wie in der Abbildung als „Telefon".
Wie hängt die Schallübertragung von der Schnurspannung, von der Stärke des Fadens bzw. vom Material des Fadens ab?
Werden hohe Töne schlechter oder besser als tiefe Töne übertragen?

Klingende Gläser

Besorge dir zwei gleiche, dünnwandige Gläser (z. B. zwei Weingläser). Halte ein Glas nur an der Fußplatte fest und fahre mit einem feuchten Finger langsam auf dem Glasrand entlang. Es entsteht ein Ton.
Benutze zunächst nur ein Glas.
Wie ändert sich der Ton, wenn du Wasser in das Glas füllst?
Was geschieht, wenn du das Glas oben festhältst?
Stelle jetzt das zweite Glas unmittelbar neben das erste Glas.
Fülle beide Gläser gleich hoch mit Wasser. Bringe ein Glas zum Klingen und halte es sofort oben fest. Beobachte das zweite Glas genau.
Beobachte die Wasseroberfläche, wenn ein Glas schwingt.

Lösungen

1 Optik

1

Licht breitet sich mit einer Geschwindigkeit von ungefähr 300 000 $\frac{km}{s}$ aus, der Schall dagegen nur mit 330 $\frac{m}{s}$. Also erreicht das Licht des Rauches den Beobachter, bevor der Knall zu hören ist (etwa 900 000-mal schneller).

2

Um ein Lichtbündel sichtbar zu machen, bläst man Kreidestaub, Rauch oder Wasserdampf in den Verlauf des Lichtbündels. Die jeweiligen Teilchen streuen einen Teil des Lichts und man sieht die beleuchteten Teilchen.

3

Je weiter der Gegenstand von der Lichtquelle entfernt ist, um so kleiner ist auch der Schatten.

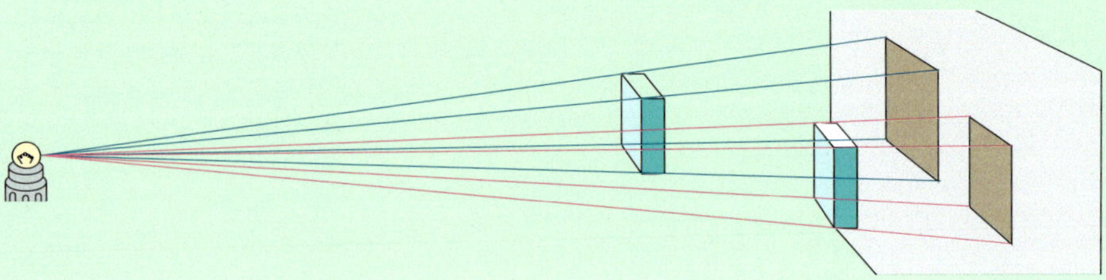

4

a), b) und c) Zur Konstruktion der Schattenbilder benutzt man das Lichtstrahlenmodell. Der Kernschatten befindet sich an der Stelle, die Licht weder von L_1, L_2 noch von L_3 erhält.

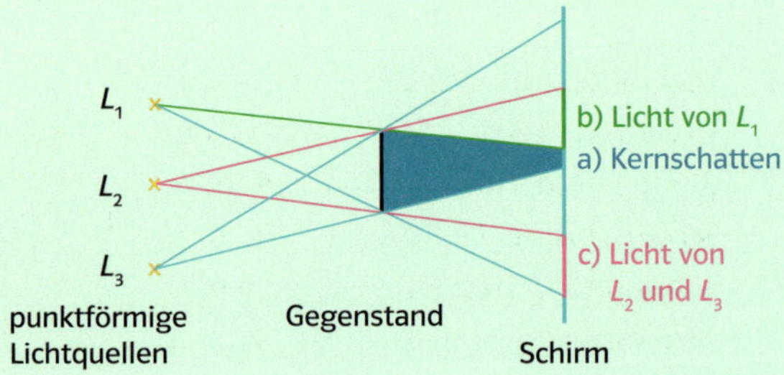

d) Handelt es sich nicht um eine punktförmige Lichtquelle, sondern um eine ausgedehnte Lichtquelle (z. B. Neonröhre), gehst du auch von den bei den Eckpunkten ausgehenden Strahlen aus und verfährst wie bei Teilaufgabe a).

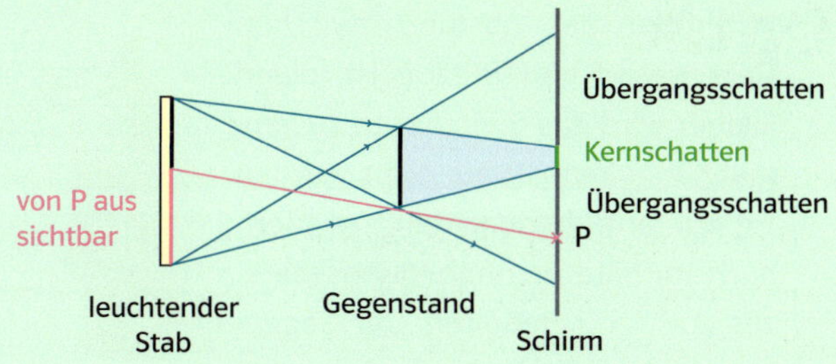

5

Da es sich bei der Sonne um eine ausgedehnte Lichtquelle handelt, musst du wie bei Aufgabe 4d) die beiden Randstrahlen zur Konstruktion verwenden. Im Bereich zwischen Mond und Erde und in einem kleinen Bereich auf der Erde, der kein Sonnenlicht mehr erhält, herrscht totale Finsternis.

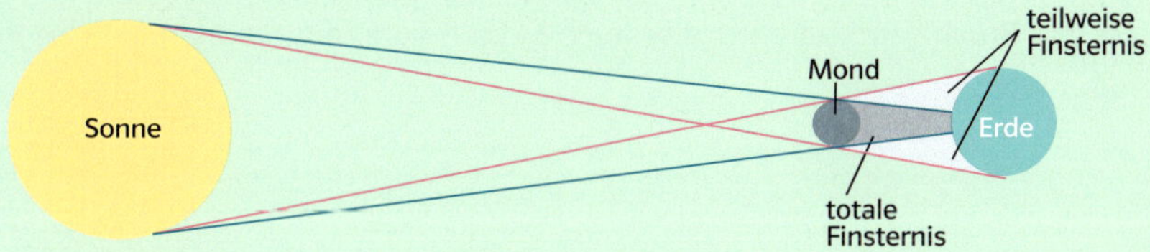

6

Da sich der Mond bei einer Mondfinsternis im Schatten der Erde befindet, kann diese nur bei Vollmond auftreten.

7

a) Vergrößerst du das Loch der Blende, so treffen breite Lichtbündel auf die Blende und hinterlassen auf dem Schirm große Lichtflecke, die sich überlappen. Das Bild ist unscharf und kaum zu erkennen. Bei großer Blendenöffnung gelangt sehr viel Licht durch die Blendenöffnung und das Bild ist sehr hell.

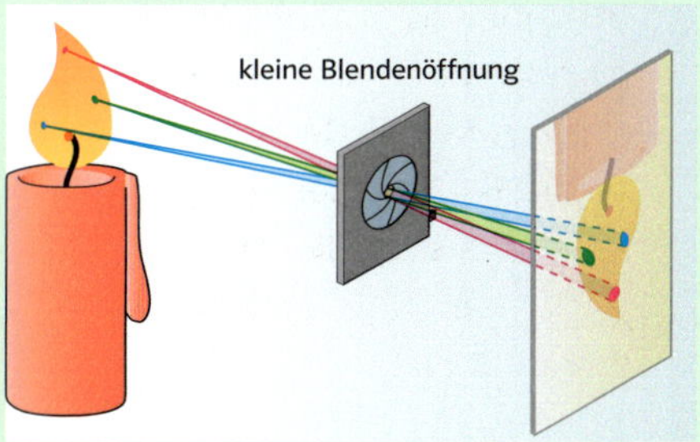

b) Je größer der Abstand zwischen Gegenstand und Blende ist, desto kleiner wird das Bild. Diesen Zusammenhang kannst du nicht nur im Experiment beobachten, sondern auch mithilfe des Abbildungsgesetzes $A = \frac{B}{G} = \frac{b}{g}$ herleiten. Der Gegenstand G und die Bildweite b werden in diesem Fall nicht verändert, die Gegenstandsweite g wird aber vergrößert. Mit größerem Zahlenwert für g wird der Bruch $\frac{b}{g}$ kleiner und damit auch der Bruch $\frac{B}{G}$. Da der Gegenstand G gleich bleibt, muss die Bildgröße B kleiner werden.

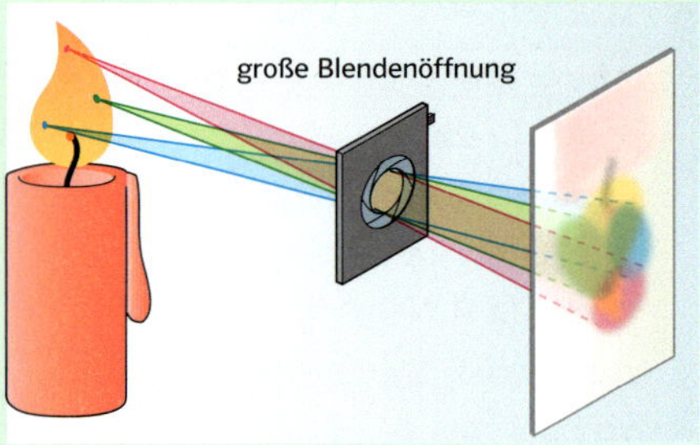

c) Je größer der Abstand zwischen Blende und Schirm ist, desto größer wird das Bild. Auch diesen Zusammenhang kannst du im Experiment sehen oder mittels des Abbildungsgesetzes herleiten. Hier bleiben der Gegenstand G und die Gegenstandsweite g unverändert. Die Vergrößerung der Bildweite b führt dazu, dass der Bruch $\frac{b}{g}$ größer wird, also auch $\frac{B}{G}$. Da G konstant bleibt, muss das Bild B größer werden.

8

a)

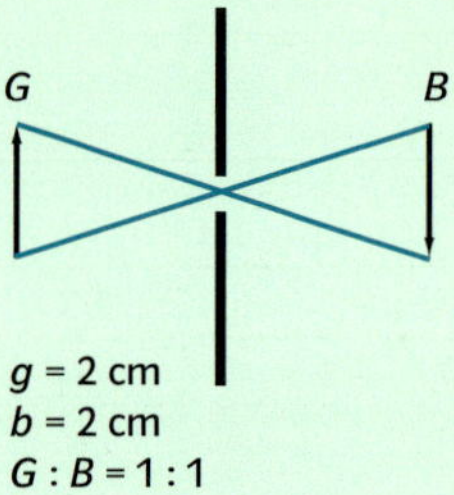

b)

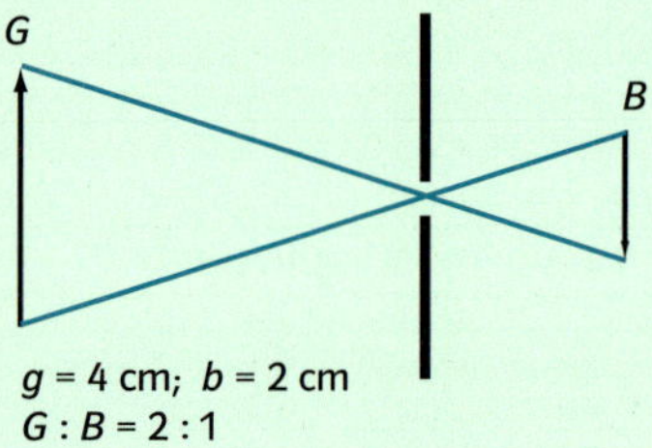

c)

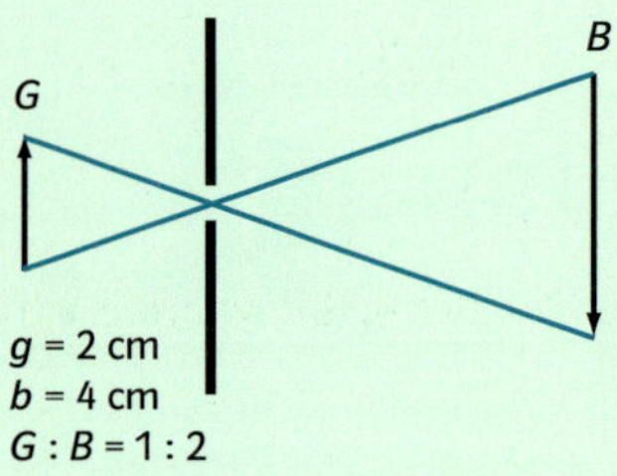

d)

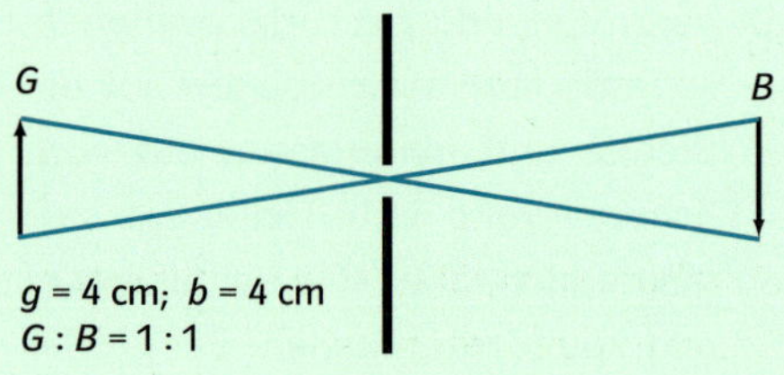

9

Gegeben: Bildweite $b = 10\,\text{cm}$; Bildgröße $B = 5\,\text{cm}$;

Höhe des Denkmals $G_1 = 150\,\text{cm}$ und Breite des Denkmals $G_2 = 60\,\text{cm}$.

a) Gesucht: Gegenstandsweite g

Rechnung: Für die Teilaufgabe a) ist die Breite des Denkmals unwichtig. Löst man das Abbildungsgesetz $A = \frac{B}{G_1} = \frac{B}{g}$ nach g auf, so erhält man

$g = \frac{b}{B} \cdot G_1 = \frac{10\,\text{cm}}{5\,\text{cm}} \cdot 150\,\text{cm} = 300\,\text{cm} = 3\,\text{m}$

Antwort: Das Denkmal muss 3 m von der Lochblende entfernt sein.

b) Gesucht: Breite des Denkmals B_2 auf dem Foto.

Rechnung: Für diese Aufgabe ist die Bildgröße B unwichtig, da die Breite des Denkmals im Bild gesucht wird. Du brauchst jedoch die Gegenstandsweite g aus Teilaufgabe a). Nun löst du das Abbildungsgesetz $A = \frac{B_2}{G_2} = \frac{b}{g}$ nach

$B_2 = \frac{b}{g} \cdot G_2 = \frac{10\,\text{cm}}{300\,\text{cm}} \cdot 60\,\text{cm} = 2\,\text{cm}$ auf.

Antwort: Das Denkmal ist auf dem Bild 2 cm breit.

10

Zum Ausfüllen der Tabelle brauchst du das Abbildungsgesetz: $A = \frac{B}{G} = \frac{b}{g}$.

a) $b = \frac{B}{G} \cdot g = \frac{0{,}5\,\text{m}}{1{,}5\,\text{m}} \cdot 3{,}0\,\text{m} = 1\,\text{m}$. $A = \frac{B}{G} = \frac{0{,}5\,\text{m}}{1{,}5\,\text{m}} = 0{,}3$.

b) $G = \frac{g}{b} \cdot B = \frac{0{,}5\,\text{m}}{0{,}2\,\text{m}} \cdot 0{,}1\,\text{m} = 0{,}25\,\text{m}$. $A = \frac{B}{G} = \frac{0{,}1\,\text{m}}{0{,}25\,\text{m}} = 0{,}4$.

c) $g = \frac{G}{B} \cdot b = \frac{0{,}20\,\text{m}}{0{,}05\,\text{m}} \cdot 0{,}20\,\text{m} = 0{,}80\,\text{m}$. $A = \frac{B}{G} = \frac{0{,}05\,\text{m}}{0{,}20\,\text{m}} = 0{,}25$.

d) $B = A \cdot G = 2{,}000 \cdot 0{,}012\,\text{m} = 0{,}024\,\text{m}$. $b = A \cdot g = 2{,}000 \cdot 0{,}200\,\text{m} = 0{,}400\,\text{m}$.

	G in m	*g* in m	*B* in m	*b* in m	*A*
a)	1,5	3,0	0,5	**1,0**	**0,3**
b)	**0,25**	0,5	0,1	0,2	**0,4**
c)	0,20	**0,80**	0,05	0,20	**0,25**
d)	0,012	0,200	**0,024**	**0,400**	2,000

11

Gegeben: Bildgröße $B = 4{,}5\,\text{cm}$, Gegenstandsgröße $G = 25\,\text{cm}$, Bildweite $b = 10\,\text{cm}$

Gesucht: Gegenstandsweite g

Rechnung: $g = \frac{G}{B} \cdot b = \frac{25\,\text{cm}}{4{,}5\,\text{cm}} \cdot 10\,\text{cm} = 55{,}6\,\text{cm}$

Antwort: Der Kopf muss 55,6 cm von der Blende entfernt sein.

12

Reflektierende Stoffe sind Wasser, Diamant, Spiegel und Glas.

13

Das weiße Papier reflektiert wegen seiner rauen Oberfläche das Licht in alle Richtungen, sodass wir es als hell wahrnehmen. Der Spiegel hingegen reflektiert das Licht nur in eine Richtung, sodass er dunkel erscheint, wenn man ihn aus einer anderen Richtung betrachtet.

14

Die Konstruktion erfolgt nach dem Reflexionsgesetz. Einfallender Strahl und Lot bilden den gleichen Winkel wie Lot und reflektierter Strahl.

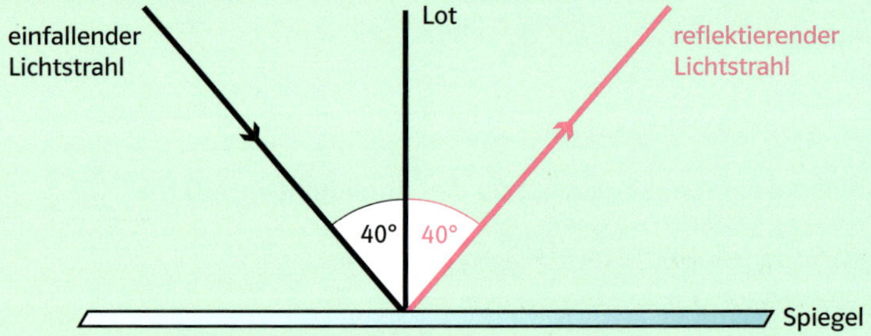

15

Der Einfallswinkel misst 30°, da der Einfalls- und der Ausfallswinkel gleich groß sind und zusammen 60° messen.

16

Einfallender und reflektierter Strahl laufen beim Winkelspiegel nach zweifacher Reflexion grundsätzlich parallel zueinander. Bei einer doppelten Reflexion an einem Winkelspiegel ergibt die Summe der zwei Einfalls- und zwei Ausfallswinkel immer 180°. Der Lichtstrahl wird also parallel zu seiner Einfallsrichtung reflektiert.

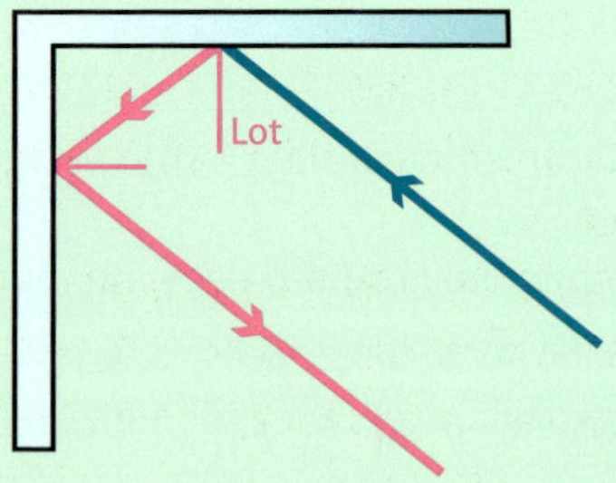

17

Als erstes musst du den Spiegelpunkt *P'* des Gegenstandes *P* erzeugen, indem du eine Achsenspiegelung am Spiegel durchführst. Dann verbindest du den Spiegelpunkt mit dem Auge. Dort, wo die Verbindungslinie den Spiegel schneidet, trifft der reflektierte Lichtstrahl auf. Wenn du diesen Punkt mit dem Gegenstand verbindest, erhältst du den einfallenden Lichtstrahl.

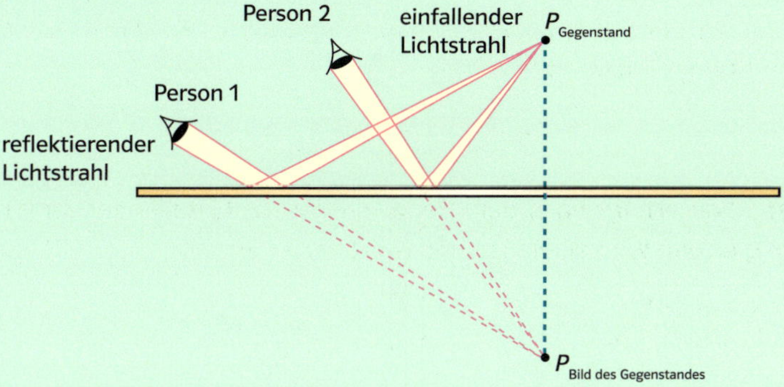

18

Zunächst wird der Punkt *P* am Tisch gespiegelt, um den Bildpunkt *P'* zu erzeugen. Die Verbindungslinie von *P'* mit der Blende zeigt dir die Position des Spiegels.

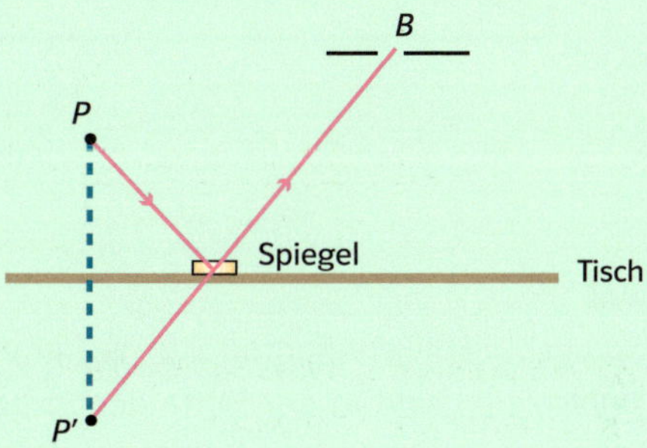

19

a) Du verbindest die Position des Auges mit den Spiegelpunkten der Spitze und des Fußes von Markus. Die Schnittpunkte dieser Verbindungslinien mit der Wand liefern die reflektierten Strahlen und die Punkte, an denen sich die einfallenden Strahlen nach dem Reflexionsgesetz spiegeln. Oberkante: 125 cm; Unterkante: 60 cm.

b) Der Spiegel ist halb so groß wie Martin (65 cm).

c) Eine Konstruktion wie in Teilaufgabe a) liefert: der Spiegel ist genauso anzubringen wie bei a) und genauso hoch wie bei b).

d) Auch hier konstruierst du wie in Teilaufgabe a) und erhältst, dass der Spiegel 115 cm hoch sein muss. Unterkante: 60 cm; Oberkante: 175 cm.

Konstruktion zu Teilaufgabe 19 a)
im Maßstab 1 : 20

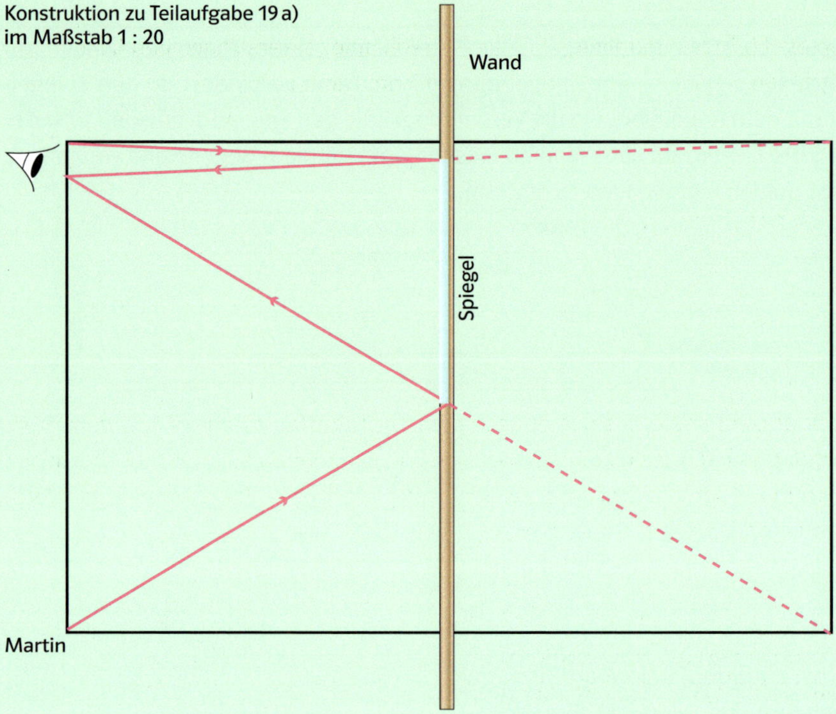

20

Spiegel, die die erwähnten Eigenschaften nicht zeigen, sind Wölb- bzw. Hohlspiegel. Hohlspiegel sind in der Mitte der Spiegelfläche weiter vom Gegenstand entfernt als am Rand. Bei Wölbspiegeln ist die Mitte näher am Gegenstand als der Rand.
Hohlspiegel: Sie erzeugen bei großer Entfernung des Gegenstandes reelle, umgekehrte Bilder. Steht der Gegenstand nahe am Spiegel, so sieht man ein vergrößertes, virtuelles Bild. Z. B.: Kosmetikspiegel.
Wölbspiegel: Sie erzeugen immer verkleinerte virtuelle Bilder, z. B.: Rückspiegel im Auto, Verkehrspiegel an Kreuzungen.

21

Hohlspiegel bündeln parallele Lichtstrahlen

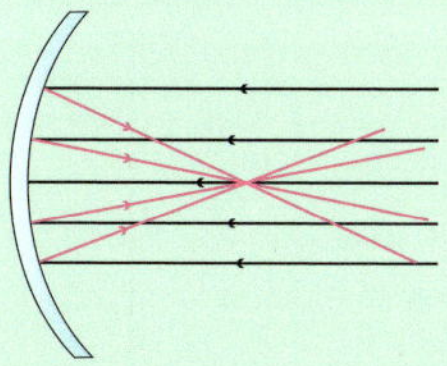

Wölbspiegel zerstreuen parallele Lichtstrahlen

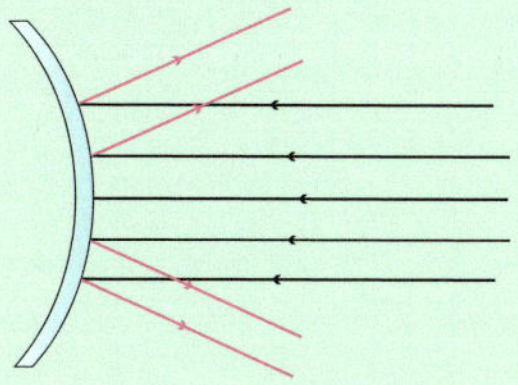

22

Verwendet man anstelle eines optisch dichteren Stoffes einen optisch dünneren, so wird dadurch der Brechungswinkel beeinflusst. Beim Übergang in einen optisch dünneren Stoff ist der Brechungswinkel größer als der Einfallswinkel. Beim Übergang in einen optisch dichteren hingegen kleiner.

23

Wir lassen Licht unter verschiedenen Winkeln auf eine Glas- bzw. Wasseroberfläche treffen. Ein Teil des Lichtstrahls dringt ein und ändert dabei seine Richtung (der Lichtstrahl wird gebrochen), während ein anderer Teil reflektiert wird. Nun messen wir zu verschiedenen Einfallswinkeln die zugehörigen Brechungswinkel.

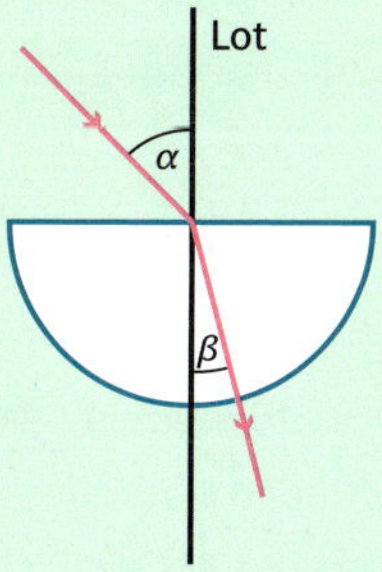

Hinweis: Der Körper, an dem die Brechung stattfindet, sollte halbkreisförmig sein. Dann findet nur eine Brechung an der geraden Seite statt, während der Lichtstrahl an der gekrümmten Seite unter dem Lot auftrifft und den Körper ungebrochen verlässt. Die Messung wird einfacher.

24

a) Auf der x-Achse trägt man den Einfallswinkel auf, auf der y-Achse den Brechungswinkel. Die Werte nähern sich auf der y-Achse einem Wert, dem Grenzwinkel. Er beträgt für Glas 42° und für Wasser 49°.

b) Das Diagramm zeigt eigentlich den Übergang Luft-Wasser. Da der Lichtweg jedoch umkehrbar ist, können wir das gleiche Diagramm verwenden. Man geht auf der y-Achse zum Wert 40° und liest auf der x-Achse den zugehörigen Wert ab. Er beträgt 60°. Dies ist der Winkel, mit dem der Lichtstrahl aus Wasser in Luft übergeht.

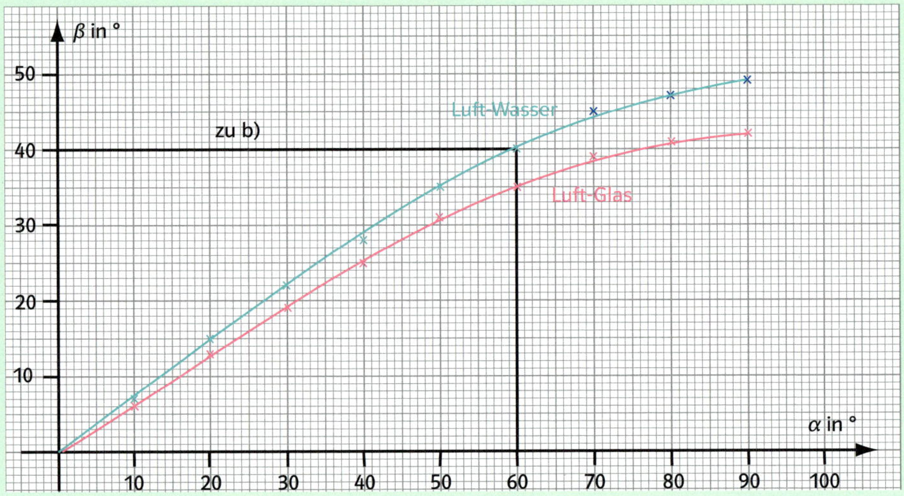

25

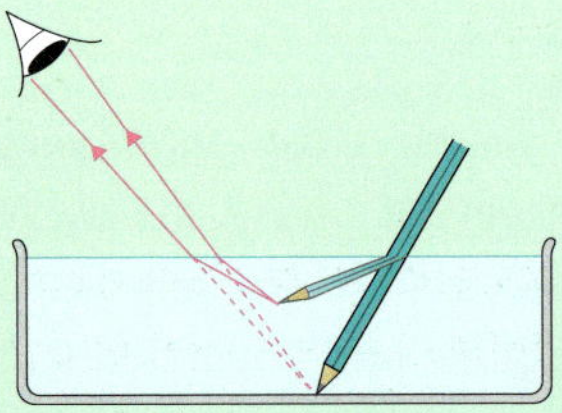

Unser Gehirn geht aufgrund seiner Erfahrung davon aus, dass Licht sich geradlinig ausbreitet. Es verlegt den Ausgangspunkt des Lichtbündels an die Stelle, wo sich die rückwärts verlängerten Randstrahlen des gebrochenen Lichtbündels schneiden.

Zur Konstruktion: Du zeichnest von der Position, an der du den Bleistift fälschlicherweise wahrnimmst, die Lichtstrahlen zum Auge. An dem Punkt, wo sie die Wasseroberfläche schneiden, werden sie in Wahrheit gebrochen. Verbindest du diesen Punkt mit der tatsächlichen Position der Bleistiftspitze, erhältst du den Verlauf der Lichtstrahlen.

26

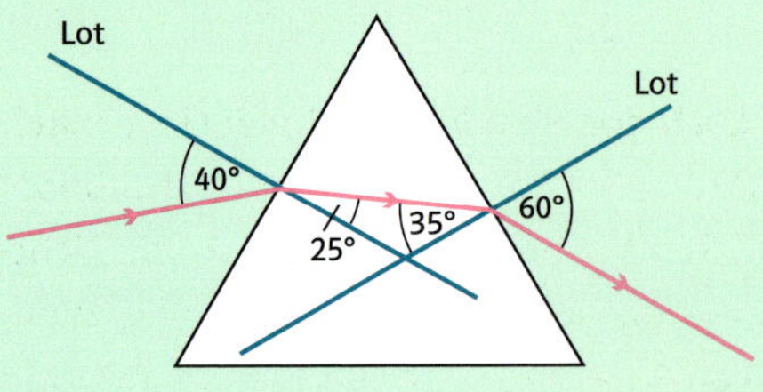

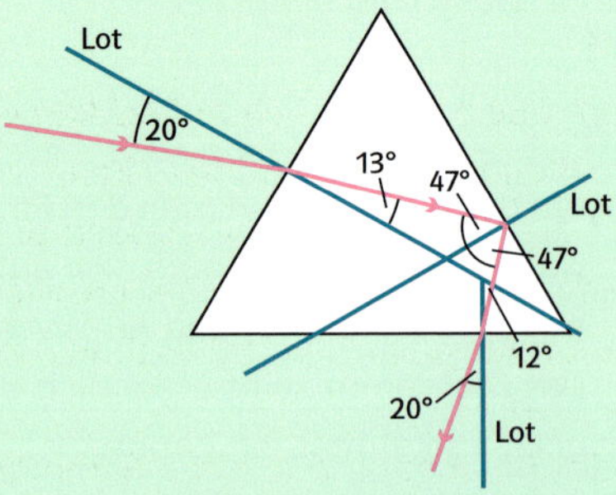

27

Nach dem Austritt aus der Glasplatte verläuft der Lichtstrahl parallel zu seiner ursprünglichen Richtung.

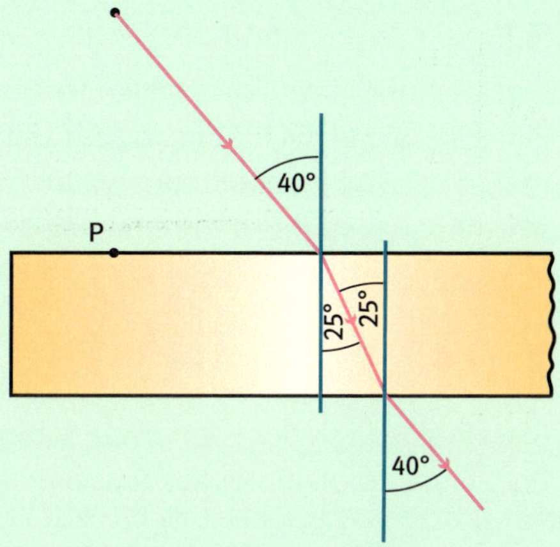

28

Eine Lichtquelle befindet sich in einer mit Wasser gefüllten Wanne. An der Grenzfläche zur Luft wird das Lichtbündel reflektiert und gebrochen. Mit wachsendem Einfallswinkel wird der reflektierte Strahl immer heller und der gebrochene immer schwächer, bis er schließlich ganz verschwindet und nur noch der reflektierte Strahl sichtbar ist.

29

Glasfaserkabel bestehen aus Glas, bei dem der Kern optisch dichter ist als der Mantel. Trifft nun ein Lichtbündel mit einem großen Einfallswinkel auf die Grenzfläche, so wird es am Mantel total reflektiert und bleibt innerhalb des Glases.

30

Weißes Licht ist ein Gemisch aus Licht verschiedener Farben. Tritt es in Wasser ein und wieder aus, so wird der blaue Anteil des Lichtes stärker gebrochen als der rote Anteil. Diese unterschiedliche Ablenkung führt zur Aufspaltung des Lichtes in die Farben, die man vom Regenbogen her kennt.

31

Vergrößert man bei einer Lochkamera das Loch der Blende, damit viel Licht durch die Blendenöffnung dringen kann und das Bild hell wird, treffen breite Lichtbündel auf die Blende und hinterlassen auf dem Schirm große sich überlappende Lichtflecke. Das Bild ist hell, aber unscharf. Verwendet man hingegen eine kleine Blendenöffnung, wird das Bild scharf, aber dunkel, da wenig Licht die Blendenöffnung passiert.
Beim Durchgang durch die Sammellinse werden die Lichtbündel in einem Punkt gesammelt. Man kann auf eine kleine Blendenöffnung, die das Bild dunkel machen würde, verzichten und erhält trotzdem ein scharfes Bild.

32

Parallel einfallende Lichtstrahlen treffen sich bei einer dünnen Linse alle in einem Punkt. Je stärker die Krümmung der Linse, umso dicker ist sie und die Lichtstrahlen treffen sich nicht mehr im Brennpunkt. Außerdem wird die Brennweite *f* der Linse beeinflusst. Je stärker die Krümmung der Linse, umso größer ist die Ablenkung und umso kürzer die Brennweite ***f*** der Linse.

33

Glasscherben mit der Form einer Sammellinse bündeln das Licht im Brennpunkt. Dort wird es so heiß, dass es Gras oder Holz entzünden kann.

34

Beschreibung der Konstruktion für die Teilaufgaben a) – d):
Zuerst zeichnest du die optische Achse, die beiden Brennpunkte *F* und die Position des Gegenstandes, als Nächstes die drei besonderen Strahlen (Mittelpunktstrahl, Brennpunktstrahl und achsenparalleler Strahl). Der Schnittpunkt dieser drei Strahlen liefert die Position des Bildes.

a) Gegeben: $g = 8\,\text{cm}$; $f = 3\,\text{cm}$; $G = 1{,}5\,\text{cm}$

Maßstab 1 : 2

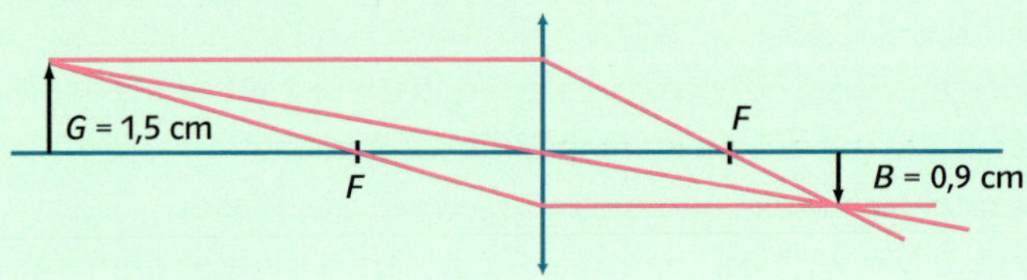

Gesucht: *b*; *B*

Rechnung: Auflösen der Linsengleichung $\frac{1}{f} = \frac{1}{g} + \frac{1}{b}$ nach $\frac{1}{b} = \frac{1}{f} - \frac{1}{g} = \frac{1}{3\,\text{cm}} - \frac{1}{8\,\text{cm}} = \frac{5}{24\,\text{cm}}$ liefert $b = \frac{24\,\text{cm}}{5} = 4{,}8\,\text{cm}$.

Auflösen des Abbildungsgesetzes $A = \frac{B}{G} = \frac{b}{g}$ nach $B = \frac{b}{g} \cdot G = 0{,}9\,\text{cm}$.

b) Gegeben: $g = 6\,\text{cm}$; $f = 3\,\text{cm}$; $G = 1{,}5\,\text{cm}$

Maßstab 1 : 2

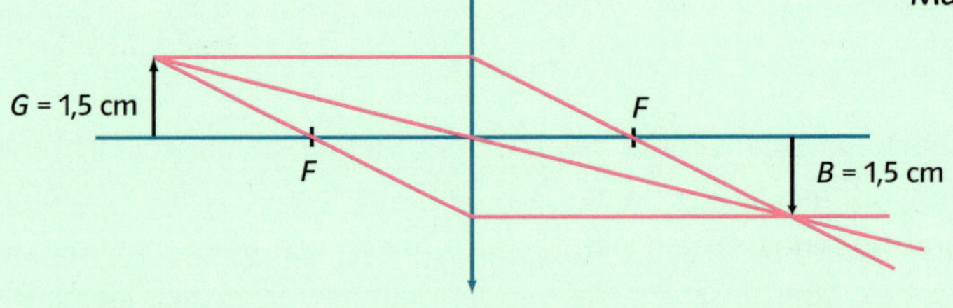

Gesucht: *b*; *B*

Rechnung: Die Berechnung erfolgt analog zu Teilaufgabe a)

$b = 6\,\text{cm}$; $B = 1{,}5\,\text{cm}$

c) Gegeben: $g = 5\,cm$; $f = 3\,cm$; $G = 1{,}5\,cm$

Maßstab 1:2

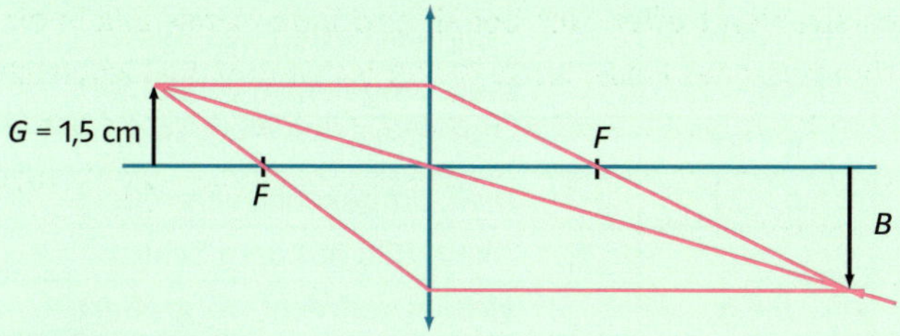

Gesucht: b; B

Rechnung: Die Berechnung erfolgt analog zu Teilaufgabe a)

$b = \frac{15}{2}\,cm = 7{,}5\,cm$; $B = 2{,}25\,cm$

d) Gegeben: $g = 3\,cm$; $f = 3\,cm$; $G = 1{,}5\,cm$

Gesucht: b; B

Wenn die Gegenstandsweite g und die Brennweite f identisch sind, verlaufen der achsenparallele Strahl und der Mittelpunktstrahl nach der Brechung parallel zueinander und es existiert kein Bild.

Maßstab 1:2

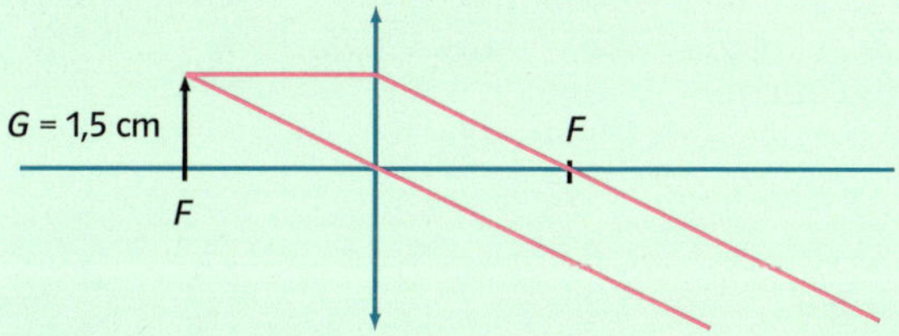

Rechnung: Die Berechnung erfolgt analog zu Teilaufgabe a), die Gleichung hat keine Lösung.

e) Wenn die Gegenstandsweite g kleiner als die Brennweite b ist, schneiden sich der achsenparallele Strahl und der Mittelpunktsstrahl nach der Brechung nicht. Verlängerst du jedoch die gebrochenen Strahlen nach hinten (links), so schneiden sich diese. Du erhältst ein aufrechtes, vergrößertes, virtuelles Bild. Dies bestätigt sich bei der Berechnung, da die Bildweite b und die Bildgröße B ein negatives Vorzeichen erhalten.

Gegeben: $g = 2\,cm$; $f = 3\,cm$; $G = 1{,}5\,cm$

Maßstab 1:2

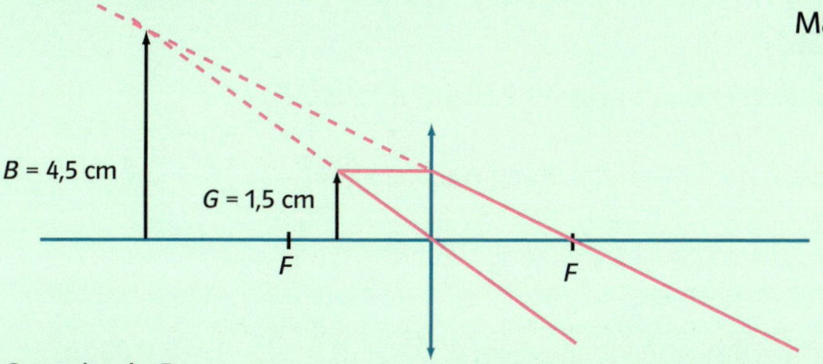

Gesucht: b; B

Rechnung: Die Berechnung erfolgt analog zu Teilaufgabe a)

$b = -6\,cm$; $B = -4{,}5\,cm$

35

Gegenstandsweite *g*	Bildweite *b*	Eigenschaften des Bildes
$g > 2f$	$f < b < 2f$	reell, umgekehrt, verkleinert
$g = 2f$	$b = 2f$	reell, umgekehrt, gleich groß
$f < g < 2f$	$b > 2f$	reell, umgekehrt, vergrößert
$g = f$	--	kein Bild auf dem Schirm
$g < f$	$b > g$	virtuell, aufrecht, vergrößert

36

Gegeben: $g = 24\,\text{cm}$; $B = 2G$

Gesucht: b

Rechnung: Nach dem Abbildungsgesetz folgt
$b = \frac{B}{G} \cdot g = \frac{2G}{G} \cdot 24\,\text{cm} = 2 \cdot 24\,\text{cm} = 48\,\text{cm}$.

Das Bild entsteht 48 cm von der Linse entfernt.

Nach der Linsengleichung $\frac{1}{f} = \frac{1}{g} + \frac{1}{b} = \frac{1}{24\,\text{cm}} + \frac{1}{48\,\text{cm}} = \frac{3}{48\,\text{cm}} = \frac{1}{16\,\text{cm}}$ folgt $f = 16\,\text{cm}$.

Die Brennweite der Linse beträgt 16 cm.

37

Erste Zeile: Auflösen der Linsengleichung nach $\frac{1}{b} = \frac{1}{f} - \frac{1}{g} = \frac{1}{0{,}2\,\text{m}} - \frac{1}{1\,\text{m}} = \frac{4}{1\,\text{m}}$ liefert $b = \frac{1}{4}\,\text{m} = 0{,}25\,\text{m}$.

Nach dem Abbildungsgesetz folgt: $B = \frac{b}{g} \cdot G = \frac{0{,}25\,\text{m}}{1\,\text{m}} \cdot 0{,}4\,\text{m} = 0{,}1\,\text{m}$ und
$A = \frac{B}{G} = \frac{0{,}1\,\text{m}}{0{,}4\,\text{m}} = 0{,}25$.

Zweite Zeile: Nach dem Abbildungsgesetz folgt: $b = \frac{B}{G} \cdot g = \frac{3\,\text{cm}}{30\,\text{cm}} \cdot 2000\,\text{cm} = 200\,\text{cm}$ und $A = \frac{B}{G} = \frac{3\,\text{cm}}{30\,\text{cm}} = 0{,}1$.

Die Linsengleichung liefert: $\frac{1}{f} = \frac{11}{2000\,\text{cm}}$ und damit $f = 181{,}82\,\text{cm}$.

Dritte Zeile: Auflösen des Abbildungsgesetz: $G = \frac{B}{A} = \frac{1\,\text{cm}}{2} = 0{,}5\,\text{cm}$ und
$g = \frac{b}{A} = \frac{50\,\text{cm}}{2} = 25\,\text{cm}$.

Die Linsengleichung liefert: $\frac{1}{f} = \frac{3}{50\,\text{cm}}$ und damit $f = 16{,}7\,\text{cm}$.

Vierte Zeile: Auflösen der Linsengleichung nach $\frac{1}{g} = \frac{1}{f} - \frac{1}{b} = \frac{1}{50\,\text{mm}} - \frac{1}{100\,\text{mm}} = \frac{1}{100\,\text{mm}}$ liefert $g = 100\,\text{mm}$.

Das Abbildungsgesetz liefert $A = 1$ und $G = \frac{B}{A} = \frac{24\,\text{mm}}{1} = 24\,\text{mm}$.

Fünfte Zeile: Auflösen des Abbildungsgesetz: $B = A \cdot G = \frac{1}{1000} \cdot 2\,\text{m} = 0{,}002\,\text{m}$ und $b = A \cdot g = \frac{1}{1000} \cdot 200\,\text{m} = 0{,}2\,\text{m}$.

Die Linsengleichung liefert: $\frac{1}{f} = \frac{5{,}005}{1\,\text{m}}$ und damit $f = 0{,}2\,\text{m}$.

Brennweite f	Gegenstandsweite g	Bildweite b	Gegenstandsgröße G	Bildgröße B	Abbildungsmaßstab A
0,2 m	1 m	**0,25 m**	0,4 m	**0,1 m**	**0,25**
181,82 cm	20 m	**200 cm**	30 cm	3 cm	**0,1**
16,7 cm	**25 cm**	0,5 m	**0,5 cm**	1 cm	2:1
50 mm	**100 mm**	10 cm	**24 mm**	24 mm	**1**
0,2 m	200 m	**0,2 m**	2 m	**0,002 m**	1:1000

38

Zuerst verbindest du die Spitze des Gegenstandes mit der Spitze des Bildes. Der Schnittpunkt mit der optischen Achse ergibt die Position der Linse.
Nun zeichnest du den parallelen Strahl ein. Der Schnittpunkt mit der optischen Achse ist der Brennpunkt *F*.

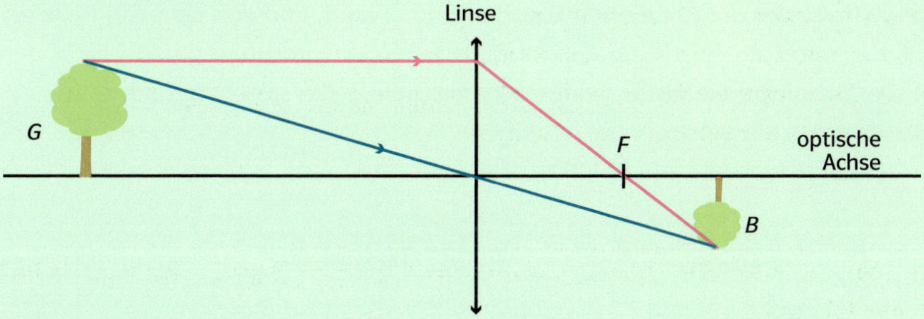

39

Zuerst zeichnest du den Mittelpunktstrahl und den achsenparallelen Strahl. Diese beiden schneiden sich hinter der Linse nicht. Wenn *g* kleiner ist als *f*, entsteht ein virtuelles Bild. Deshalb verlängerst du die beiden Strahlen nach links. Dort, wo sie sich schneiden, ist das gesuchte virtuelle Bild.

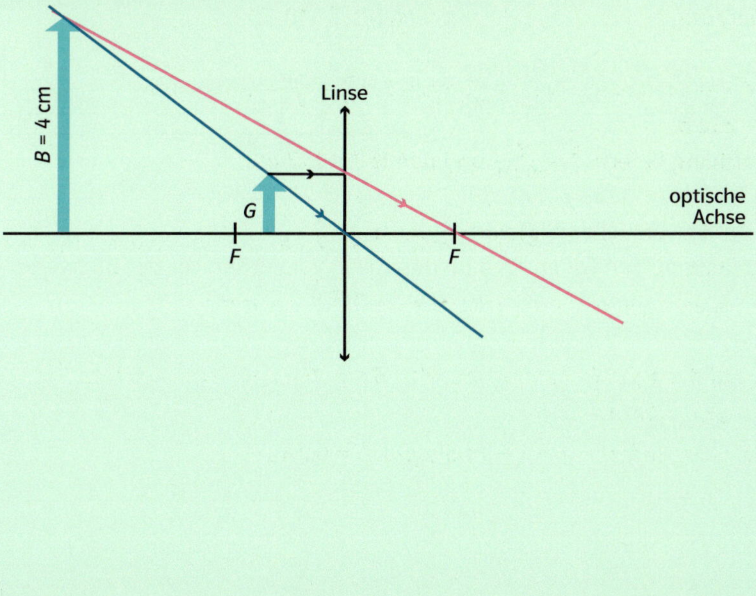

40

b) und c) sind Zerstreuungslinsen.

Skizze der Lichtstrahlen im Fall c).

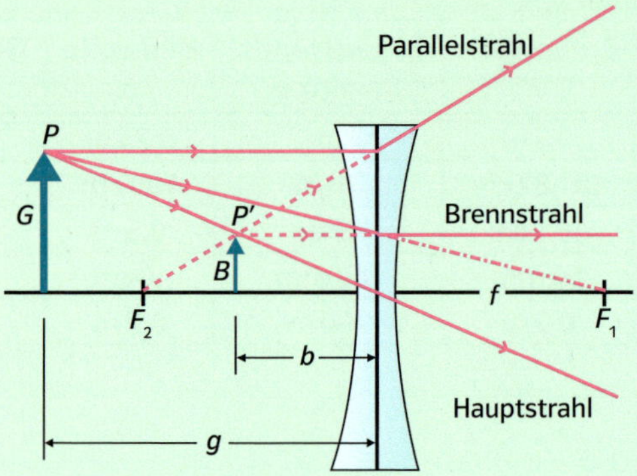

41

Zuerst zeichnest du die optische Achse, die Position der Linse, die des Gegenstandes und die beiden Brennpunkte. Nun zeichnest du die besonderen Strahlen: den Mittelpunktstrahl, der die Linse ohne Brechung durchläuft, und den achsenparallelen Strahl, der nach der Brechung aussieht, als käme er vom Brennpunkt hinter der Linse. Der Schnittpunkt dieser beiden Strahlen liefert das gesuchte Bild.

Maßstab 1 : 2

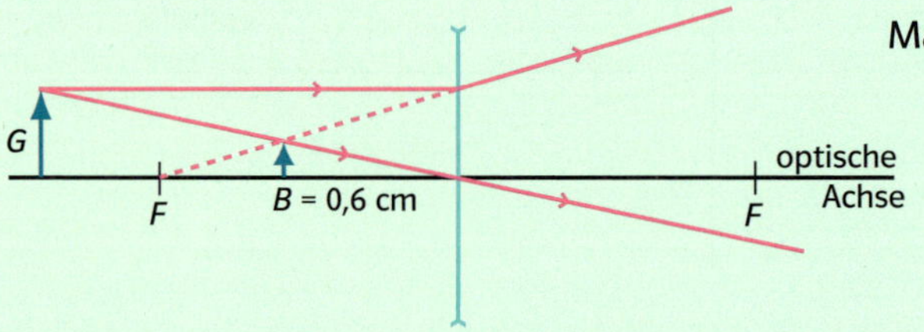

Gegeben: $f = -5\,\text{cm}$; $G = 1{,}5\,\text{cm}$; $g = 7\,\text{cm}$ Gesucht: b

Rechnung: Aus der Linsengleichung folgt $\frac{1}{b} = \frac{1}{f} - \frac{1}{g} = \frac{1}{-5\,\text{cm}} - \frac{1}{7\,\text{cm}} = \frac{12}{35\,\text{cm}}$ und $b = \frac{-35\,\text{cm}}{12} = -2{,}92\,\text{cm}$.

Antwort: Die Bildweite beträgt 2,92 cm.

Gegeben: $f = -5\,\text{cm}$; $G = 1{,}5\,\text{cm}$; $g = 3\,\text{cm}$

Maßstab 1 : 2

Gesucht: b

Rechnung: Aus der Linsengleichung folgt $\frac{1}{b} = \frac{1}{f} - \frac{1}{g} = \frac{1}{-5\,\text{cm}} - \frac{1}{3\,\text{cm}} = -\frac{8}{15\,\text{cm}}$ und $b = \frac{-15\,\text{cm}}{8} = -1{,}88\,\text{cm}$.

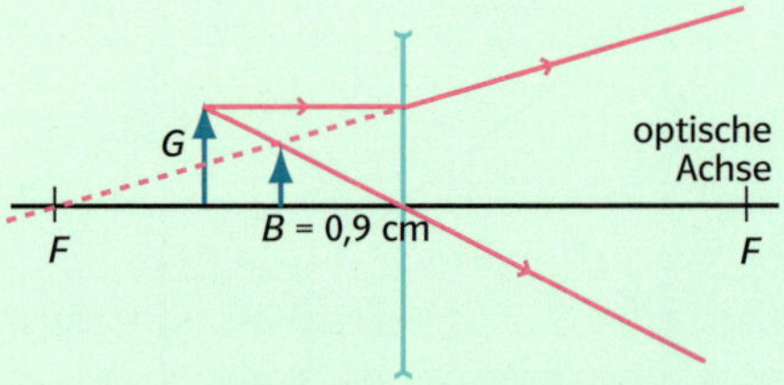

Antwort: Die Bildweite beträgt 1,88 cm.

Dass es sich um ein virtuelles Bild handelt, erkennst du in beiden Fällen an dem negativen Vorzeichen vor der Bildweite.

42

Du beginnst mit der optischen Achse, der Linse und der Position des Gegenstandes. Dann zeichnest du an der Stelle, an der sich das Bild befindet, die Bildebene ein. Der Mittelpunktstrahl schneidet die Bildebene und liefert die Größe des Bildes. Nun zeichnest du den achsenparallelen Strahl, der an der Linse so gebrochen wird, dass die rückwärtige Verlängerung die Spitze des Bildes schneidet. Der Schnittpunkt der Verlängerung mit der optischen Achse ist die gesuchte Brennweite.

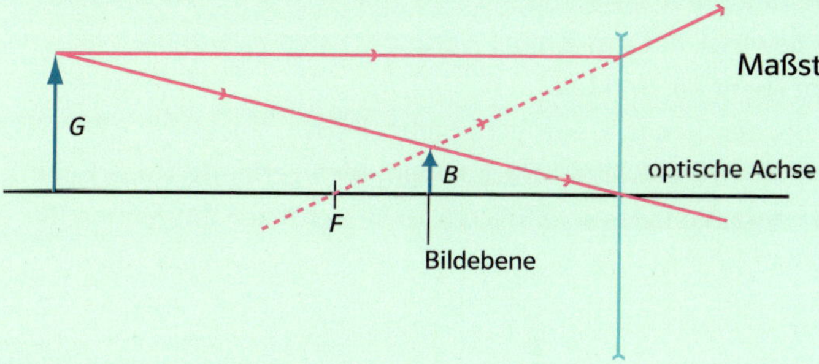

Gegeben: $G = 6\,cm$; $g = 24\,cm$; $b = -8\,cm$ Gesucht: B, f

Rechnung: Die Linsengleichung liefert: $\frac{1}{f} = \frac{1}{g} + \frac{1}{b} = \frac{1}{24\,cm} + \frac{1}{-8\,cm} = \frac{-1}{12\,cm}$ und $f = -12\,cm$. Die Bildgröße berechnet sich mit dem Abbildungsgesetz:

$B = \frac{b}{g} \cdot G = \frac{-8\,cm}{24\,cm} \cdot 6\,cm = -2\,cm$.

Antwort: Das Bild ist 2 cm groß und die Brennweite der Linse beträgt 12 cm.

43

Gegeben: $f = -5\,mm$; $B = -1{,}5\,mm$; $b = -2\,mm$

Gesucht: G, g

Rechnung: Die Linsengleichung liefert: $\frac{1}{g} = \frac{1}{f} - \frac{1}{b} = \frac{1}{-5\,mm} - \frac{1}{-2\,mm} = \frac{3}{10\,mm}$ und $g = 3{,}33\,mm$.

Die Gegenstandsgröße berechnet sich mit dem Abbildungsgesetz:

$G = \frac{g}{b} \cdot B = \frac{3{,}33\,mm}{-2\,mm} \cdot (-1{,}5\,mm) = 2{,}5\,mm$.

Antwort: Der Gegenstand ist 2,5 mm groß und steht 3,33 mm vor der Linse.

44

Akkommodation: Da beim Auge die Bildweite konstant ist, muss die Augenlinse in der Lage sein, ihre Brennweite zu verändern, um bei unterschiedlicher Entfernung der Gegenstände ein scharfes Bild auf der Netzhaut zu erzeugen. Diese mögliche Veränderung der Brennweite durch Ändern der Krümmung mittels eines Muskels heißt Akkommodation.

Adaption: Die Pupille ist bei unterschiedlicher Helligkeit in der Lage die Helligkeit auf der Netzhaut zu regeln. Sie zieht sich bei starker Helligkeit zusammen, bei Dunkelheit weitet sie sich.

45

Der „Blinde Fleck“ ist die Stelle, wo der Sehnerv in die Netzhaut eintritt und wo die zum Sehen nötigen Stäbchen und Zapfen fehlen.

O X

Experiment zum blinden Fleck: sieh dir das Bild mit Kreis und Kreuz aus etwa 20 – 30 cm Abstand an. Halte dein linkes Auge zu und fixiere mit dem rechten Auge den Kreis (sieh nicht bewusst auf das Kreuz). Verändere den Abstand etwas und bewege auch den Kopf leicht hin und her.
Es gibt eine Position, bei der du das Kreuz nicht mehr siehst.
Eigentlich müsste man einen schwarzen Fleck sehen. Dies verhindert das Gehirn, indem es uns ein Bild vorgaukelt, das so ähnlich wie die sichtbare Umgebung ist.

46

Bei einer großen Entfernung, also einem kleinen Sehwinkel, wird die Giraffe auf der Netzhaut nicht größer abgebildet als ein Käfer bei großem Sehwinkel, also kleiner Entfernung.

47

a)

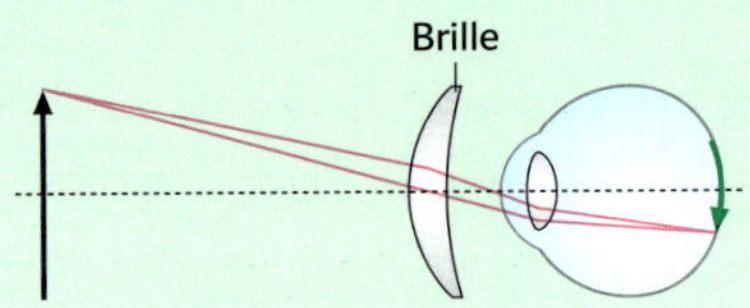

b)

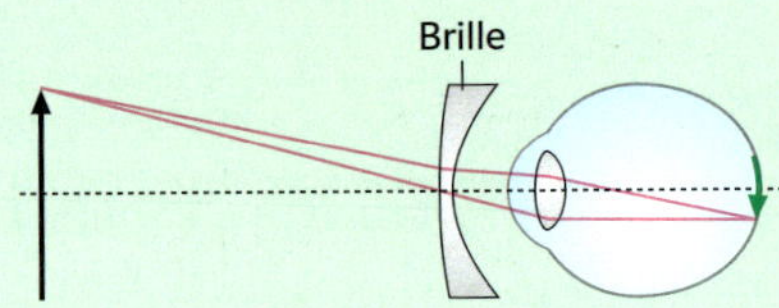

48

Gegeben: $B_0 = 1{,}5\,\text{cm}$; $B_L = 3 \cdot B_0 = 4{,}5\,\text{cm}$ Gesucht: V_L

Rechnung: $V_L = \frac{B_L}{B_0} = \frac{3\,B_0}{B_0} = 3$

Antwort: Die Vergrößerung beträgt 3.

49

a) Das Objektiv erzeugt ein vergrößertes Zwischenbild des Gegenstandes.
b) Das Okular wirkt wie eine Lupe und erzeugt ein stark vergrößertes Bild auf der Netzhaut.

50

Nur ein sehr hell beleuchtetes transparentes Objekt ist bei hoher Vergrößerung noch deutlich erkennbar.

51

Gegeben: $V_{Obj} = 40$; $b = 15\,cm$ Gesucht: f_{Obj}

Rechnung: Mit $V_{Obj} = \frac{b}{f_{Obj}}$ gilt: $f_{Obj} = \frac{b}{V_{Obj}} = \frac{15\,cm}{40} = 0{,}375\,cm$

Antwort: Die Brennweite beträgt 0,375 cm.

52

Eine Sammellinse mit einer Brennweite von 5 cm erzeugt auf einem transparenten Schirm ein vergrößertes Zwischenbild der Glühwendel einer Glühbirne. Mit einer zweiten Linse ($f = 10\,cm$), die als Lupe funktioniert und bei deren Brennpunkt sich das Zwischenbild befindet, kannst du ein nochmals vergrößertes Bild der Glühwendel betrachten.

53

a) Ein Fernrohr benutzt man, um weit entfernte Gegenstände zu sehen, ein Mikroskop, um sehr kleine Gegenstände sehen zu können.
b) Man benötigt wie beim Mikroskop zwei Linsen, ein Objektiv und ein Okular. Das Objektiv erzeugt wie beim Mikroskop ein Zwischenbild. Dieses ist jedoch stark verkleinert, da sich der Gegenstand in sehr großer Entfernung befindet. Dieses Zwischenbild wird nun wie beim Mikroskop mit einer Lupe, dem Okular, betrachtet.
c) Man könnte z. B. ein Objektiv mit einer Brennweite von 10 cm und ein Okular mit einer Brennweite von 20 mm benutzen.
d) Man müsste das Objektiv gegen eine Sammellinse mit kleinerer Brennweite eintauschen.

Experimente

Die Lochkamera

Die von der Kerze ausgehenden Lichtstrahlen gelangen durch die Blende in die Pappröhre und treffen dort auf den Schirm aus Transparentpapier. Es ergibt sich ein auf dem Kopf stehendes und seitenverkehrtes Bild der Kerze oder eines beliebigen anderen Gegenstands.

1. Entfernt man sich mit der Lochkamera von dem Gegenstand, wird das Bild kleiner.
2. Hältst du den Abstand zwischen Blende und Gegenstand konstant und veränderst nur den Abstand zwischen Blende und Schirm, so kannst du das Bild vergrößern, indem du den Schirm näher zur Blende schiebst. Willst du ein kleineres Bild, so musst du den Schirm von der Blende entfernen.

Fischfang

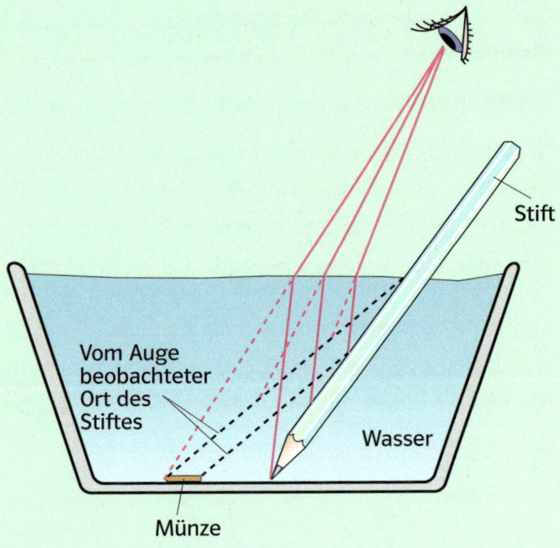

Da das Auge von einer geradlinigen Ausbreitung des Lichtes ausgeht, erscheint der Teil des Stifts im Wasser gegenüber dem Teil oberhalb des Wassers versetzt. Das Auge sieht den Stift unter Wasser unter einem anderen Winkel als den Stift oberhalb des Wassers. Die Abbildung zeigt den Strahlengang des Lichtes. Um die Münze zu treffen, muss dieser Unterschied ausgeglichen werden. Je flacher das Wasser ist, umso deutlicher ist dieser Knick zu erkennen. Also ist Fischen mit einem Speer in tieferem Wasser einfacher.

Die verschwundene Münze

Befindet sich kein Wasser im Becher, können die Lichtstrahlen nicht ins Auge gelangen und du kannst die Münze nicht sehen.
Gießt du nun Wasser in das Gefäß, werden die Lichtstrahlen an der Wasseroberfläche gebrochen und können so in das Auge des Betrachters gelangen. Deshalb siehst du nun die Münze.

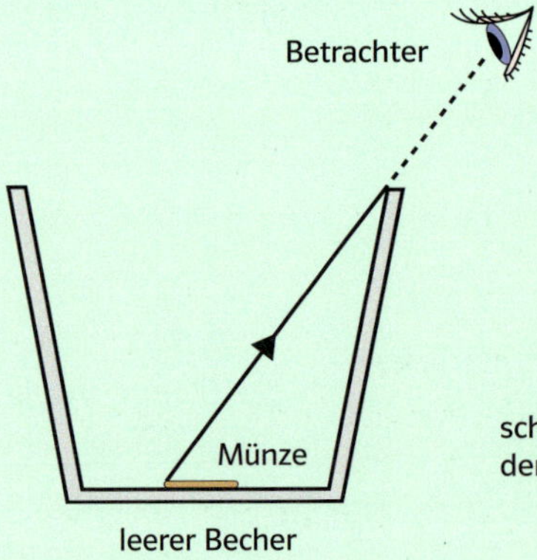

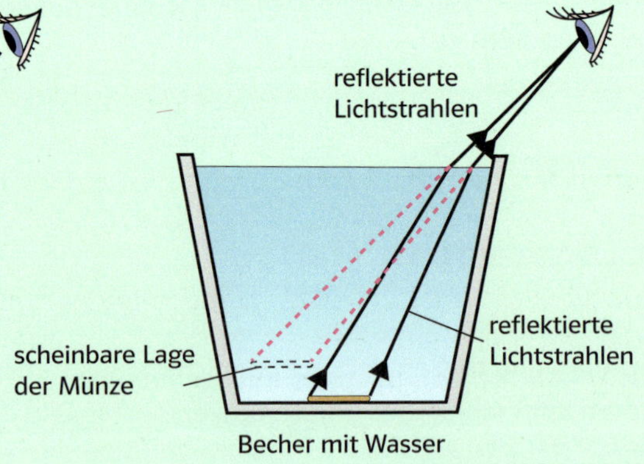

2 Mechanik

1

Gegeben: $s = 117\,\text{km}$ und $t = 1{,}5\,\text{h}$ Gesucht: Geschwindigkeit v

Rechnung: $v = 117\,\text{km} : 1{,}5\,\text{h} = 78\,\frac{\text{km}}{\text{h}}$

Antwort: Die Geschwindigkeit des LKW beträgt $78\,\frac{\text{km}}{\text{h}}$.

2

a) $1\,\frac{\text{m}}{\text{s}} = 1\,\frac{\frac{1}{1000}\,\text{km}}{\frac{1}{3600}\,\text{h}} = 3{,}6\,\frac{\text{km}}{\text{h}}$ oder $3{,}6\,\frac{\text{km}}{\text{h}} = 3{,}6\,\frac{1000\,\text{m}}{3600\,\text{s}} = 1\,\frac{\text{m}}{\text{s}}$

b) $30\,\frac{\text{km}}{\text{h}} = (30 : 3{,}6)\,\frac{\text{m}}{\text{s}} = 8{,}3\,\frac{\text{m}}{\text{s}}$ $50\,\frac{\text{km}}{\text{h}} = (50 : 3{,}6)\,\frac{\text{m}}{\text{s}} = 13{,}9\,\frac{\text{m}}{\text{s}}$

$100\,\frac{\text{km}}{\text{h}} = (100 : 3{,}6)\,\frac{\text{m}}{\text{s}} = 27{,}8\,\frac{\text{m}}{\text{s}}$

c) $20\,\frac{\text{m}}{\text{s}} = (20 \cdot 3{,}6)\,\frac{\text{km}}{\text{h}} = 72\,\frac{\text{km}}{\text{h}}$ $30\,\frac{\text{m}}{\text{s}} = (30 \cdot 3{,}6)\,\frac{\text{km}}{\text{h}} = 108\,\frac{\text{km}}{\text{h}}$

$50\,\frac{\text{m}}{\text{s}} = (50 \cdot 3{,}6)\,\frac{\text{km}}{\text{h}} = 180\,\frac{\text{km}}{\text{h}}$

3

Es gilt: $v = \frac{s}{t}$ und damit $s = v \cdot t$ bzw. $t = \frac{s}{v}$.

	Zurückgelegter Weg s	Benötigte Zeit t	Geschwindigkeit v
a)	130 km	90 min	**$130\,\text{km} : 1{,}5\,\text{h} = 87\,\frac{\text{km}}{\text{h}}$**
b)	**$90\,\frac{\text{km}}{\text{h}} \cdot 1{,}25\,\text{h} = 112{,}5\,\text{km}$ (113 km)**	1 h 15 min	$90\,\frac{\text{km}}{\text{h}}$
c)	450 m	**$0{,}450\,\text{km} : \left(50\,\frac{\text{km}}{\text{h}}\right) = 0{,}009\,\text{h} = 32{,}4\,\text{s}$**	$50\,\frac{\text{km}}{\text{h}}$

4

a) Gegeben: $v = 340\,\frac{\text{m}}{\text{s}}$ und die zurückgelegte Wegstrecke

Gesucht: Benötigte Zeit t Gesetz: Aus $v \cdot t = s$ folgt $t = \frac{s}{v}$

Rechnung: $t = 400\,\text{m} : \left(340\,\frac{\text{m}}{\text{s}}\right) \approx 1{,}2\,\text{s}$

$\left(t = 2000\,\text{m} : \left(340\,\frac{\text{m}}{\text{s}}\right) \approx 5{,}9\,\text{s};\ t = 5000\,\text{m} : \left(340\,\frac{\text{m}}{\text{s}}\right) \approx 14{,}7\,\text{s}\right)$

b) Gegeben: Zeit „zwischen Blitz und Donner"

Gesucht: zurückgelegte Wegstrecke Gesetz: $v \cdot t = s$

Rechnung: $s = 340\,\frac{\text{m}}{\text{s}} \cdot 3\,\text{s} = 1020\,\text{m}$

$\left(s = 340\,\frac{\text{m}}{\text{s}} \cdot 5\,\text{s} = 1700\,\text{m};\ s = 340\,\frac{\text{m}}{\text{s}} \cdot 7{,}5\,\text{s} = 2550\,\text{m}\right)$

5

Gegeben: $v = 50\,\frac{km}{h} = (50:3{,}6)\,\frac{m}{s}$ und $t = 1\,s$

Gesucht: Zurückgelegte Strecke *s*. Gesetz: $s = v \cdot t$

Rechnung: $s = (50:3{,}6)\,\frac{m}{s}\;1\,s = 13{,}9\,m$

Antwort: In einer Sekunde legt der PKW 13,9 m zurück.

6

a) Gegeben: $t = 45\,min = \frac{3}{4}\,h$ und $s = 15\,km$

Gesucht: Durchschnittsgeschwindigkeit Gesetz: $v = s:t$

Rechnung: $v = 15\,km:0{,}75\,h = 20\,\frac{km}{h}$

Antwort: Seine Durchschnittsgeschwindigkeit beträgt $20\,\frac{km}{h}$.

b) Der Radfahrer ist die Strecke mit einer Steigung nicht mit konstanter Geschwindigkeit gefahren. Mit der Formel im Teil a) berechnet man daher nur die Durchschnittsgeschwindigkeit.

7

a) Die Geschwindigkeitsänderung beträgt:

$120\,\frac{km}{h} - 90\,\frac{km}{h} = 30\,\frac{km}{h} = (30:3{,}6)\,\frac{m}{s}$

Die Beschleunigung ergibt sich aus der Geschwindigkeitsänderung und der benötigten Zeit: $a = (30:3{,}6)\,\frac{m}{s}:2\,s = 4{,}2\,\frac{m}{s^2}$

b) Die Geschwindigkeitsänderung beträgt:

$0\,\frac{km}{h} - 50\,\frac{km}{h} = -50\,\frac{km}{h} = -(50:3{,}6)\,\frac{m}{s}$

Die Verzögerung beträgt: $a = -(50:3{,}6)\,\frac{m}{s}:1{,}5\,s \approx -9{,}3\,\frac{m}{s^2}$.

8

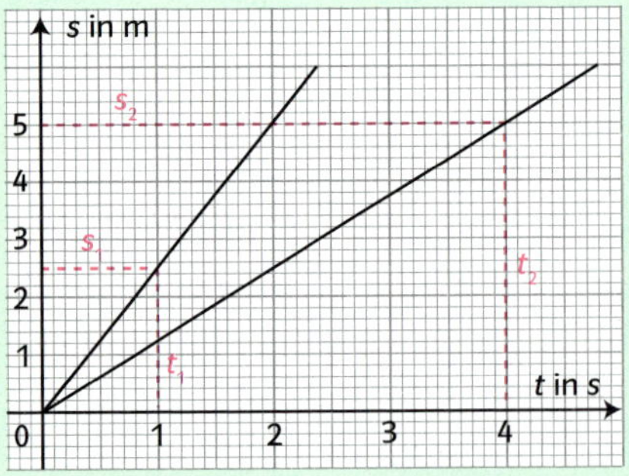

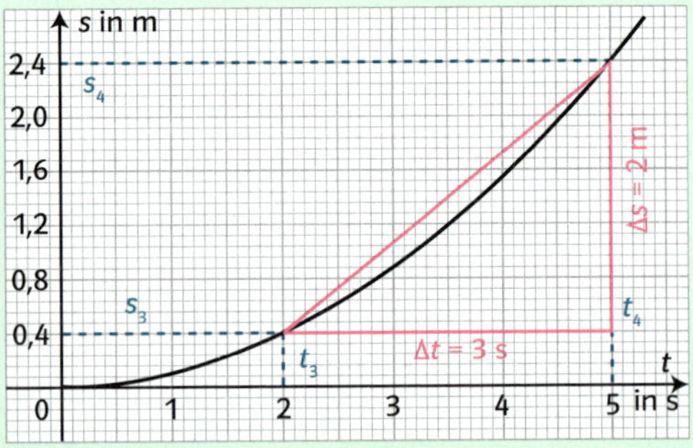

$t_1 = 1\,s$; $s_1 = 2{,}5\,m$ es folgt: $v = \frac{2{,}5\,m}{1\,s} = 2{,}5\,\frac{m}{s}$

$t_2 = 4\,s$; $s_2 = 5\,m$ es folgt: $v = \frac{5\,m}{4\,s} = 1{,}25\,\frac{m}{s}$

$t_3 = 2\,s$; $s_3 = 0{,}4\,m$

$t_4 = 5\,s$; $s_4 = 2{,}4\,m$ es folgt: Durchschnittsgeschwindigkeit

$v = (2{,}4\,m - 0{,}4\,m):(5\,s - 2\,s) = 2\,m:3\,s \approx 0{,}67\,\frac{m}{s}$

9

2 gehört zu A: Die Geschwindigkeit bleibt konstant.

1 gehört zu B: Die Geschwindigkeit nimmt zu.

3 gehört zu C: Die Geschwindigkeit nimmt ab.

10

a) Fahrzeug A fährt mit konstanter Geschwindigkeit, da das Zeit-Weg-Diagramm eine Gerade ist.
Fahrzeug B fährt bis zum Zeitpunkt t_2 mit höherer Geschwindigkeit als A. Zum Zeitpunkt t_2 sind beide Geschwindigkeiten gleich. Anschließend fährt B langsamer als A. Begründung: Zum Zeitpunkt t_2 sind beide Kurven gleich steil. Vorher ist die Kurve für das Fahrzeug B steiler und anschließend flacher als die Gerade für das Fahrzeug A.

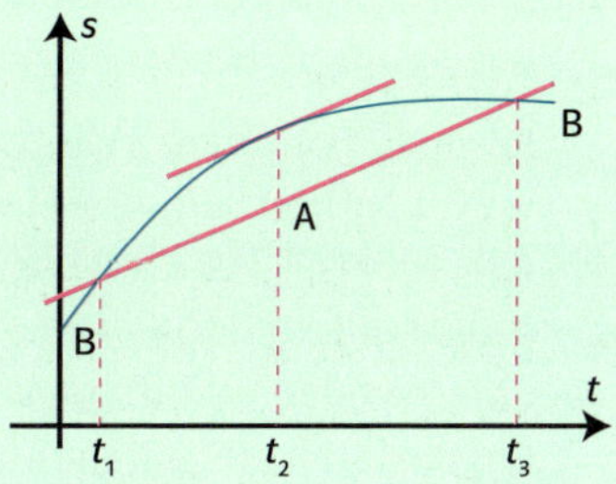

b) Zunächst fährt A vor B. Zum Zeitpunkt t_1 sind beide Fahrzeuge am Ort s_1. Dann fährt B vor A bis zum Zeitpunkt t_3, danach fährt *A* wieder vor B.

11

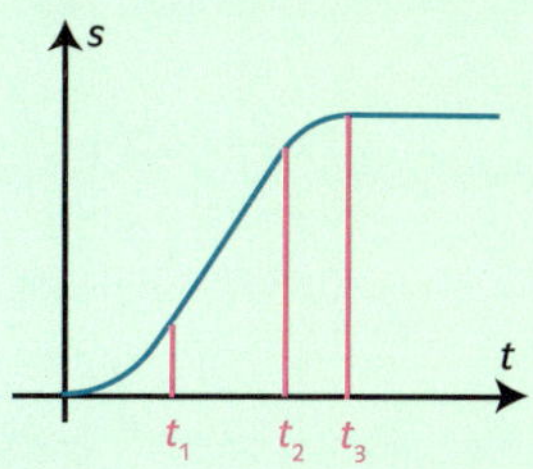

Bis zum Zeitpunkt t_1 beschleunigt das Fahrzeug, denn das Zeit-Weg-Diagramm wird immer steiler. Zwischen t_1 und t_2 ist das Diagramm eine Gerade; das Fahrzeug fährt mit konstanter Geschwindigkeit. Zwischen t_2 und t_3 nimmt die Geschwindigkeit ab, da das Diagramm flacher wird. Für Zeiten größer als t_3 ändert sich der Ort nicht mehr. Das Fahrzeug steht.

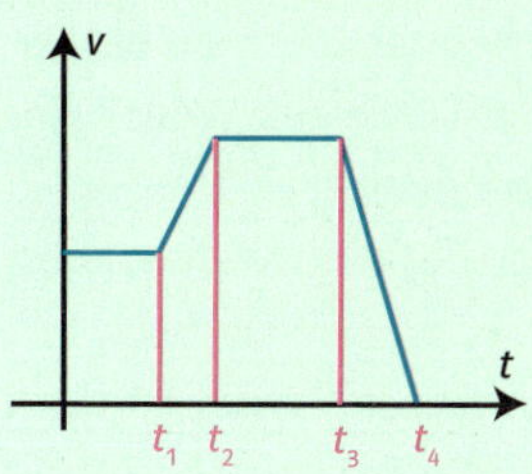

Bis zum Zeitpunkt t_1 ist die Geschwindigkeit konstant, anschließend wächst sie bis zum Zeitpunkt t_2. Dann fährt das Fahrzeug wieder mit konstanter Geschwindigkeit. Ab dem Zeitpunkt t_3 wird das Fahrzeug abgebremst und hält schließlich ab dem Zeitpunkt t_4.

12

a) Körper werden verformt:
   (1) ein Ball wird zusammengedrückt,
   (2) ein Expander wird gedehnt.
   Geschwindigkeit wird größer oder kleiner:
   (1) ein Auto beschleunigt,
   (2) ein Radfahrer bremst sein Fahrrad ab.
   Bewegungsrichtung ändert sich:
   (1) ein Bus durchfährt eine Kurve,
   (2) ein Karussell dreht sich im Kreis.

b) Z. B. Sehkraft für gutes Sehen, Waschkraft für gute Waschleistung, Durchsetzungskraft im Beruf.

c) Es fehlen der Angriffspunkt und die Richtung der Kraft. Mit 15 N kann man einen Gegenstand z. B. anheben oder wegschieben oder umwerfen oder verformen.

13

a) Wenn du die gesetzliche Definition gelernt hast, dann:
   „Wird ein Körper der Masse 1 kg reibungsfrei mit konstanter Kraft in 1 s aus der Ruhe auf eine Geschwindigkeit von $1\,\frac{m}{s}$ beschleunigt, so hat die Kraft den Betrag 1 N."
   Hast du im Unterricht diese Definition nicht gelernt, dann: „Die Krafteinheit wird durch die Anzeige auf einem Normkraftmesser festgelegt".

b)

1 N = 100 cN	1 N = 1000 mN	1 kN = 1000 N
2,8 N = 280 cN	280 mN = 0,280 N	0,25 kN = 250 N
320 cN = 3,20 N	0,13 N = 13 cN	0,13 N = 130 mN

14

a) (1) Ein Gegenstand wird von der Erde angezogen. Dies beobachtet man als Gewichtskraft. Der Gegenstand übt auch eine Kraft auf die Erde aus. Wegen der großen Masse der Erde bemerkt man von dieser Kraft nichts.
   (2) Der Mond übt eine Kraft auf die Erde aus und die Erde übt eine Kraft auf den Mond aus. Der Mond umkreist deshalb die Erde.

b) Möchte man den Bewegungszustand eines Körpers verändern, dann ist dazu eine Kraft notwendig. Diese Eigenschaft nennt man die Trägheit des Körpers. Je größer die Masse des Körpers, desto größer ist seine Trägheit. Ein Fahrrad kann man mit Muskelkräften leicht beschleunigen; bei einem LKW wird dies kaum gelingen.

15

Hier benötigst du die Gleichung $F_G = m \cdot g$. Stellt man diese nach m bzw. nach g um, dann erhält man $m = \frac{F_G}{g}$ bzw. $g = \frac{F_G}{m}$.

Ort	Erde	Erde	Erde	Erde	Mond	Mond	Mars	Venus
Ortsfaktor g	$10\ \frac{N}{kg}$	$10\ \frac{N}{kg}$	$10\ \frac{N}{kg}$	$10\ \frac{N}{kg}$	$1{,}6\ \frac{N}{kg}$	$1{,}6\ \frac{N}{kg}$	$3{,}8\ \frac{N}{kg}$	$8{,}5\ \frac{N}{kg}$
Masse m	1 kg	**0,10 kg**	250 g = **0,250 kg**	**1250 kg**	10 kg	**6,25 kg**	380 kg	20 kg
F_G	**10 N**	1 N	**2,50 N**	12,5 kN **12 500 N**	**16 N**	10 N	**1444 N**	170 N

16

Gegeben: Die Maße des Raumes und die Dichte der Luft.

Gesucht: Die Gewichtskraft der eingeschlossenen Luft.

Lösungsidee: Mit Hilfe der Raummaße kann man das Volumen $V = a \cdot b \cdot c$ der Luft berechnen. Das Produkt aus der Dichte $\varrho = 1{,}29\ \frac{g}{dm^3}$ und dem Volumen ergibt die Masse $m = \varrho \cdot V$ der eingeschlossenen Luft. Die Dichte hat hier die Einheit $\frac{g}{dm^3}$, deshalb sollte man das Volumen in dm³ angeben. Aus der Masse ergibt sich mit dem Ortsfaktor $g = 10\ \frac{N}{kg} = 0{,}01\ \frac{N}{g}$ die Gewichtskraft der Luft.

Lösung:

$F_G = m \cdot g = \varrho \cdot V \cdot g = \varrho \cdot a \cdot b \cdot c \cdot g$

$F_G = 1{,}29\ \frac{g}{dm^3} \cdot 50\ dm \cdot 40\ dm \cdot 25\ dm \cdot 0{,}01\ \frac{N}{g} = 625\ N$

Antwort: Die Gewichtskraft der eingeschlossenen Luft beträgt 625 N.

17

a) Gegeben: Masse $m = 43\ kg$ und die Ortsfaktoren $10\ \frac{N}{kg}$ (Erde) bzw. $1{,}6\ \frac{N}{kg}$ (Mond)
Gesucht: Gewichtskraft des Körpers auf der Erde bzw. auf dem Mond
Gesetz: $F_G = m \cdot g$
Lösung: Auf der Erde gilt: $F_G = 43\ kg \cdot 10\ \frac{N}{kg} = 430\ N$
Auf dem Mond gilt: $F_G = 43\ kg \cdot 1{,}6\ \frac{N}{kg} = 68{,}8\ N$
Antwort: Die Gewichtskraft beträgt auf der Erde 430 N, auf dem Mond 68,8 N. Die Masse bleibt unverändert.

b) Gegeben: Masse $m = 2\ kg$ auf dem Mond.
Gesucht: Gewichtskraft auf der Erde.
Lösungsidee: Die Masse ist unabhängig vom Ort. Sie beträgt also auch auf der Erde 2 kg. Deshalb kann man mit dem Ortsfaktor der Erde rechnen.
Lösung: $F_G = 2\ kg \cdot 10\ \frac{N}{kg} = 20\ N$
Antwort: Die Gewichtskraft auf der Erde beträgt 20 N.

18

Der Startblock übt eine Kraft auf den Läufer aus. Diese Kraft beschleunigt ihn nach vorne.

19

a) Masse und Gewichtkraft sind proportional. Proportionale Größen ergeben im Achsenkreuz stets Halbgeraden mit dem Anfangspunkt (0 | 0).

b) Es genügt, auf jeder Halbgeraden ein Punktepaar abzulesen.
Für die steile Halbgerade erhält man aus (40 g | 40 cN) den Ortsfaktor
$\frac{40\ \text{cN}}{40\ \text{g}} = 1\,\frac{\text{cN}}{\text{g}} = 1\,\frac{0{,}01\ \text{N}}{0{,}001\ \text{kg}} = 10\,\frac{\text{N}}{\text{kg}}$. Es ist der Ortsfaktor für die Erde.
Für die flachere Halbgerade erhält man aus (30 g | 5 cN) den Ortsfaktor
$\frac{5\ \text{cN}}{30\ \text{g}} = 0{,}17\,\frac{\text{cN}}{\text{g}} = 0{,}17 \cdot \frac{0{,}01\ \text{N}}{0{,}001\ \text{kg}} = 1{,}7\,\frac{\text{N}}{\text{kg}}$.
Dies könnte der Ortsfaktor für den Mond sein.

20

a) Der Magnet übt eine anziehende Kraft auf das Eisenstück aus. Das Eisenstück zieht den Magneten an.

b) Die Muskelkräfte dehnen den Expander. Der Expander übt Kräfte auf die Hände aus.

c) Beim Gehen stößt man sich von Fußboden ab. Der Fußboden wirkt mit einer Kraft auf die Sohlen. Ist der Boden sehr glatt, dann sind die Wechselwirkungskräfte sehr klein. Das Gehen ist schwierig.

21

Nach dem Wechselwirkungsprinzip sind beide Möglichkeiten falsch. Die Kräfte sind gleich groß. Die Betonmauer ist so hart, dass sie durch eine gleich große Kraft weniger zerstört wird.

22

Nach dem Wechselwirkungsprinzip zieht auch der Baum mit einer Kraft von 500 N. In den ersten beiden Abbildungen sind die Kräfte gleich. Im dritten Fall ziehen die beiden Personen zusammen mit 1000 N und der Baum ebenfalls mit 1000 N, d. h. hier ist die Kraft am größten.

23

$1\,\frac{N}{cm} = 1\,\frac{N}{0{,}01\,m} = 100\,\frac{N}{m}$ $\qquad$ $1\,\frac{N}{mm} = 1\,\frac{N}{0{,}1\,cm} = 10\,\frac{N}{cm} = 10\,\frac{N}{0{,}01\,m} = 1000\,\frac{N}{m}$

24

Aus $F = D \cdot s$ folgen die Gleichungen $D = \frac{F}{s}$ und $s = \frac{F}{D}$. Bei der Rechnung müssen außerdem die Einheiten beachtet werden.

F	3,1 N	**2,6 N**	22 N	15 kN
s	12 cm	81 mm = **8,1 cm**	**14,7 mm**	4,5 cm
D	**0,26 $\frac{N}{cm}$**	0,32 $\frac{N}{cm}$	1,5 $\frac{N}{mm}$	**3,3 $\frac{kN}{cm}$**

25

a) Gegeben: $F = 6{,}5\,N$ und $s = 8{,}2\,cm$ $\qquad$ Gesucht: Federkonstante $D = \frac{F}{s}$
Lösung: $D = \frac{6{,}5\,N}{8{,}2\,cm} = 0{,}79\,\frac{N}{cm}\left(0{,}8\,\frac{N}{cm}\right)$

b) Gegeben: $D = 0{,}79\,\frac{N}{cm}$ und $s = 6{,}7\,cm$ $\qquad$ Gesucht: Dehnungskraft $F = D \cdot s$
Lösung: $F = 0{,}79\,\frac{N}{cm} \cdot 6{,}7\,cm = 5{,}4\,N$

c) Gegeben: $D = 0{,}79\,\frac{N}{cm}$ und $F = 4{,}2\,N$ $\qquad$ Gesucht: Dehnungsstrecke $s = \frac{F}{D}$
Lösung: $s = \frac{4{,}2\,N}{0{,}79\,\frac{N}{cm}} = 5{,}3\,cm$

26

Gegeben: Kraft $F_1 = 45\,kN$, Längenänderung $s_1 = 36\,mm$, Kraft $F_2 = 55\,kN$
Gesucht: Längenänderung s_2 bei der zweiten Kraft
Lösungsidee: Wir nehmen an, dass hier das Hooke'sche Gesetz gilt. Dann ergeben die Quotienten $\frac{F_1}{s_1}$ und $\frac{F_2}{s_2}$ die Federkonstante. Sie müssen also gleich sein.
Lösung: $\frac{F_1}{s_1} = \frac{F_2}{s_2} \Leftrightarrow \frac{s_1}{F_1} = \frac{s_2}{F_2} \Leftrightarrow s_2 = F_2 \cdot \frac{s_1}{F_1}$

$s_2 = 55\,kN \cdot \frac{36\,mm}{45\,kN} = 44\,mm$

Antwort: Die Feder wird um 44 mm zusammengedrückt.

27

a)

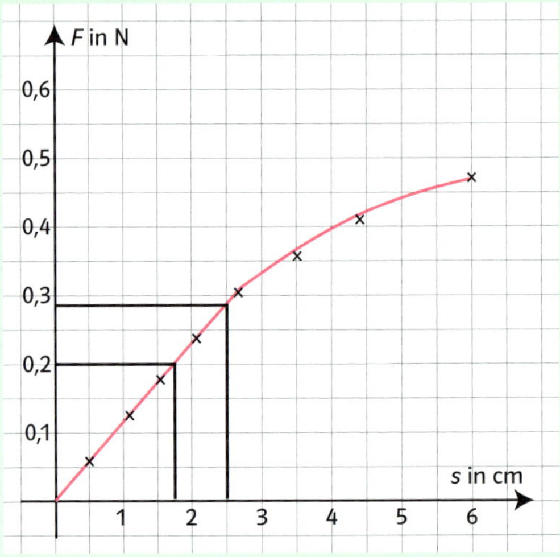

b) Bis zu einer Auslenkung von ungefähr 3 cm liegen die Messpunkte recht gut auf einer Halbgeraden durch den Ursprung. Bis zu dieser Auslenkung sind s und F proportional, d. h. es gilt das Hooke'sche Gesetz.
Zur Berechnung der Federkonstanten wählt man einen Punkt, der gut ablesbar auf der gezeichneten Halbgeraden liegt. Für (3 cm | 0,35 N) erhält man

$D = \frac{0{,}34\ \text{N}}{3\ \text{cm}} = 0{,}11\ \frac{\text{N}}{\text{cm}}$.

c) Abgelesen: Zur Kraft $F = 0{,}20\ \text{N}$ gehört eine Auslenkung von 1,7 cm, zur Auslenkung von 2,5 cm gehört eine Kraft von 0,28 N.
Rechnung: Zur Kraft $F = 0{,}20\ \text{N}$ gehört die Auslenkung $s = \frac{F}{D} = \frac{0{,}20\ \text{N}}{0{,}11\ \frac{\text{N}}{\text{cm}}} = 1{,}8\ \text{cm}$,
zur Auslenkung $s = 2{,}5\ \text{cm}$ gehört die Kraft $F = D \cdot s = 0{,}11\ \frac{\text{N}}{\text{cm}} \cdot 2{,}5\ \text{cm} = 0{,}28\ \text{N}$.

28

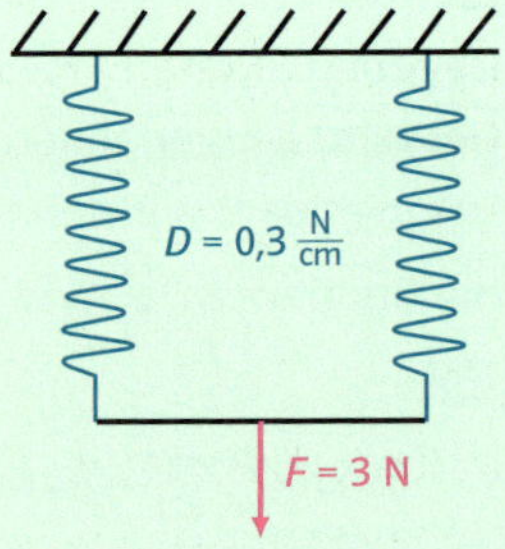

Gegeben: Die abgebildete Federanordnung
Gesucht: Verlängerung s und neue Federkonstante
Lösung: Auf jede Feder wirkt die Kraft $\frac{F}{2} = 1{,}5\ \text{N}$.
Sie werden um $s = \frac{1{,}5\ \text{N}}{0{,}3\ \frac{\text{N}}{\text{cm}}} = 5\ \text{cm}$ länger.
Die neue Federkonstante ergibt sich aus

$D_{neu} = \frac{3\ \text{N}}{5\ \text{cm}} = 0{,}6\ \frac{\text{N}}{\text{cm}}$.

Antwort: Die Federn verlängern sich um $s = 5\ \text{cm}$.
Die neue Federkonstante ist $0{,}6\ \frac{\text{N}}{\text{cm}}$.

29

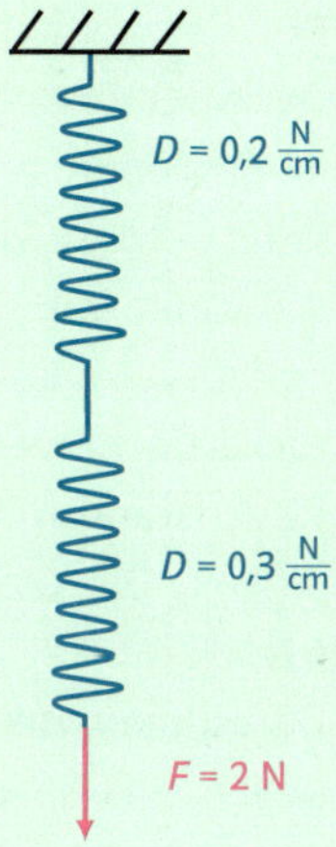

Gegeben: Die abgebildete Federanordnung

Gesucht: Verlängerung s und neue Federkonstante

Lösung: Die Gewichtskraft der unteren Feder soll nicht berücksichtigt werden. Beide Federn werden mit der Kraft $F = 2\,N$ gedehnt. Damit ergeben sich die folgenden Dehnungsstrecken.

Obere Feder: $s_1 = \frac{2\,N}{0{,}2\,\frac{N}{cm}} = 10{,}0\,cm$

Untere Feder: $s_2 = \frac{2\,N}{0{,}3\,\frac{N}{cm}} = 6{,}7\,cm$

Die Anordnung wird um $s = s_1 + s_2 = 16{,}7\,cm$ gedehnt. Dies geschieht mit einer Kraft von 2 N. Also gilt: $D_{neu} = \frac{2\,N}{16{,}7\,cm} = 0{,}12\,\frac{N}{cm}$.

Antwort: Die Anordnung verlängert sich um 16,7 cm. Die neue Federkonstante ist $D = 0{,}12\,\frac{N}{cm}$.

30

Man zieht einen ruhenden Gegenstand mit einem Kraftmesser parallel zur Unterlage. Man erhöht langsam die Zugkraft. Kurz bevor sich der Gegenstand in Bewegung setzt, liest man am Kraftmesser die Haftreibungskraft ab. Sobald sich der Gegenstand gleichmäßig bewegt, bleibt die Kraftanzeige unverändert. Dies ist die Gleitreibungskraft.

31

Die Reibungskräfte sind unabhängig von der Größe der Berührungsfläche.

Die Reibungskräfte sind proportional zur Normalkraft, deshalb verdoppelt sich die Reibungskraft.

32

Haftreibungskraft und Gleitreibungskraft müssen gleich sein, damit man ruckfrei ziehen kann. Man muss also Teflon/Teflon wählen.

Die Zugkraft stimmt mit der Reibungskraft überein.

$F_R = 0{,}04 \cdot 3{,}5\,N = 0{,}14\,N$.

Antwort: Die Zugkraft beträgt 0,14 N.

33

Der Gegenstand ist zunächst in Ruhe. Bei einer Zugkraft von 8 N setzt er sich in Bewegung, d.h. die Haftreibungskraft beträgt 8 N. Auf den ersten 0,1 m schwankt die Zugkraft um 6 N. Dies bedeutet, dass sich der Gegenstand ruckartig bewegt. Ab 0,1 m gleitet der Gegenstand mit konstanter Geschwindigkeit. Die Gleitreibungskraft beträgt 6 N.

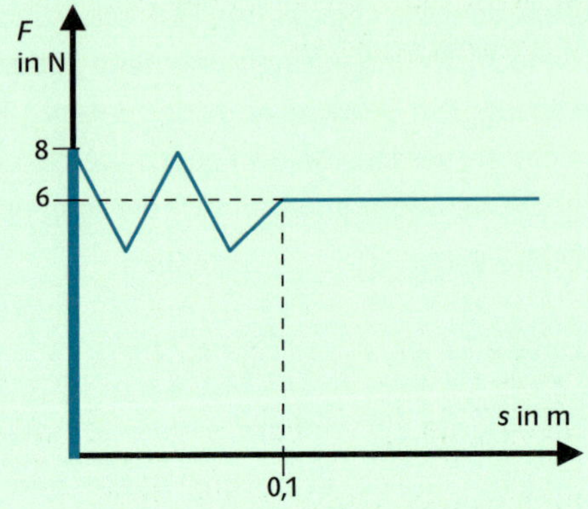

Berechnung der Reibungszahlen:

Aus $F_R = f \cdot F_N$ folgt $f = F_R : F_N$. Die Normalkraft stimmt mit der Gewichtskraft überein.

$f_{Haft} = 8\,N : 10\,N = 0{,}8$ und $f_{Gleit} = 6\,N : 10\,N = 0{,}6$

34

a) Gegeben: Normalkraft $F_N = F_G = 750kg \cdot 10\,\frac{N}{kg} = 7500\,N$ und die Reibungszahlen aus der Tabelle.
   Gesucht: Reibungskräfte auf Asphalt
   Rechnung:

Haftreibungskraft (nasse Straße):	$F_R = 0{,}4 \cdot 7500\,N = 3000\,N$
Haftreibungskraft (trockene Straße):	$F_R = 0{,}8 \cdot 7500\,N = 6000\,N$
Gleitreibungskraft (nasse Straße):	$F_R = 0{,}3 \cdot 7500\,N = 2250\,N$
Gleitreibungskraft (trockene Straße):	$F_R = 0{,}6 \cdot 7500\,N = 4500\,N$

b) Die Haftreibungskraft muss mindestens 400 N betragen, sonst gelingt der Start nicht. Die Haftreibungskraft ist $F_R = 0{,}2 \cdot 7500\,N = 1500\,N$. Der Start gelingt also.

35

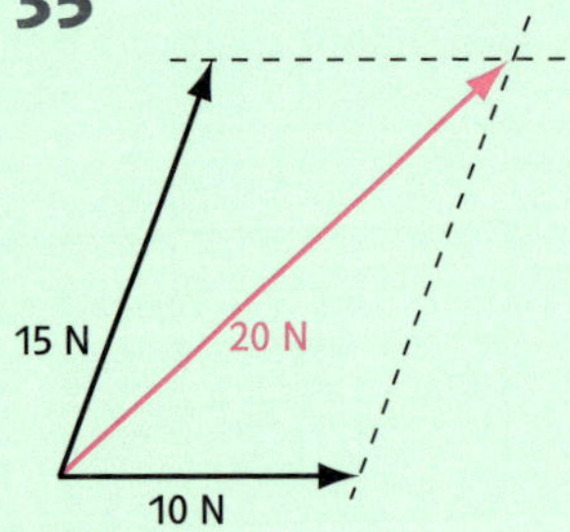

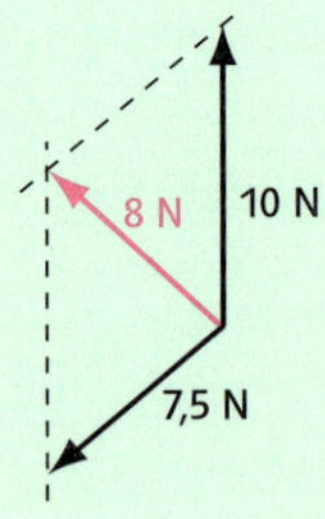

36

a) Maßstab: 1 cm entspricht 1 N
Zeichnung für 45°

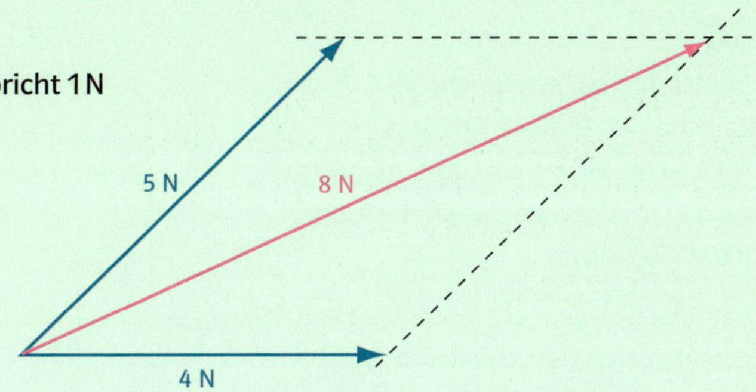

Winkel	0°	75°	150°	180°
Ersatzkraft	9 N	7,2 N	2,5 N	1 N in Richtung von F_2

b) Maßstab: 1 cm entspricht 70 N

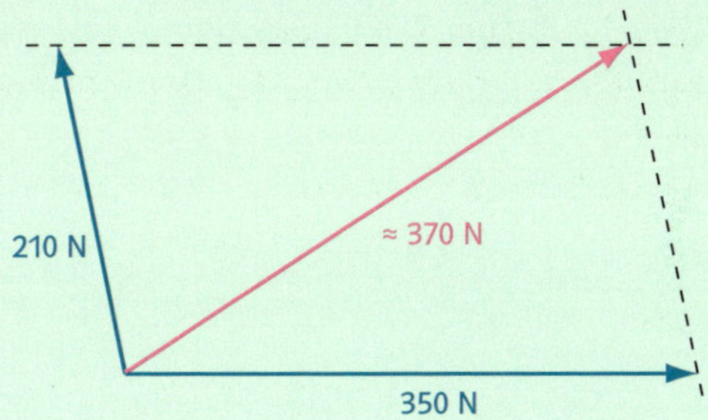

37

Winkel	0°	30°	60°	90°	120°	150°	180°
Ersatzkraft	10 N	9,5 N	8,5 N	7 N	5 N	2,6 N	0 N

Bei einem Winkel von 120° beträgt die Ersatzkraft 5 N. Das Kräfteparallelogramm ist eine Raute. Die Ersatzkraft zerlegt die Raute in zwei gleichseitige Dreiecke.

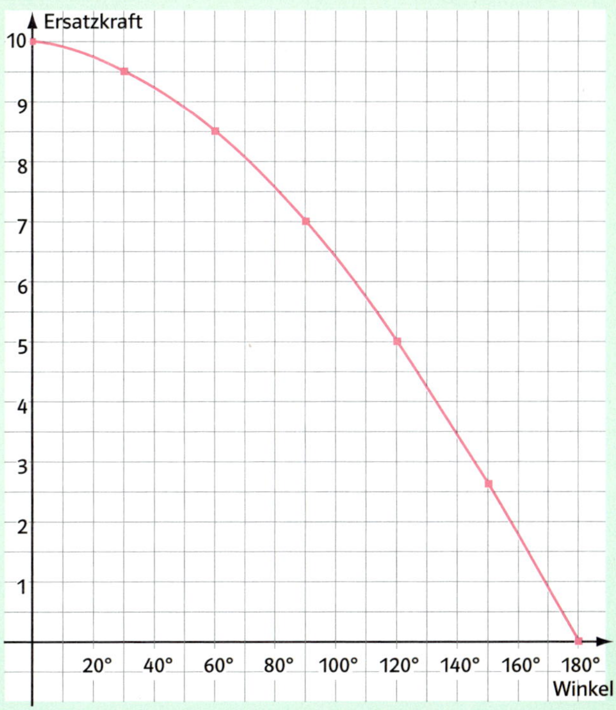

38

Maßstab: 1 cm entspricht 1 N.
Zeichne das Dreieck ABC aus
AB = 4 cm, BC = 5 cm und AC = 7 cm
bzw. 2 cm. Ergänze das Dreieck zum
Parallelogramm.

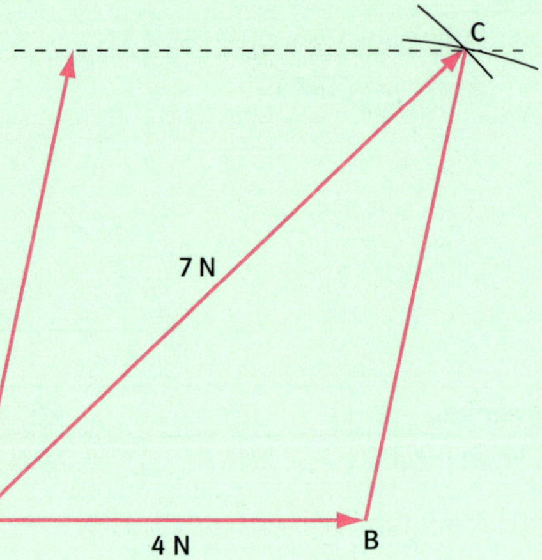

b)

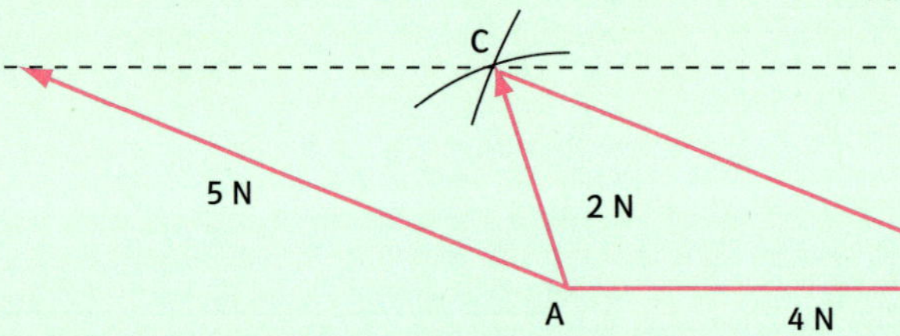

39

Zeichne F_1 und F_{Ersatz}. Ergänze die Figur zum Parallelogramm.

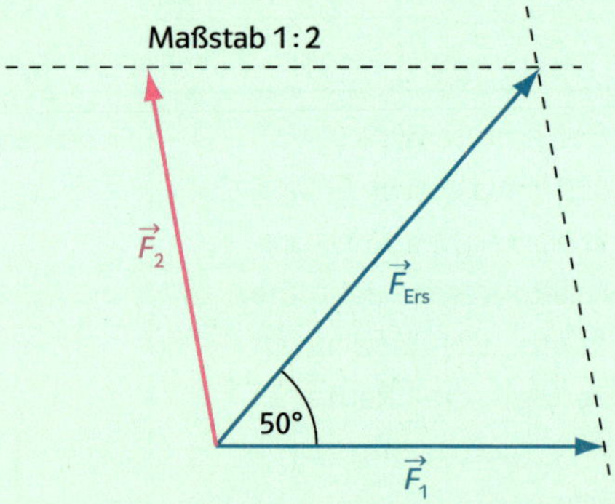

40

a) Kein Kräftegleichgewicht.

b)

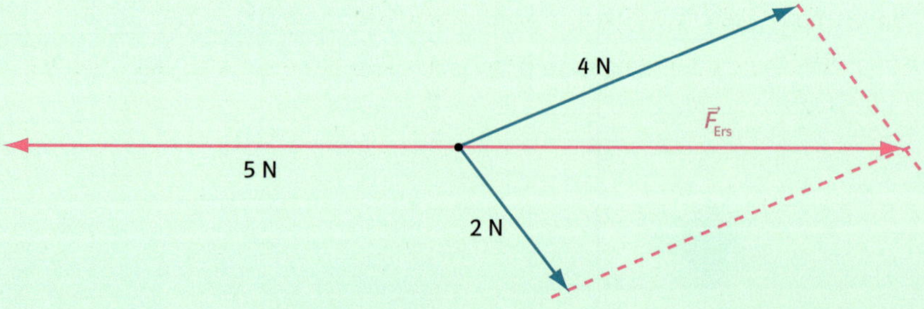

41

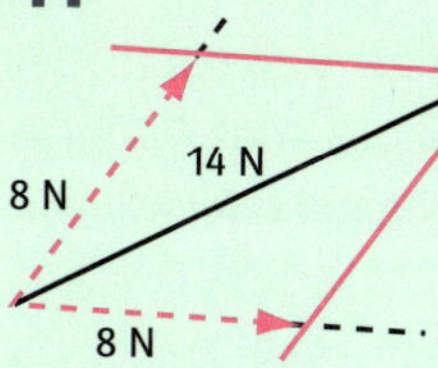

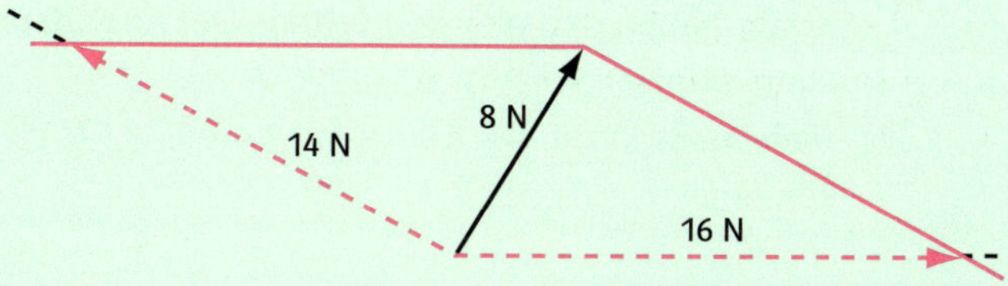

42

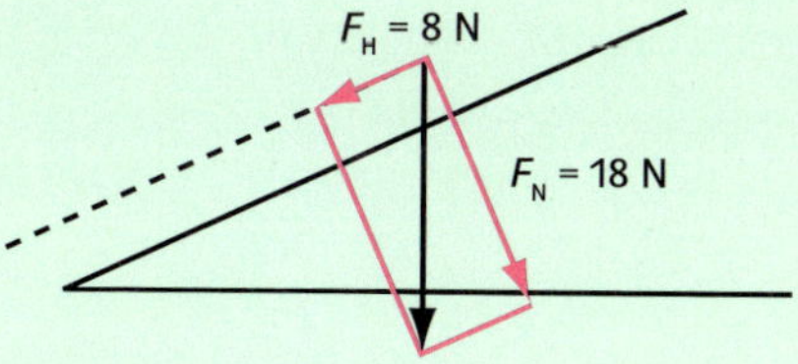

43

Gegeben:
$F_g = m \cdot g = 40\ \text{kg} \cdot 10\ \frac{\text{N}}{\text{kg}} = 400\ \text{N}$, $l = 10\ \text{m}$
und $h = 5\ \text{m}$
Gesucht: F_H
Maßstab für die Kraft:
1 cm entspricht 100 N
Maßstab für die schiefe Ebene:
1 cm entspricht 2 m

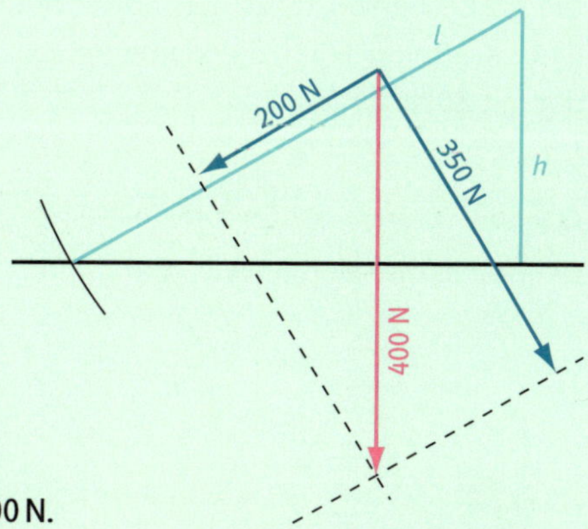

Rechnung: $F_H = (400\ \text{N} \cdot 5\ \text{m}) : 10\ \text{m} = 200\ \text{N}$
Antwort: Die Hangabtriebskraft beträgt 200 N.

44

Gegeben: $F_G = 12\,000\ \text{kg} \cdot 10\ \frac{\text{N}}{\text{kg}} = 120\,000\ \text{N}$, $l = 544\ \text{m}$ und $h = 95\ \text{m}$

Rechnung: $F_H = (120\,000\ \text{N} \cdot 95\ \text{m}) : 544\ \text{m} \approx 20\,956\ \text{N}$

Antwort: Die Hangabtriebskraft beträgt etwa 21000 N = 21 kN. Diese Kraft wirkt längs der Zugseile.

45

a) F_1 ist die Gewichtskraft des Vogels. Diese Kraft drückt die Leine nach unten. Der Angriffspunkt ist auf der Leine. Die Leine trägt den Vogel mit der Kraft F_2. Beide Kräfte haben den gleichen Betrag. Der Angriffspunkt ist am Vogel (Wechselwirkungsprinzip).

b) Man muss längs der Leine mit jeweils 8,5 N ziehen, um den Vogel tragen zu können.

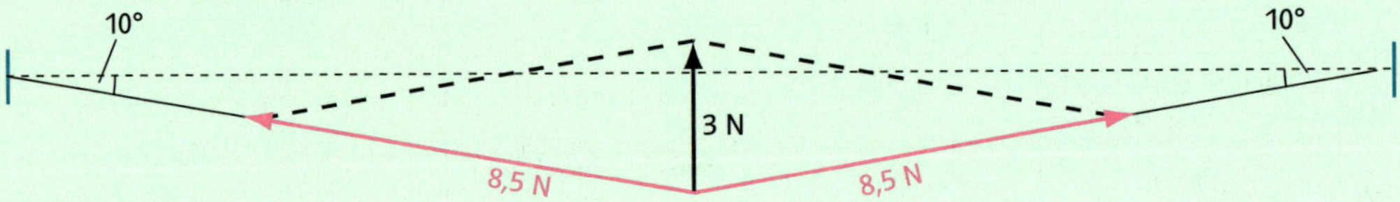

46

Man muss die Teilkräfte längs der Arme bestimmen.

Die große Person trägt den Koffer mit einer Kraft von 170 N, die kleine Person nur mit 80 N.

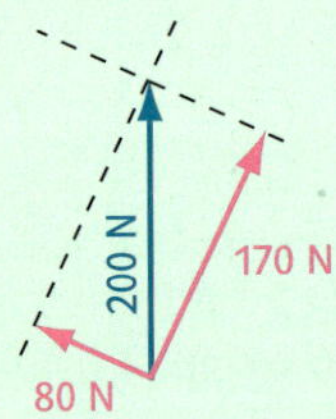

47

Die Hebelarme sind jeweils mit l_1 und l_2 gekennzeichnet.

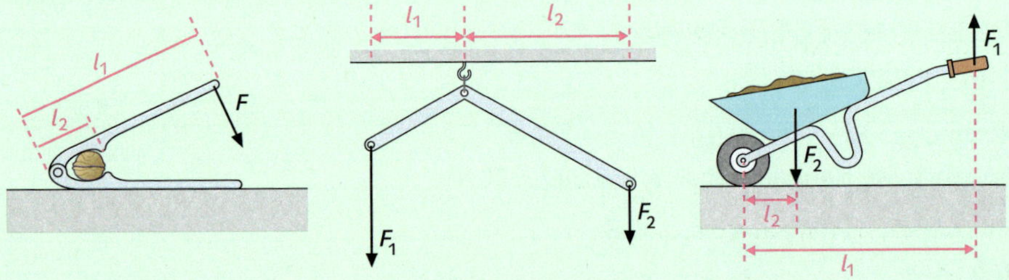

48

Die Bedingung für das Gleichgewicht lautet: $F_1 \cdot l_1 = F_2 \cdot l_2$.

	Kraft F_1	Hebelarm l_1	Kraft F_2	Hebelarm l_2
a)	3,5 N	4,0 cm	2,5 N	**3,5 N · 4,0 cm : 2,5 N = 5,6 cm**
b)	120 N	**l_1 = 180 N · 2,5 m : 120 N = 3,75 m**	180 N	2,5 m
c)	**2500 N · 0,6 m : 1,5 m = 1000 N**	1,5 m	2500 N	60 cm
d)	850 N	1,8 m	**850 N · 1,8 m : 2,4 m = 637,5 N**	2,4 m

49

Bezeichne die Kraft im Punkt A mit F. Die Gleichgewichtsbedingung lautet:

$15\,\text{N} \cdot 3\,\text{m} + F \cdot 1{,}5\,\text{m} = 25\,\text{N} \cdot 1{,}2\,\text{m} + 30\,\text{N} \cdot 2\,\text{m}$

$45\,\text{Nm} + F \cdot 1{,}5\,\text{m} = 30\,\text{Nm} + 60\,\text{Nm}$

$F \cdot 1{,}5\,\text{m} = 45\,\text{Nm}$

$F = 45\,\text{Nm} : 1{,}5\,\text{m} = 30\,\text{N}$

50

Zeichne einen Kraftpfeil am Hebelende. Aus der Skizze entnimmt man die Hebelarme. Innerhalb der Zeichengenauigkeit ist: $l_1 = 0{,}5\,\text{m}$ und $l_2 = 2{,}3\,\text{m}$.

Damit erhält man: $F = \frac{200\,\text{N} \cdot 0{,}5\,\text{m}}{2{,}3\,\text{m}} = 43\,\text{N}$.

51

Die Kraft F am Deckel wirkt nach oben.

Aus der Zeichnung entnimmt man:

$l_2 = 5 \cdot l_1$

Damit erhält man:

$F = \frac{20\,\text{N} \cdot 5\,l_1}{l_1} = 100\,\text{N}$

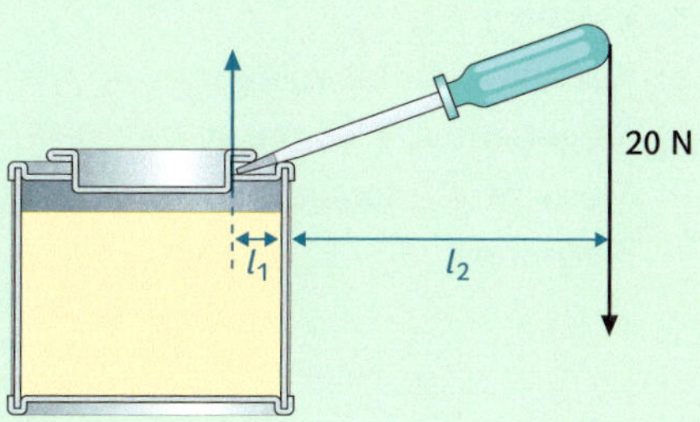

52

a) Es wird vorausgesetzt, dass sich der Schwerpunkt in der Mitte des Hebels befindet.

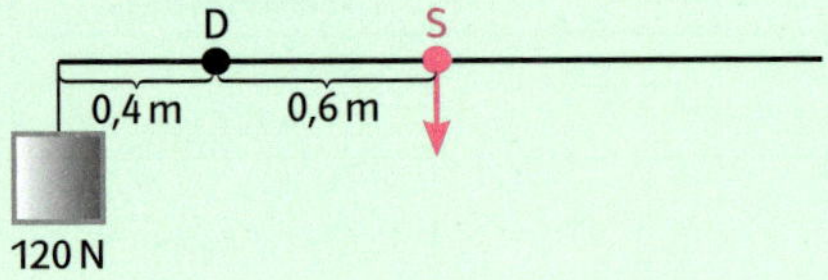

Gegeben: $l_1 = 0{,}4\,\text{m}$
$l_2 = 0{,}6\,\text{m}$
$F_1 = 120\,\text{N}$

Gesucht: Masse m des Hebels

Lösungsidee: Benutze $F_G = m \cdot g$

$\Rightarrow F_G = m \cdot g = \frac{F_1 \cdot l_1}{l_2}$

Rechnung: $m = \frac{120\,\text{N} \cdot 0{,}4\,\text{m}}{0{,}6\,\text{m} \cdot 10\,\frac{\text{N}}{\text{kg}}} = 8\,\text{kg}$

Antwort: Die Hebelmasse ist 8 kg.

b) Bezeichne die Kraft im Punkt A mit F. Der Schwerpunkt ist in der Hebelmitte, dort ist der Angriffspunkt der Gewichtskraft.

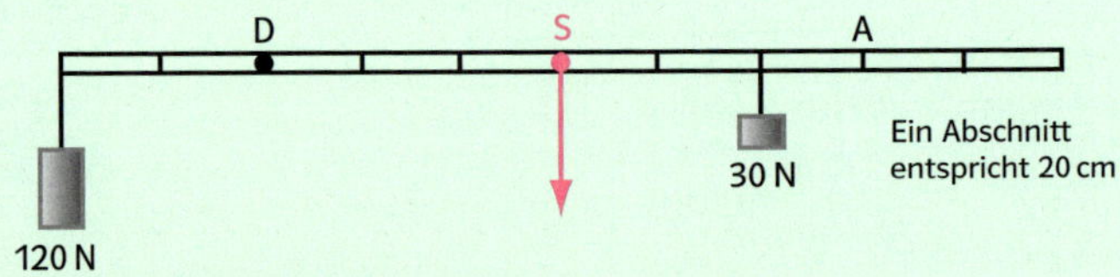

Die Gleichgewichtsbedingung lautet:

$120\,\text{N} \cdot 0{,}4\,\text{m} = 150\,\text{N} \cdot 0{,}6\,\text{m} + 30\,\text{N} \cdot 1\,\text{m} + F \cdot 1{,}2\,\text{m}$

$48\,\text{Nm} = 120\,\text{Nm} + F \cdot 1{,}2\,\text{m}$

$F = -60\,\text{N}$

Antwort: Da das Ergebnis negativ ist, wirkt im Punkt A eine Kraft von 60 N nach oben.

53

a) Gleichgewichtsbedingung: $F_1 \cdot r_1 = F_2 \cdot r_2$

b) Gegeben: $r_1 = 2{,}5\,\text{cm}$, $r_2 = 4\,\text{cm}$, $F_1 = 12\,\text{N}$.
Gesucht: F_2, sodass Gleichgewicht herrscht.
Rechnung: $F_2 = 12\,\text{N} \cdot 2{,}5\,\text{cm} : 4\,\text{cm} = 7{,}5\,\text{N}$

54

Gegeben: Radien: $r_1 = 18\,\text{cm}$, $r_2 = 9\,\text{cm}$, $r_3 = 5\,\text{cm}$, $r_4 = 35\,\text{cm}$ und die Kraft auf die Pedale $F_1 = 100\,\text{N}$.

Gesucht: Alle Drehmomente und die Kraft zwischen Rad und Straße.

Rechnung: $D_1 = 100\,\text{N} \cdot 0{,}18\,\text{m} = 18\,\text{Nm}$

Da sich das vordere Kettenrad nicht dreht, ist $D_2 = F_2 \cdot r_2 = D_1 = 18\,\text{Nm}$.

Die Kraft $F_2 = 18\,\text{Nm} : 0{,}09\,\text{cm} = 200\,\text{N}$ wird durch die Kette auf das hintere Zahnrad übertragen. Damit ist $D_3 = 200\,\text{N} \cdot 0{,}05\,\text{m} = 10\,\text{Nm}$.

Da sich das Hinterrad nicht dreht ist: $D_4 = F_4 \cdot r_4 = D_3 = 10\,\text{Nm}$. Hieraus ergibt sich die Kraft $F_4 = 10\,\text{Nm} : 0{,}35\,\text{m} \approx 28{,}5\,\text{N}$.

Die Kraft zwischen Reifen und Straße beträgt gerundet 29 N.

55

	Last Gewichtskraft	Zugkraft bei fester Rolle	loser Rolle	Flaschenzug ($n = 6$)
a)	30 kN	**30 kN**	**15 kN**	**5 kN**
b)	**5 kN**	5 kN	**2,5 kN**	**0,8 kN**
c)	**50 kN**	**50 kN**	25 kN	**8,3 kN**
d)	**72 kN**	**72 kN**	**36 kN**	12 kN

56

a) Gegeben: $F_G = (200\,\text{kg} + 16\,\text{kg}) \cdot 10\,\frac{\text{N}}{\text{kg}} = 2160\,\text{N}$ und $n = 4$

Gesucht: Zugkraft F_Z

Rechnung: $F_Z = 2160\,\text{N} : 4 = 540\,\text{N}$.

Antwort: Die Zugkraft beträgt 540 N.

b) Gegeben: $h = 3\,\text{m}$ und $n = 4$

Gesucht: Seillänge s

Rechnung: $s = 3\,\text{m} \cdot 4 = 12\,\text{m}$.

Antwort: Die Seillänge beträgt 12 m.

c) Gegeben: Die maximale Zugkraft ist die Gewichtskraft der ziehenden Person $F_Z = 75\,\text{kg} \cdot 10\,\frac{\text{N}}{\text{kg}}$, $n = 4$.

Gesucht: Masse m des Gewichts.

Rechnung: $(m + 16\,\text{kg}) \cdot 10\,\frac{\text{N}}{\text{kg}} = 750\,\text{kg} \cdot 10\,\frac{\text{N}}{\text{kg}} \cdot 4 \Rightarrow m = 300\,\text{kg} - 16\,\text{kg} = 284\,\text{kg}$.

Antwort: Die Masse darf höchstens 284 kg betragen.

57

Berechne zunächst die Kraft F, die durch die losen Rollen auf den Hebel übertragen wird. Mit jeder losen Rolle halbiert sich F. Es gilt:

$((F:2):2):2 = 4\,\text{N} \Rightarrow F = 32\,\text{N}$.

Benutze jetzt die Gleichgewichtsbedingung für den Hebel:

$32\,\text{N} \cdot 1{,}5\,\text{m} = F_2 \cdot 0{,}5\,\text{m} \Rightarrow F_2 = 32\,\text{N} \cdot 3 = 96\,\text{N}$.

$F_2 = 96\,\text{N}$ hält den Hebel im Gleichgewicht.

58

Gegeben: $l_1 : l_2 = 1:8$

Gesucht: Zusammenhang zwischen F_G und F_1

Lösung: Aus $F_G \cdot l_2 = F_1 \cdot l_1$ folgt $F_1 = F_G \cdot l_2 : l_1 = 8\,F_G$.

Die Muskelkraft ist das 8-fache der Gewichtskraft.

59

Gegeben: $F_G = 5\,\text{kg} \cdot 10\,\frac{\text{N}}{\text{kg}} = 50\,\text{N}$, $h = 400\,\text{m}$

Gesucht: W

Rechnung: $W = 50\,\text{N} \cdot 400\,\text{m} = 20\,000\,\text{Nm} = 20\,\text{kJ}$

Antwort: Die zu verrichtende Arbeit beträgt 20 kJ.

60

Gegeben: $m_{\text{Koffer}} = 25\,\text{kg}$, $h = 13\,\text{m}$ und $W = 9{,}49\,\text{kJ} = 9490\,\text{J}$

Gesucht: m_{Peter}

Rechnung: $(m_{\text{Peter}} + m_{\text{Koffer}}) \cdot g \cdot h = W \Rightarrow m_{\text{Peter}} = \frac{W}{(g \cdot h)} - m_{\text{Koffer}}$

$m_{\text{Peter}} = \frac{9490\,\text{Nm}}{10\,\frac{\text{N}}{\text{kg}} \cdot 13\,\text{m}} - 25\,\text{kg} = 48\,\text{kg}$.

Antwort: Peter wiegt 48 kg.

61

Bei der Arbeit kommt es nur auf den Höhenunterschied an. Längs der 1 m langen Stufen wird keine Arbeit verrichtet.

Gegeben: $h = 3 \cdot 0{,}20\,\text{m} = 0{,}60\,\text{m}$, $m_{\text{Person}} = 50\,\text{kg}$ und $W = 480\,\text{J}$

Gesucht: m_{Koffer}

Rechnung: $(m_{\text{Koffer}} + m_{\text{Person}}) \cdot g \cdot h = W \Rightarrow m_{\text{Koffer}} = \frac{W}{(g \cdot h)} - m_{\text{Person}} = 30\,\text{kg}$

Antwort: Die Masse des Koffers beträgt 30 kg.

62

Die Masse des Baumstammes wird nicht benötigt, da die Reibungskraft angegeben ist. $W = F_s = 400\,\text{N} \cdot 30\,\text{m} = 12\,000\,\text{J} = 12\,\text{kJ}$.

Antwort: Der Traktor verrichtet am Baumstamm die Arbeit 12 kJ.

63

(A): Die Kraft ist orthogonal zum Weg. Daher wird am Koffer keine Arbeit verrichtet.

(B): Kann man die Reibungskräfte vernachlässigen, dann ist die Kraft in Wegrichtung 0 N. Die verrichtete Arbeit ist 0 Nm.
Die verrichtete Arbeit ist bei (A) und (B) gleich.

Kann man die Reibungskräfte nicht vernachlässigen, dann ist bei (B) die Arbeit größer als Null. Die geringere Arbeit liegt also bei der Methode (A) vor.

64

a) Gegeben: $F_{\text{Beton}} = 160\,\text{kg} \cdot 10\,\frac{\text{N}}{\text{kg}} = 1600\,\text{N}$ und $h = 2{,}5\,\text{m}$
Gesucht: W
Rechnung: $W = 1600\,\text{N} \cdot 2{,}5\,\text{m} = 4000\,\text{J}$
Antwort: An den Platten wird eine Arbeit von 4000 J verrichtet.

b) Gegeben: $F = 300\,\text{N}$ und $s = 2{,}5\,\text{m} \cdot 6 = 15\,\text{m}$ (da $n = 6$)
Gesucht: W
Rechnung: $W = F \cdot s = 300\,\text{N} \cdot 15\,\text{m} = 4500\,\text{J}$
Antwort: Der Motor verrichtet eine Mehrarbeit von 500 J, da er noch die Rollen heben muss. Außerdem ist die Reibungsarbeit zu berücksichtigen.

65

a) Die Behauptung ist falsch, da sich die Kraft nach dem Hooke'schen Gesetz proportional zur Dehnungsstrecke ändert. Richtig ist:
$W = \frac{1}{2} \cdot D \cdot s^2 = \frac{1}{2} \cdot D \cdot s \cdot s = \frac{1}{2} \cdot F \cdot s = 7{,}5\,\text{N} \cdot 0{,}1\,\text{m} = 0{,}75\,\text{J}$.

b) Die Behauptung ist falsch. Beim Festhalten ist $s = 0\,\text{m}$, also $W = 0\,\text{J}$.

66

Gegeben: $m = 0{,}020\,\text{kg}$, $h = 2\,\text{m}$
Gesucht: E_{Spann}
Lösungsidee: Nach dem Energiesatz gilt $E_{\text{Lage}} = E_{\text{Spann}}$.
Rechnung: $E_{\text{Spann}} = E_{\text{Lage}} = 0{,}020\,\text{kg} \cdot 10\,\frac{\text{N}}{\text{kg}} \cdot 2\,\text{m} = 0{,}4\,\text{J}$
Antwort: Die Spannenergie ist 0,4 J.

67

Die Energie der Bewegung ist proportional zu v^2. Die Geschwindigkeit ändert sich um den Faktor 4, die Energie also um den Faktor 16.

68

Befindet sich der Springer zu Beginn der Beobachtung im Trampolin bei der stärksten Verformung, so hat es die maximale Energie der Verformung. Das Trampolin verrichtet Arbeit und beschleunigt den Springer. Beim Verlassen des Trampolins ist die Spannenergie null und die Energie der Bewegung maximal. Der Springer verlässt das Trampolin und seine Energie der Lage nimmt auf Kosten der Bewegungsenergie zu. Im höchsten Punkt hat er nur Lageenergie. Bei der Abwärtsbewegung kehren sich die Schritte um.

69

a) Gegeben: $m = 50\,\text{kg}$, $t = 2\,\text{s}$ und $h = 3\,\text{m}$
Gesucht: P
Rechnung und Antwort: $P = \frac{m \cdot g \cdot h}{t} = \frac{50\,\text{kg} \cdot 10\,\frac{\text{N}}{\text{kg}} \cdot 3\,\text{m}}{2\,\text{s}} = 750\,\text{W}$
Die Leistung beträgt 750 W.

b) Gegeben: $P = 0{,}4\,\text{kW} = 400\,\text{W}$, $t = 5$ Minuten $= 300\,\text{s}$ und $h = 20\,\text{m}$
Gesucht: Geförderte Wassermenge in Liter
Lösungsidee: Zuerst wird die Masse des Wassers berechnet und danach die Menge in Liter bestimmt (1 Liter entspricht 1 kg).
Rechnung und Antwort: Aus $P = \frac{m \cdot g \cdot h}{t}$ folgt: $m = \frac{P \cdot t}{g \cdot h}$
$m = \frac{400\,\text{W} \cdot 300\,\text{s}}{10\,\frac{\text{N}}{\text{kg}} \cdot 20\,\text{m}} = 600\,\frac{\text{N} \cdot \text{m} \cdot \text{s} \cdot \text{kg}}{\text{s} \cdot \text{N} \cdot \text{m}} = 600\,\text{kg}$. Das sind 600 Liter Wasser.

70

a) Da eine Bewegung mit konstanter Geschwindigkeit vorliegt gilt $v = \frac{s}{t}$.
Damit erhält man: $P = \frac{W}{t} = \frac{F \cdot s}{t} = F \cdot \frac{s}{t} = F \cdot v$

b) Gegeben: $P = 90\,\text{kW} = 90\,000\,\text{W}$, $v = 50\,\frac{\text{m}}{\text{s}}$
Gesucht: F
Rechnung und Antwort: Die Motorkraft ist $F = \frac{P}{v} = \frac{90\,000\,\text{W}}{50\,\frac{\text{m}}{\text{s}}} = 1800\,\text{N}$.

71

Gegeben: $t = 6\,\text{h} = 21600\,\text{s}$, $h = 1\,\text{m}$,

Wassermenge $25 \cdot 10^7\,\text{m}^3$, dies sind $25 \cdot 10^{10}\,\text{kg}$ Wasser.

Gesucht: P

Rechnung: $P = \frac{m \cdot g \cdot h}{t} = \frac{25 \cdot 10^{10}\,\text{kg} \cdot 10\,\frac{\text{N}}{\text{kg}} \cdot 1\,\text{m}}{21600\,\text{s}} = 1{,}16 \cdot 10^8\,\text{W} = 116\,\text{MW}.$

Antwort: Die mittlere Leistung beträgt etwa 120 MW.

72

Aus $P = 120\,\text{W}$ und $t = 30\,\text{Min} = 1800\,\text{s}$ folgt die verrichte Arbeit bzw. umgesetzte Energie $W = \Delta E = 120\,\text{W} \cdot 1800\,\text{s} = 216\,\text{kJ}$. D.h. du darfst leider nur ungefähr den dritten Teil der Apfeltasche essen.

73

a) Energie der Bewegung in Energie der Lage,
z. B.: Achterbahnfahrt, nach oben geworfener Ball.

b) Energie der gespannten Feder in Energie der Bewegung,
z. B.: Eine gespannte Feder beschleunigt ein Spielzeugauto.

c) Elektrische Energie in Energie der Bewegung,
z. B.: Dynamo am Fahrrad.

d) Energie der Lage in elektrische Energie,
z. B.: Wasser eines Stausees treibt einen Generator an.

74

a) $1\,\text{bar} = 100\,000\,\text{Pa} = 10\,\frac{\text{N}}{\text{cm}^2}$

b) $1\,\text{Pa} = \frac{1}{100\,000}\,\text{bar} = 0{,}01\,\text{mbar}$

c) $1\,\frac{\text{N}}{\text{cm}^2} = 10\,000\,\frac{\text{N}}{\text{m}^2} = 100\,\text{hP}$

d) $13\,\text{kPa} = 13\,000\,\text{Pa} = 0{,}13\,\text{bar}$

e) $1{,}3\,\frac{\text{N}}{\text{cm}^2} = 13\,000\,\frac{\text{N}}{\text{m}^2} = 13\,000\,\text{Pa}$

f) $980\,\text{hPa} = 98\,000\,\frac{\text{N}}{\text{m}^2} = 9{,}80\,\frac{\text{N}}{\text{cm}^2}$

75

Es gilt: $p = \frac{F_1}{A_1}$, $p = \frac{F_2}{A_2}$ und $\frac{F_1}{A_1} = \frac{F_2}{A_2}$.

	F_1	A_1	F_2	A_2	p
a)	55 N	10 cm^2	**137,5 N**	25 cm^2	**5,5 $\frac{N}{cm^2}$**
b)	**18 N**	12 cm^2	**45 N**	30 cm^2	1,5 $\frac{N}{cm^2}$
c)	12 N	3,5 cm^2	8 N	**2,3 cm^2**	**3,4 $\frac{N}{cm^2}$**

76

Gegeben: $F_2 = 70\,kN = 70\,000\,N$, $A_2 = 500\,cm^2$, $A_1 = 4\,cm^2$ ($h = 2\,m$ wird zur Lösung nicht benötigt)

Gesucht: p in Pa, F_1

a) Rechnung: $p = \frac{F_2}{A_2} = \frac{70\,000\,N}{500\,cm^2} = 140\,\frac{N}{cm^2} = 1\,400\,000\,\frac{N}{m^2}$

Antwort: Der Druck beträgt 1 400 000 Pa.

b) Rechnung: $F_1 = p \cdot A_1 = 140\,\frac{N}{cm^2} \cdot 4\,cm^2 = 560\,N$

Antwort: Die notwendige Kraft am Pumpkolben ist 560 N.

77

Gegeben: $p = 3{,}5\,bar = 350\,000\,\frac{N}{m^2} = 35\,\frac{N}{cm^2}$, $m = 2500\,kg$

Gesucht: A

Rechnung: $p = \frac{F}{A} \Rightarrow A = \frac{F}{p} = \frac{25\,000\,N}{35\,\frac{N}{cm^2}} = 714\,cm^2$

Antwort: Die Fläche des Arbeitskolbens beträgt 714 cm^2.

78

Der untere Glaskolben platzt zuerst. Der kleinere Kolben erzeugt einen größeren Druck.

79

Die Druckkraft stimmt mit der Gewichtskraft der Flüssigkeit überein.

Aus $p = \frac{F}{A}$ folgt $F = p \cdot A$. Außerdem ist $F_G = m \cdot g$.

Die Masse ist das Produkt aus seiner Dichte und seinem Volumen.

Das Volumen ist bei einem Zylinder $A \cdot h$.

Die Gleichung kann durch A geteilt werden.

80

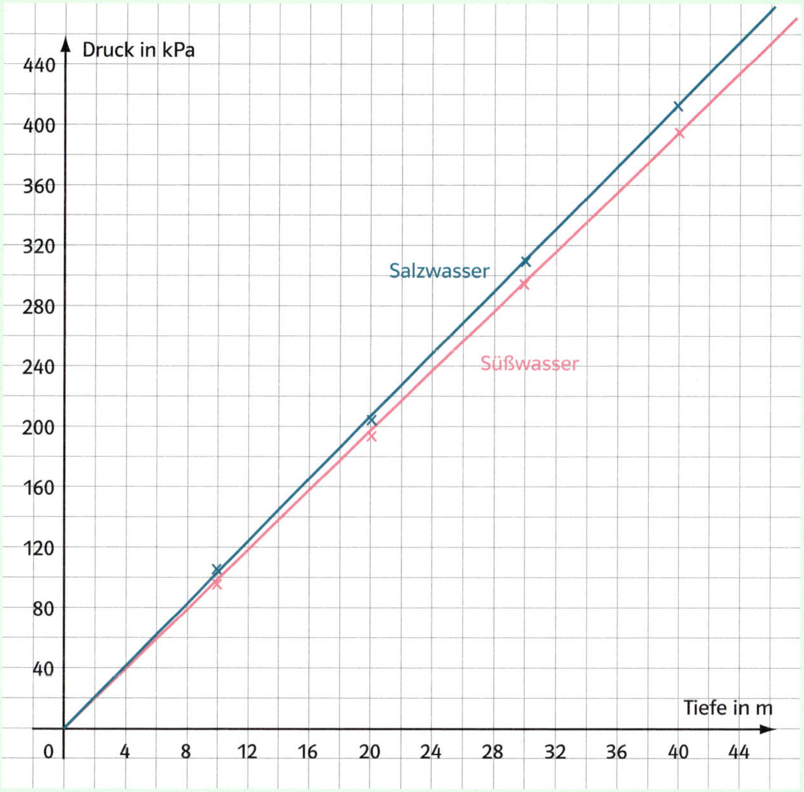

Beachte: $0{,}98\,\frac{g}{cm^3} = 980\,\frac{kg}{m^3}$ und $1{,}03\,\frac{g}{cm^3} = 1030\,\frac{kg}{m^3}$.

Dann ist z. B. $p = 980\,\frac{kg}{m^3} \cdot 10\,\frac{N}{kg} \cdot 10\,m = 98\,000\,\frac{N}{m^2} = 98\,kPa$.

Tiefe in m	10	20	30	40	50
Druck Süßwasser in kPa	98	196	294	392	490
Druck Salzwasser in kPa	103	206	309	412	515

81

a) Gegeben: $h = 2{,}40\,m$, $\varrho = 1{,}06\,\frac{g}{cm^3} = 1060\,\frac{kg}{m^3}$

Gesucht: p in kPa

Rechnung und Antwort: Der Blutdruck des Pferdes beträgt

$p = \varrho \cdot g \cdot h = 1060\,\frac{kg}{m^3} \cdot 10\,\frac{N}{kg} \cdot 2{,}40\,m = 25\,440\,Pa = 25{,}440\,kPa$.

b) Gegeben: $\varrho = 1{,}06\,\frac{g}{cm^3} = 1060\,\frac{kg}{m^3}$, $p = 26{,}5\,kPa = 26\,500\,Pa$

Gesucht: Steighöhe h

Rechnung und Antwort: Die Steighöhe beträgt $h = \frac{p}{\varrho \cdot g}$.

$h = \frac{26\,500\,Pa}{1060\,\frac{kg}{m^3} \cdot 10\,\frac{N}{kg}} = 2{,}5\,m$.

82

a) Gegeben: $h = 40\,\text{m}$, $\varrho = 1000\,\frac{\text{kg}}{\text{m}^3}$ und $A = 2\,\text{m}^2$

Gesucht: F

Lösungsidee: Aus den gegebenen Größen den Schweredruck berechnen $p = \varrho \cdot g \cdot h$ und aus $p = \frac{F}{A}$ die geforderte Kraft.

Rechnung und Antwort: $\varrho \cdot g \cdot h = \frac{F}{A} \;\Rightarrow\; F = \varrho \cdot g \cdot h \cdot A \;\Rightarrow$

$F = 1000\,\frac{\text{kg}}{\text{m}^3} \cdot 10\,\frac{\text{N}}{\text{kg}} \cdot 40\,\text{m} \cdot 2\,\text{m}^2 = 800\,000\,\text{N} = 800\,\text{kN}.$

Es wirkt eine Kraft von 800 kN.

b) Da die Wasserhöhe konstant bleibt, ändert sich die Kraft nicht.

83

a) Gegeben: $p = 1400\,\text{hPa} = 140\,000\,\text{Pa}$ und $\varrho = 0{,}8\,\frac{\text{g}}{\text{cm}^3} = 800\,\frac{\text{kg}}{\text{m}^3}$

Gesucht: h

Rechnung und Antwort: $h = \frac{p}{\varrho \cdot g} = \frac{140\,000\,\text{Pa}}{800\,\frac{\text{kg}}{\text{m}^3} \cdot 10\,\frac{\text{N}}{\text{kg}}} = 17{,}5\,\text{m}$

Das Öl steht 17,5 m hoch im Tank.

b) Gegeben: $p = 140\,000\,\text{Pa}$, $A = 30\,\text{cm}^2 = 0{,}30\,\text{dm}^2 = 0{,}0030\,\text{m}^2$

Gesucht: F

Rechnung: $F = p \cdot A = 140\,000\,\text{Pa} \cdot 0{,}0030\,\text{m}^2 = 420\,\text{N}$

Es wirkt eine Kraft von 420 N.

84

Aussage (2) ist richtig.

Beide Bälle befinden sich in gleicher Tiefe. Der „Vorsprung" hat keinen Einfluss auf den Druck.

85

$F_1 = \varrho_{\text{Flüssigkeit}} \cdot h_1 \cdot g \cdot A$ ist die Druckkraft in der Flüssigkeitstiefe h_1.

$F_2 = \varrho_{\text{Flüssigkeit}} \cdot h_2 \cdot g \cdot A$ ist die Druckkraft in der Flüssigkeitstiefe h_2.

Die Auftriebkraft F_A ist die Differenz aus F_2 und F_1. Gemeinsame Faktoren wurden vorgeklammert $F_A = \varrho_{\text{Flüssigkeit}} \cdot (h_2 - h_1) \cdot g \cdot A$.

$h_2 - h_1$ ist die Höhe h des eingetauchten Körpers und $A \cdot h$ sein Volumen $V_{\text{Körper}}$.

$F_A = \varrho_{\text{Flüssigkeit}} \cdot V_{\text{Körper}} \cdot g$.

Da der Körper vollständig eingetaucht ist, stimmt $V_{\text{Körper}}$ mit dem Volumen der verdrängten Flüssigkeit überein.

$F_A = \varrho_{\text{Flüssigkeit}} \cdot V_{\text{verdrängt}} \cdot g$.

86

a) Gegeben: $\varrho = 0{,}8\,\frac{g}{cm^3}$, $V_{verdrängt} = 75\,cm^3$, Gegenstand schwimmt
Gesucht: F_G des Gegenstandes
Lösungsidee: Da der Gegenstand schwimmt, stimmt der Betrag der Gewichtskraft F_G des Gegenstandes mit dem Betrag der Auftriebskraft F_A überein. Diese hat den gleichen Betrag wie die Gewichtskraft der verdrängten Flüssigkeit.
Rechnung: Die Gewichtskraft des verdrängten Öls ist
$F_{Öl} = V_{verdrängt} \cdot g = 0{,}8\,\frac{g}{cm^3} \cdot 75\,cm^3 \cdot 1\,\frac{cN}{g} = 60\,cN = 0{,}6\,N$
Antwort: Die Gewichtskraft des Gegenstandes ist 0,6 N.

b) Gegeben: $F_G = 4{,}5\,N$, $V = 180\,cm^3$ und $\varrho_{Wasser} = 1\,\frac{g}{cm^3}$
Gesucht: Anzeige des Kraftmessers, also $F_G - F_A$
Rechnung: $F_A = 180\,cm^3 \cdot 1\,\frac{g}{cm^3} \cdot 1\,\frac{cN}{g} = 180\,cN = 1{,}8\,N$
Antwort: Der Kraftmesser zeigt 4,5 N − 1,8 N = 2,7 N an.

87

Gegeben: $F_G = 95\,cN$, Auftriebskraft in Wasser $F_{A,Wasser} = 38\,cN$, $\varrho_{Wasser} = 1\,\frac{g}{cm^3}$.
Auftriebskraft in unbekannter Flüssigkeit $F_{A,unbek} = 95\,cN - 48\,cN = 47\,cN$.
Gesucht: ϱ_{Stein} und $\varrho_{Flüssigkeit,\,unbek}$.
Lösung: Aus der Auftriebskraft im Wasser erhält man das Volumen des eingetauchten Körpers $V_{Körper} = \frac{38\,cN}{1\,\frac{cN}{g} \cdot 1\,\frac{g}{cm^3}} = 38\,cm^3$.
Somit ergibt sich für seine Dichte $\varrho_{Körper} = \frac{95\,g}{38\,cm^3} = 2{,}5\,\frac{g}{cm^3}$.
Die Dichte der Flüssigkeit erhält man aus der Auftriebskraft und dem Volumen des eingetauchten Körpers. Es ist:
$\varrho_{Flüssigkeit,unbek} = \frac{F_A}{g \cdot V_{Körper}} = \frac{47\,g}{38\,cm^3} = 1{,}2\,\frac{g}{cm^3}$.

88

Gegeben: $\varrho_{Holz} = 0{,}6\,\frac{g}{cm^3}$, Grundfläche und Höhe des Quaders $A = 20\,cm^2$, $h = 5\,cm$.

a) Gesucht: Die Höhe h, die der schwimmende Quader aus dem Wasser ragt.
Lösung: Berechne zunächst die Gewichtskraft F_G des Quaders und damit das Volumen $V_{verdrängt}$ des verdrängten Wassers. Berechne danach die Eintauchtiefe h_1.
$F_G = V_{Holz} \cdot \varrho_{Holz} \cdot g = 100\,cm^3 \cdot 0{,}6\,\frac{g}{cm^3} \cdot 1\,\frac{cN}{g} = 60\,cN$
$F_A = F_G = V_{verdrängt} \cdot \varrho_{Wasser} \cdot g \Rightarrow V_{verdrängt} = \frac{60\,cN}{1\,\frac{g}{cm^3} \cdot 1\,\frac{cN}{g}} = 60\,cm^3$
Die Eintauchtiefe ist $60\,cm^3 : 20\,cm^2 = 3\,cm$.
Aus dem Wasser ragen $5\,cm - 3\,cm = 2\,cm$.

b) Gesucht: Kraft F, mit der der Holzquader vollständig unter Wasser gedrückt wird.
Lösung: Das Volumen des verdrängten Wasser ist jetzt $100\,cm^3$. Der Quader erfährt unter Wasser die Auftriebskraft 100 cN nach oben und die Gewichtskraft 60 cN nach unten. Damit er unter Wasser bleibt muss man mit 40 cN zusätzlich nach unten drücken.

89

Gegeben: $m = 18\,g$, $V = 20\,cm^3$ und $\varrho_{Alkohol} = 0{,}8\,\frac{g}{cm^3}$

a) Aus der Dichte $\varrho_{Körper} = 18\,g : 20\,cm^3 = 0{,}9\,\frac{g}{cm^3} > 0{,}8\,\frac{g}{cm^3}$ folgt, dass der Körper sinkt.

b) Gesucht: Kraft, die nach unten wirkt.
Lösung: Es ist $F_G - F_A$ zu berechnen. $F_G = 18\,g \cdot 1\,\frac{cN}{g} = 18\,cN$
$F_A = 20\,cm^3 \cdot 0{,}8\,\frac{g}{cm^3} \cdot 1\,\frac{cN}{g} = 16\,cN$.
Die Kraft nach unten beträgt $18\,cN - 16\,cN = 2\,cN$.

90

Die Aussage (2) ist richtig. Die Gewichtskräfte von Eis und der verdrängten Flüssigkeit sind gleich.

91

Aussage (3) ist richtig. Die verdrängte Wassermenge ändert sich nicht und damit bleibt die Auftriebskraft unverändert.

92

Gegeben: $F_G = 25{,}5\,N$, $F_A = 25{,}5\,N - 23{,}3\,N = 2{,}2\,N$ und $\varrho_{Wasser} = 1\,\frac{g}{cm^3}$
Lösung: Berechne das Volumen V des Kelchs und dann seine Dichte. Vergleiche das Ergebnis mit der Dichte von Gold.

$$V = \frac{220\,cN}{1\,\frac{g}{cm^3} \cdot 1\,\frac{cN}{g}} = 220\,cm^3$$

$$\varrho_{Kelch} = \frac{2550\,g}{220\,cm^3} = 11{,}6\,\frac{g}{cm^3} < \varrho_{Gold} = 19{,}3\,\frac{g}{cm^3}$$

Der Kelch besteht nicht aus Gold.

93

a) In einer abgeschlossenen Gasmenge ist bei konstanter Temperatur das Produkt aus dem Gasvolumen V und dem Druck p konstant,
$p \cdot V = \text{konstant}$.

b) Es liegt keine abgeschlossene Gasmenge vor. Das Pumpen erhöht die Gasmenge.

Experimente

Die Korkenbefreiung

Gehe vor, wie es die Abbildung zeigt. Achte darauf, dass sich der Korken nicht verkantet. Jetzt musst du nur noch kräftig ziehen und der Korken verlässt die Flasche.

Erklärung: Die Haftreibungskraft zwischen Korken und Geschirrtuch ist wesentlich größer als die Gleitreibungskraft zwischen Glas und Geschirrtuch.

Die „Handwaage"

Die Anzeige der Waage steigt. Die eingetauchte Hand erfährt vom Wasser eine Auftriebskraft nach oben. Nach dem Wechselwirkungsprinzip erfährt das Wasser eine gleich große Kraft nach unten.

Ein Stein wird versenkt

Markiere jeweils die Wasserstände, wie es die Abbildung zeigt. Du stellst fest, dass der Wasserspiegel sinkt.

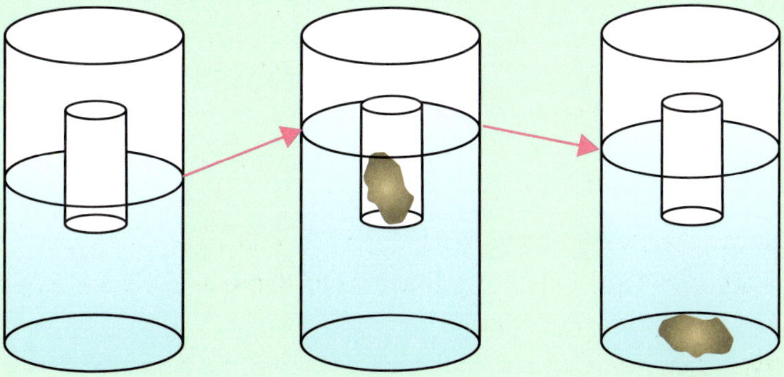

Nach dem archimedischen Prinzip sinkt das Boot durch den Stein so tief ein, bis das Gewicht des zusätzlich verdrängten Wassers mit dem Gewicht des Steins übereinstimmt. Da die Dichte des Steins größer ist als die Dichte des Wassers, ist das Volumen des zusätzlich verdrängten Wassers größer als das Volumen des Steins.
Liegt der Stein auf dem Boden des Sees, dann sind das Volumen des Steins und das des verdrängten Wassers gleich groß.
Der Wasserspiegel muss daher sinken.

Wo liegt der Schwerpunkt?

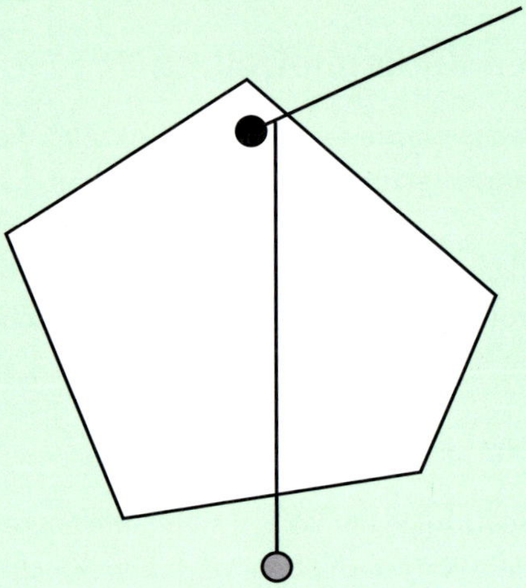

Hänge die Pappscheibe wie im Bild mithilfe eines Nagels so auf, dass sie leicht um den Nagel schwingen kann. Mache ggf. das Loch vorsichtig etwas größer. Hänge an den Nagel ein Lot (Bindfaden mit einer Eisenmutter oder Schraube) und übertrage die Lotlinie auf die Pappscheibe. Wiederhole das Verfahren, indem du die Scheibe an einer anderen Stelle durchstichst.
Der Schnittpunkt der beiden Lotlinien ist der Schwerpunkt. Lege die Pappscheibe mit ihrem Schwerpunkt auf den Kopf des Nagels. Wenn du sorgfältig gearbeitet hast, dann muss die Scheibe auf dem Nagelkopf liegen bleiben.
Bei der ringförmigen Scheibe liegt der Schwerpunkt außerhalb der Scheibe. Klebe die Pappscheibe auf ein Blatt Papier und bestimme dann den Schnittpunkt der Lotlinien und damit den Schwerpunkt.

3 Elektrizitätslehre

1

Für Magnete geeignet sind: ☒ Cobalt ☒ Stahl ☒ Nickel

2

☒ Die Nadel zeigt zum Eisen hin.
☒ Das Eisenstück bewegt sich.
Ist ebenfalls richtig, wenn das Eisenstück beweglich wie die Nadel ist. Denn die Kräfte sind wechselseitig gleich groß.

3

Die Eisenspäne werden von den Enden des Magnets am stärksten angezogen. Diese Stellen heißen Pole des Magnets.

4

Richtet man einen Pol des unbekannten Magneten auf den Nordpol der Magnetnadel und wird dieser abgestoßen, so handelt es sich ebenfalls um einen Nordpol. Der andere Pol muss dann ein Südpol sein, weil es keinen Magneten mit nur einem Pol gibt. (Um die Pole eines Magneten nicht ständig neu bestimmen zu müssen, werden die zugehörigen Hälften des Magneten eingefärbt; oft ist der Nordpol rot, der Südpol grün. Es können aber auch andere Farben oder Grautöne sein.)

5

Die Kraft eines Magnetpols auf einen anderen Pol verringert sich mit dessen Abstand stark. In der gezeigten Anordnung stoßen sich nicht nur die beiden einander am nächsten stehenden Nordpole gegenseitig ab, sondern auch ihre entfernteren Südpole. Und es ziehen sich jeweils die Süd- und Nordpole an, aber ihr Abstand ist viel größer als der zwischen den beiden Nordpolen. Deshalb überwiegt deren Abstoßung, die noch etwas von der Abstoßung ihrer Südpole verstärkt wird.

6

Es gibt zwei Möglichkeiten, wie der magnetische und der unmagnetische Stab zueinander liegen können:

- Ist der waagerechte Stab ein Magnet, dann übt der unmagnetische senkrechte Eisenstab auf die unmagnetische Mitte des Magnetstabes keine Anziehungskraft aus.
- Ist der waagerechte obere Stab unmagnetisch, so ist der senkrechte Stab der Magnet und dieser zieht den Eisenstab an.

7

Die Kraft eines Magnetpols nimmt mit dem Abstand zum Pol stark ab. Der Punkt A ist einem Magnetpol näher als der Punkt B. Deshalb ist die Kraft des Magneten (beide Pole sind gleich stark) bei A größer als bei B.

8

☒ Ein Magnetfeld vermittelt durch den leeren Raum die Kraft, die ein Magnet auf andere Magnete ausüben kann.

☐ Jeder Körper hat ein Magnetfeld.

☐ In einem Magnetfeld zeigt ein Kompass stets die Himmelsrichtungen an.

☐ Die Feldlinien eines Magnetfeldes sind gedachte Linien, die vom Süd- zum Nordpol des Magneten verlaufen.

☒ Feldlinien zeigen an jedem ihrer Punkte die Kraftrichtung auf den Nordpol eines anderen Magneten an. Auf einen Südpol wirkt in dem Magnetfeld die entgegengerichtete Kraft.

- Die zweite Aussage stimmt nicht, weil nicht alle Körper magnetisierbare Stoffe enthalten.
- Die dritte Aussage stimmt nur, wenn das Magnetfeld der Erde gemeint ist.
- Die vierte Aussage ist falsch, denn die Kraftrichtung mit Feldlinien (auf einen anderen Nordpol) ist vom Nord- zum Südpol festgelegt.

9

Die Magnetnadeln zeigen mit ihrer Ausrichtung den Verlauf von magnetischen Feldlinien an.

10

a) Magnetische Feldlinien gehen vom Nordpol eines Magneten aus. Deshalb hat der rechte Stabmagnet links einen Nordpol. Der rechte Pol des linken Stabmagneten ist ein Südpol, weil dort die Feldlinien hineinmünden. Entsprechend ergeben sich die anderen Pole.

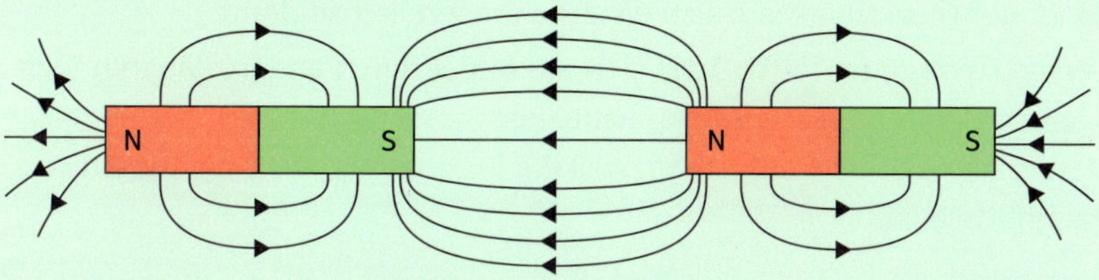

b) Da sich ein Paar entgegengesetzter Pole nahe gegenübersteht, werden sich die beiden Magnete gegenseitig anziehen.

11

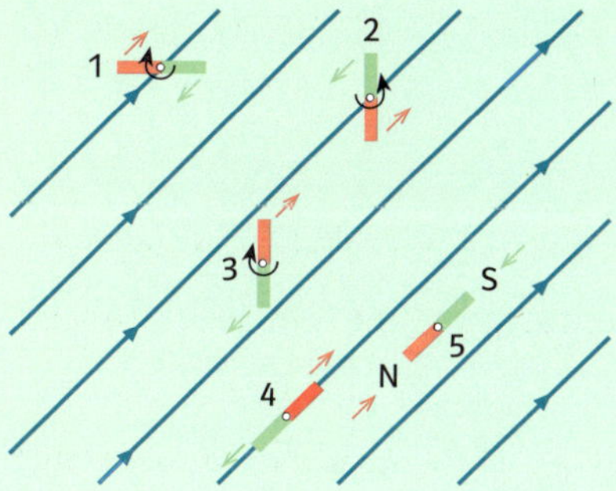

Stabförmige Magnete, deren Pole genau entgegengesetzt zur Feldrichtung orientiert sind, werden in entgegengesetzte Richtung umgedreht, wenn sie nicht genau parallel zur Feldrichtung gerichtet sind.
Die Stärke des Feldes bewirkt nur eine schnellere oder langsamere Drehung.

12

Eine Kompassnadel ist ein kleiner Magnet, der durch die drehbare Lagerung schon auf kleinste Magnetkräfte reagieren kann. Bewegt man sie dicht vor dem Eisenstück, so würde sie ausgelenkt, wenn es sich bei dem Eisenstück um einen Magneten handelte.

13

- [ ] Hat sich ein Magnet so eingestellt, dann ändert er diese Lage nicht mehr.
- [x] Die Bezeichnung der Magnetpole beruht auf dieser Ausrichtung.
- [x] Das ist Grundlage für den Bau eines Kompasses mit einem Magneten.
- [ ] Das ist der Grund, weshalb sich die Erde um ihre Achse dreht.

- Die erste Aussage ist falsch, weil sich die Nadel durch andere Magnete, die ein stärkeres Feld als die Erde haben, auslenken lässt.
- Die letzte Aussage ist nicht richtig, weil die Erddrehung nicht die Ursache für das Erdmagnetfeld ist.

14

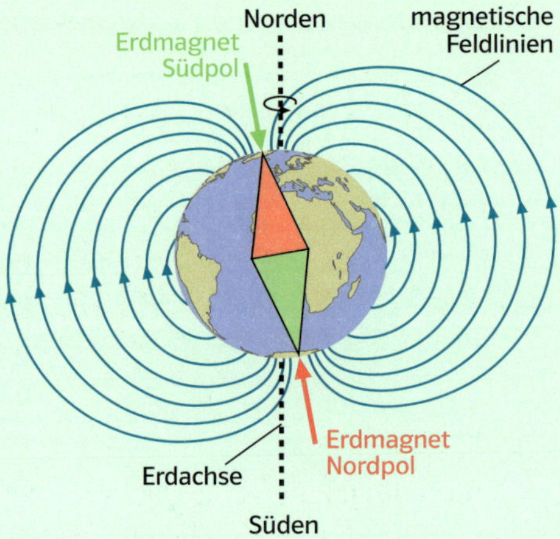

Aus der Feldlinienrichtung, die zur Poldefinition von Magneten geführt hat, folgt eine Süd-Nord-Polung des Erdmagneten. Sein Feld ist räumlich und steht nur an den Polen senkrecht zur Erdoberfläche.
Der Erdmagnet ist nicht exakt in Nord-Südrichtung ausgerichtet. Sein Südpol liegt von uns aus gesehen zurzeit westlich vom geografischen Nordpol. In der Vergangenheit und auch heute noch ändern sich Lage und Polung des Erdmagneten ständig. Ursache ist sein Entstehen durch geladene Materieströme im Erdinneren.

15

Dies erklärt sich aus der räumlichen Form des Erdmagneten. Die Magnetpole sind viele hundert Kilometer lang und breit und befinden sich nicht an der Erdoberfläche, sondern liegen mehr als 2000 km in der Tiefe. Daher treten die Feldlinien im Umkreis von Nord- und Südpol schon schräg an der Erdoberfläche hinein bzw. heraus. Am Äquator verlaufen sie horizontal in Süd-Nord-Richtung.

16

Die Missweisung berücksichtigt die etwas westlich abweichende Anzeige der Kompassnadel. Wird diese Markierung auf der Windrose mit der Nadelrichtung zur Deckung gebracht, so ist die Nordrichtung von uns aus gesehen etwas rechts von der Richtung, in die die Nadel weist.

17

a) Zur grundsätzlichen Modellvorstellung siehe Kasten auf S. 60.
Ein Magnet bewirkt bei einem nicht magnetischen Eisenstück die Ausrichtung der Elementarmagnete und „macht" es damit zu einem Magneten.

b) Der Magnet wirkt mit seinem Feld auf die Elementarmagnete im Eisenstück und richtet sie in Feldrichtung aus. Dadurch wird das Eisenstück zum Magneten. Weil sich mit der Entfernung vom ursprünglichen Magnetpol die Kraft verringert, bricht die Kette ab, wenn die Gewichtskraft der Späne größer ist.

18

a) Körper aus nichtmagnetisierbaren Stoffen behindern die Ausbreitung des Magnetfeldes, und damit den Wirkungsbereich eines Magneten, nicht. Die Magnetkraft nimmt nur mit der Entfernung vom Magnetpol ab. (Genauer: Die Kraft nimmt mit dem Quadrat der Entfernung ab.)

b) Magnetisiert ein Feld ein Eisenblech, so richten sich dessen Elementarmagnete in Feldrichtung aus. Das von außen stammende Magnetfeld wird vom Magnetfeld des Bleches „ersetzt", mit der Folge, dass das Blech eine deutliche Wirkung in Blechrichtung aufweist, während senkrecht dazu nur „wenige" Elementarmagnete zum Feld dahinter beitragen. Das Blech macht also den Bereich auf der anderen Seite weitgehend feldfrei, es schirmt ab.

19

Im Stromkreis müssen eine Quelle und ein Gerät durch Leitungen miteinander verbunden sein, sodass ein geschlossener Kreis entsteht. Damit das Gerät ein- und ausgeschaltet werden kann, ist ein eingefügter Schalter sinnvoll.

20

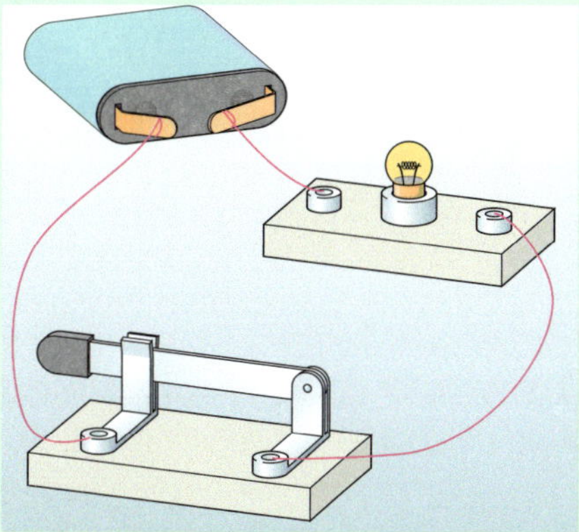

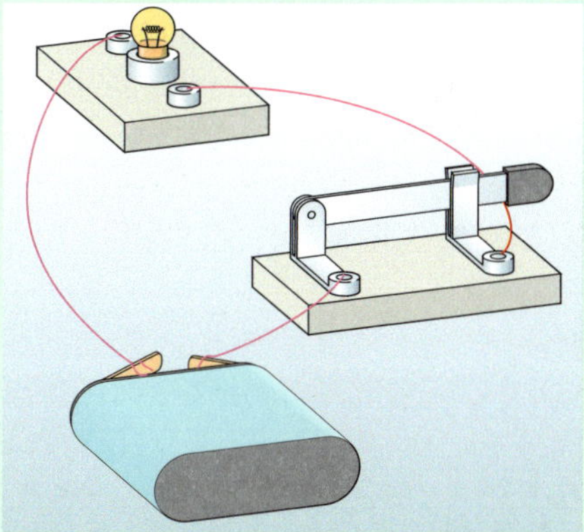

21

Wirkungen des Stroms sind z.B. das Aufleuchten eines Glühfadens in einer Glühlampe, das Heißwerden einer Kochplatte oder das Laufen eines Scheibenwischermotors im Auto.

22

WW	es blitzt im Gewitter	**MW**	der Dynamo liefert Strom
WW	die Taschenlampe leuchtet	**CW**	der Akku wird geladen
MW, WW	der Trafo wird warm	**MW**	die Spule zieht Eisen an
CW	die Münze wird verkupfert	**WW**	die Kochplatte wird heiß

23

a) Reihenschaltung

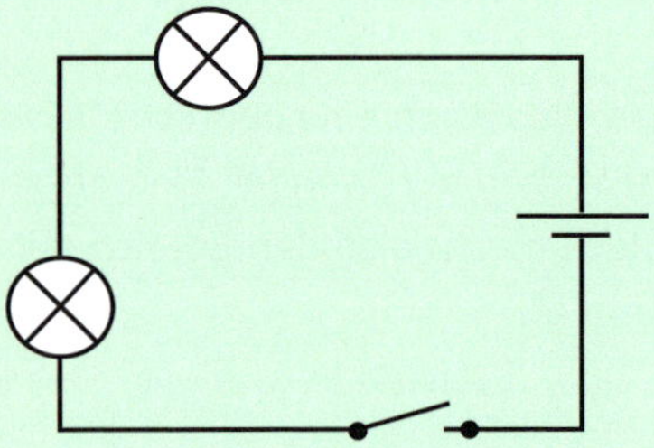

b) Parallelschaltung

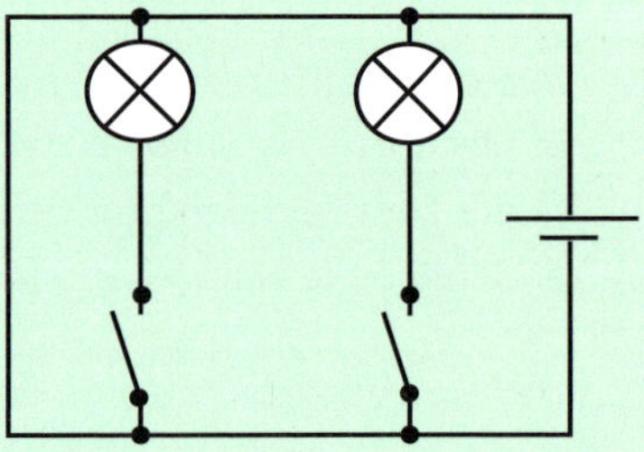

24

Man baut einen Stromkreis mit einer Prüfstrecke auf. Sie besteht als Unterbrechung des Stromkreises, die mit Körpern verschiedener Stoffe überbrückt werden kann. Leuchtet ein Lämpchen im Stromkreis auf, so wurde durch den Prüfkörper der Stromkreis geschlossen und der Stoff ist ein Leiter.

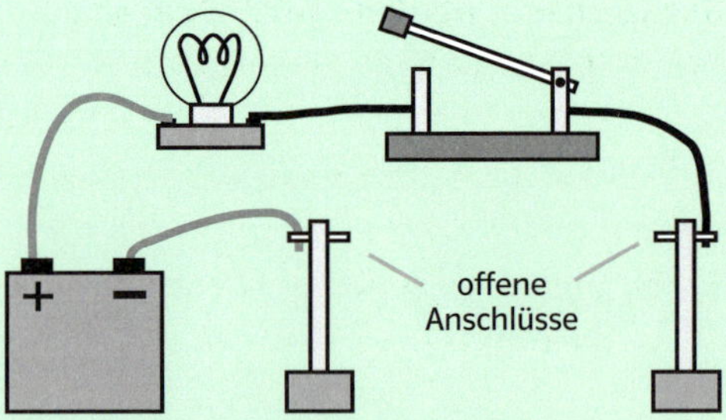

25

Körper aus	Stoff ist guter Leiter	Stoff ist schlechter Leiter	Stoff ist Isolator
Kupfer	x		
Porzellan			x
Eisen	x		
Luft		nass x	trocken x
Salzsäure	x		
Kunststoff			x
Kohle	x		
Gummi			x
Aluminium	x		
feuchte Erde	x		
Holz		nass x	trocken x
Gold	x		
destilliertes Wasser			x
Seifenlauge	x		
Essigwasser	x		
festes Glas			x
schmelzendes Glas	x		

26

In wässrigen Lösungen oder (heißen) Schmelzen können aus ungeladenen Teilchen positiv und negativ geladene entstehen. Solche Ionen bewegen sich als elektrischer Strom zu den Elektroden. Die Zersetzung eines Stoffes durch elektrischen Strom geschieht z. B. bei der Elektrolyse von Wasser, bei der an den Elektroden gasförmiger Sauerstoff und Wasserstoff entstehen.
Ein Stofftransport durch elektrischen Strom findet z. B. in Salzlösungen zum Herstellen von metallischen Überzügen statt (vergolden, verkupfern, verchromen).

27

Elektrischer Strom ist sehr gefährlich, wenn man mit dem Körper oder einem Körperteil einen Stromkreis schließt.
Je nach Stärke des Stroms kommt es zu mehr oder weniger schlimmen Verbrennungen. Es können zeitweise Lähmungen auftreten. Dauert die Einwirkung länger oder geschieht sie mit elektrischem Strom aus dem Netz, so können Nervenbahnen beschädigt und der Herzschlag gestört und sogar ein Stillstand hervorgerufen werden.

28

Die Linke-Hand-Regel besagt:
Zeigt der Daumen der linken Hand in Richtung des (Elektronen-)-Stromes (von Minus nach Plus), so zeigen die um den Leiter gekrümmten restlichen Finger die Richtung des Magnetfeldes (der Kraft auf einen anderen magnetischen Nordpol) an.

29

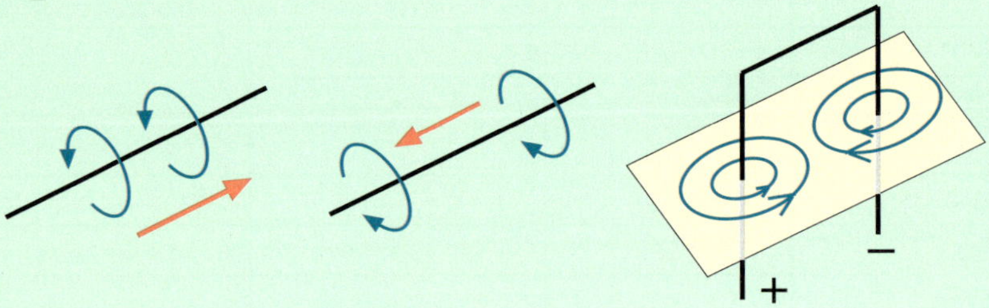

30

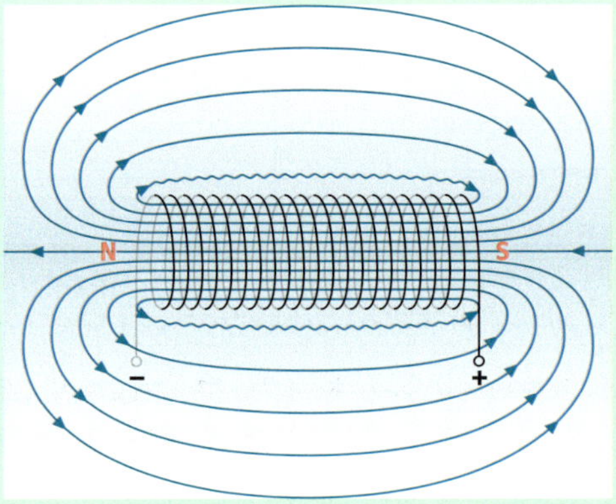

a) An der Richtung der Feldlinien erkennt man, dass links ein magnetischer Südpol und rechts ein Nordpol entstanden ist.
Mit der Linken-Hand-Regel lässt sich das bestätigen, wenn man den Wicklungssinn der Spulenwindungen und die Stromrichtung von – nach + beachtet. Links gehen die Windungen von oberhalb der Zeichenebene nach unten und kommen rechts davon wieder nach oben, usw. Der Daumen weist oberhalb der Zeichenebene nach oben und die gekrümmten Finger nach rechts in das Spuleninnere, also in Richtung des Nordpols der Spule.

b) Ja, Nord- und Südpol der Spule werden vertauscht (siehe a)).

31

a) Mit dem Wicklungssinn ändert sich die Richtung des Magnetfeldes, weil dies gleichbedeutend mit einer Änderung der Stromrichtung in jeder Schleife ist.

b) Polregel für Spulen: Dreht sich der Elektronenstrom im Uhrzeigersinn in die Spule, so entsteht am Anfang ein Nordpol, am Ende ein Südpol, im entgegengesetztem Drehsinn sind die Pole vertauscht.

32

a)

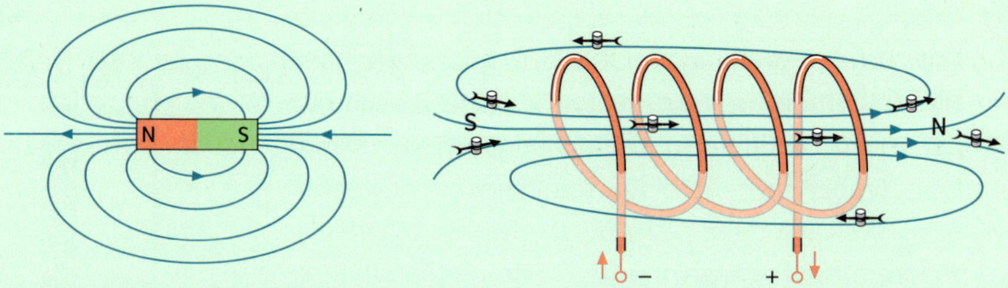

b) Die Feldlinien verlaufen im Innern von Magneten vom Süd- zum Nordpol.

33

Bei der Linken-Hand-Regel weist der Daumen in Stromrichtung. Die Magnetnadeln stellen sich in die Richtung ein, die das Magnetfeld des Stroms hat.

a) b) c)

34

- [x] Mit größerer Stromstärke steigt auch die Magnetkraft.
- [x] Mit einem Eisenkern im Innern erhöht sich die Magnetkraft.
- [x] Ändert sich die Stromrichtung, so auch die Polung des Feldes.
- [x] Nimmt die Zahl der Windungen bei gleicher Länge der Spule ab, so nimmt auch die Kraft des Spulenmagneten ab.

35

Die genannten Stoffe sind Isolatoren und verhindern den gefährlichen Kontakt mit leitenden Teilen des Stromkreises.

36

a) Leitungen in Wänden oder Kabeln sind im Vergleich zum Schmelzdraht in der Sicherung sehr dick. Bei Überschreiten einer bestimmten Stromstärke schmilzt der Schmelzdraht und unterbricht dadurch den Stromkreis. Früher noch oft im Haushalt verwendet, werden Schmelzsicherungen heute durch elektromagnetische Sicherungsautomaten ersetzt. Elektronische Schaltungen z. B. in Autos werden aber heute noch durch so genannte Feinsicherungen in Glas- oder Porzellanröhrchen gesichert.

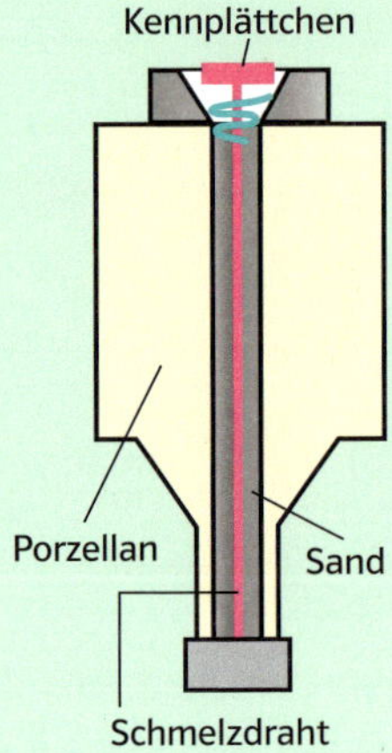

b) Die Sicherung schützt nur die in Reihe mit ihr geschalteten Geräte.

37

a) Der Stromkreis mit L_1 ist mit der Verbindung vom Außen- zum Nullleiter korrekt geschaltet. Der Stromkreis über L_2 (Mensch) ist ein Kurzschluss mit der Erde, ein so genannter Erdschluss, d. h. eine Verbindung zur Erde, die nicht abgesichert ist und „beliebig" hohe Stromstärken zulässt.

b) L_3 kann nicht leuchten, weil keine Verbindung mit dem Außenleiter (der zweiten Anschlussstelle mit der Quelle) besteht.

c) Am besten im Gerät.

d) Bei Kurzschluss entsteht ungesicherter Starkstrom, d. h. Lebensgefahr. Mit der Erdung soll vermieden werden, dass energiereiche Ströme im Nullleiter entstehen.

38

Es entsprechen sich

im Wasserkreislauf	im elektrischen Stromkreis
Wassermoleküle	Elektronen
Wasserrohr	Leitung (Draht)
Pumpe	Quelle
Wasserrad	Lampe
Hahn	Schalter
Hahn auf	Schalter zu
Wassermenge bleibt konstant	Elektronenzahl bleibt konstant
Wasserstromstärke	elektrische Stromstärke
je dünner das Rohr, um so größer der Widerstand	je dünner die Leitung, um so größer der Widerstand

39

Die zwei Lämpchen L_1 und L_2 sowie L_3 und L_4 und L_5 und L_6 befinden sich jeweils in einer Reihenschaltung.

Die vier Lämpchen L_3 und L_4 sowie L_5 und L_6 befinden sich paarweise in einer Parallelschaltung.

Die vier Lämpchen L_3 und L_4 sowie L_5 und L_6 der Parallelschaltung befinden sich mit L_1 und L_2 in einer Reihenschaltung.

Die Stromstärke in der
Reihenschaltung von L_1 und L_2 ist gleich 3 A,
Parallelschaltung von L_3 und L_4
mit L_5 und L_6 teilt sich zur Hälfte auf: 1,5 A.

40

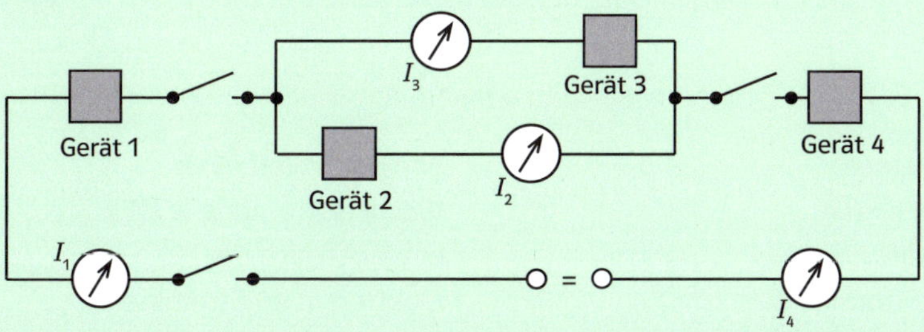

Messgeräte für die Stromstärke werden in Reihe zum Gerät in den Stromkreis eingebaut. Dabei ist es unerheblich, ob sich das Messgerät vor oder hinter dem Gerät befindet, solange es dazwischen keine Verzweigung gibt. Sind alle Schalter geschlossen und wird ein beliebiger Schalter geöffnet, werden dadurch alle Geräte ausgeschaltet, da alle Schalter in Reihe zur Stromquelle geschaltet sind. Die Stromstärke ist dann Null.

41

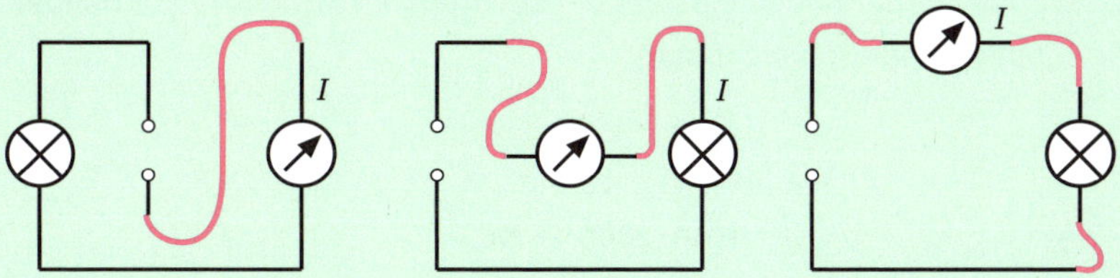

42

Die maximale Stromstärke (bei Vollausschlag) ist aus der Beschriftung am Messgerät zu entnehmen. Da in allen drei Fällen die Zeiger auf Zwischenwerte weisen, sind Abschätzungen erforderlich, die die Angabe in der letzten Stelle unsicher machen.

maximal 1 A	maximal 10 mA	maximal 0,3 A
(Wechselstrom)	(Gleichstrom)	(Wechselstrom)
0,75 A	7,0 mA	0,14 A

43

- [x] Es leuchtet stets nur eine Elektrode.
- [ ] Es leuchten immer beide Elektroden gleichzeitig.
- [x] Es leuchtet nur die mit dem Minuspol der Quelle verbundene Elektrode.
- [ ] Es leuchtet nur die mit dem Pluspol der Quelle verbundene Elektrode.

44

Von den Polen einer **Gleichstromquelle (G)** bewegen sich die Elektronen im Stromkreis …	Von den Polen einer **Wechselstromquelle (W)** bewegen sich die Elektronen im Stromkreis …
nur von einem bestimmten Pol zum anderen Pol.	**G**
je nach Gerät vom einen oder vom anderen Pol aus.	**kein Einfluss**
ständig wechselnd von einem, dann vom anderen Pol aus.	**W**

45

Wechselstrom wird in Bild c) angezeigt. Hier erkennt man, dass abwechselnd die obere und die untere Elektrode aufleuchten.

(Bild a) und b)) zeigen nur jeweils das Leuchten eines Pols im Wechselstrom an; der angezeigte Strom hat daher nur eine Bewegungsrichtung im Stromkreis, es handelt sich um einen „pulsierenden" Gleichstrom.)

46

a) $I = \frac{6\,\text{C}}{2\,\text{s}} = 3\,\text{A}$ b) $Q = 4\,\text{mA} \cdot 2000\,\text{s} = 8\,\text{C}$ c) $I = \frac{Q}{t}$

47

a) 6000 C in 120 min : $I = \frac{Q}{t} = \frac{6000\,\text{C}}{120\,\text{min}} = \frac{6000\,\text{C}}{120 \cdot 60\,\text{s}} \approx 0{,}83\,\text{A}$

b) 0,005 C in 2 s : $I = \frac{Q}{t} = \frac{0{,}005\,\text{C}}{2\,\text{s}} = 0{,}0025\,\text{A} = 2{,}5\,\text{mA}$

c) 0,8 C in 3 h : $I = \frac{Q}{t} = \frac{0{,}8\,\text{C}}{180\,\text{min}} = \frac{0{,}8\,\text{C}}{180 \cdot 60\,\text{s}} = 0{,}0000741\,\text{A} = 0{,}074\,\text{mA}$

48

a) 24 Stunden lang bei 3 A:

$Q = I \cdot t = 3\,A \cdot 24\,h = 3\,A \cdot 24 \cdot 3600\,s = 259\,200\,As = 259\,200\,C$

b) 150 mA während 4 min:

$Q = I \cdot t = 150\,mA \cdot 4\,min = 0{,}15\,A \cdot 4 \cdot 60\,s = 36\,As = 36\,C$

c) 365 Tage mit $\frac{1}{100}$ A:

$Q = I \cdot t = \frac{1}{100}\,A \cdot 365\text{ Tage} = 0{,}01\,A \cdot 365 \cdot 24 \cdot 3600\,s = 3153\,60\,As = 315360\,C$

49

Ladung Q	Stromstärke I	Zeit t
0,03 C	0,6 mA	**50 s**
1,2 mC	0,1 A	**12 ms**
20 C	2 A	**10 s**

50

Die Angabe „60 Ah" bedeutet, dass die Batterie
1 h lang einen Strom der Stärke 60 A oder
2 h lang einen Strom der Stärke 30 A oder
4 h lang einen Strom der Stärke 15 A usw.
im Stromkreis aufrecht erhalten kann.

51

Die verschiedenen Arbeiten bedeuten ein Entladen der Batterie:

beim Bohren: $\frac{1}{2}\,h \cdot 0{,}6\,A = 0{,}3\,Ah$ sowie

beim Schrauben: $\frac{1}{4}\,h \cdot 0{,}6\,A = 0{,}15\,Ah$, zusammen: 0,45 Ah.

Das Wiederaufladen mit 0,3 A dauert dann $0{,}45\,Ah : 0{,}3\,A = 1{,}5\,h$. Da Energieverluste (Wärme) die Ladezeit um 20 % verlängern, dauert der Vorgang $1{,}5\,h \cdot 1{,}20 = 1{,}8\,h$.

52

Die Dauer des Blitzstroms ist 0,5 s, die Stromstärke ist 20 000 A.
Die vom Blitz transportierte Ladung beträgt dann: $20\,000\,A \cdot 0{,}5\,s = 10\,000\,C$.

53

10^{23} bewegte Elektronen mit der Ladung 10^{-19} As stellen in 1 Sekunde einen Strom der Stärke $10^{23} \cdot 10^{-19}\,As = 10^{4}\,A$ dar.
Für die Stromstärke 1 A ist demnach nur der 10^{4}-te Teil an Elektronen erforderlich, also $10^{23} : 10^{4} = 10^{19}$ Elektronen ($10^{19} = 10\,000\,000\,000\,000\,000\,000$).

54

- Wenn ich mir die trockenen Haare kämme, **stehen** sie mir vom Kopf ab, sobald der **Kamm** in der Nähe ist.
- Manchmal bekomme ich einen heftigen **Schlag**, wenn ich isoliert stehende Gegenstände wie eine Autotür oder ein Treppengeländer **anfassen** will.
- Die Kunststofffolie eines Schnellhefters **klebt** mit dem darunterliegenden Blatt zusammen.

55

Hält man einen geladenen Kamm in die Nähe des Wasserstrahles, so üben die Ladungen des Kamms Anziehungskräfte auf die Wasserteilchen aus. Die Wasserteilchen müssen also auch geladen sein, und zwar so, dass sie gegenüber dem Kamm die entgegengesetzte Ladung haben und dadurch angezogen werden (Ungeladene Wasserteilchen haben ein positiv und ein negativ geladenes „Ende". Den Ladungen des Kamms werden nun die entgegengesetzt geladenen Enden der Wasserteilchen zugewendet und stärker angezogen als die weiter entfernten anderen Enden abgestoßen werden.)

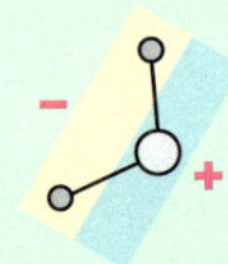

56

Ungeladene Körper haben gleich viel positive und negative Ladungen. Wenn durch sehr enges Berühren wie beim Reiben elektrische Ladungen von einem Körper auf einen anderen gelangen können, dann muss eine Ladungsart in den Körpern verschiebbar sein. Würden beide Ladungsarten verschiebbar sein, könnte man durch Reiben keinen geladenen Körper erzeugen. Die Teilchen mit verschiebbaren Ladungen sind die negativ geladenen Elektronen.

57

Entweder man berührt den Körper mit einer Glimmlampe; leuchtet sie dabei kurz auf, dann war der Körper geladen. (Geladene Körper entladen sich durch einen Strom über die Glimmlampe, weil eine Verbindung zur Erde über den menschlichen Körper hergestellt wird.)

Oder ein kleiner geladener Körper wird an einem Faden hängend in die Nähe des zu prüfenden Körpers gehalten. Er muss ausschlagen, wenn der zu prüfende Körper geladen ist.

Die Pole einer elektrischen Quelle (für Gleichstrom) übertragen auf eine sie berührende, ungeladene Metallkugel elektrische Ladungen.

Man beobachtet: Ladungen vom selben Pol stoßen sich ab, Ladungen von verschiedenen Polen ziehen sich an.

58

1. Der Pluspol der Quelle ruft bei der Kugel Wirkungen einer **positiven** Ladung hervor, der Minuspol die einer **negativen Ladung**.
2. Für elektrische Ladungen gilt ein Kraftgesetz:
   Gleichartige Ladungen **stoßen sich ab**, ungleichartige Ladungen **ziehen sich an**.

59

Von dem geladenen Gegenstand fließen gleichartige Ladungen auf die Kontaktplatte und das Gestänge des Elektroskopes. Da gleichartig geladene Körper sich abstoßen, wird der drehbare Zeiger vom Gestänge weggedreht.
(Ein Maß für die Ladung der Kugel ist der Ausschlag des Zeigers.)

60

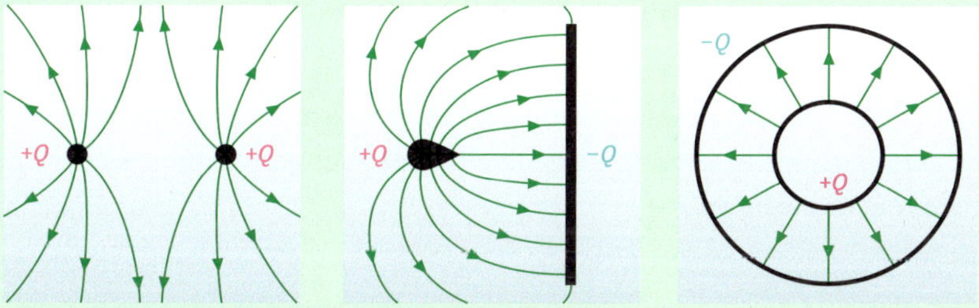

Da aus den Bildern die Kraftrichtung nicht eindeutig hervorgeht, könnte man $+Q$ durch $-Q$ und umgekehrt austauschen.

61

Der Schutz im Auto besteht nicht in der isolierenden Wirkung von trockenem Gummi; im Regen sind große Teile der Reifenoberfläche nass und damit elektrisch leitend.
Schutz bildet die metallische Karosserie, die wie der kleinere Ring im rechten Teilbild von Aufgabe 60 innen kein elektrisches Feld zulässt. Der Innenraum ist abgeschirmt, so dass sich dort kein Strom ausbreiten kann.

62

Würden sich Feldlinien kreuzen, gäbe es am Schnittpunkt zwei Möglichkeiten für die Kraftrichtung. Dies widerspricht der Beobachtung: Ein geladener Körper erfährt im Feld **eine** Kraft in **eine** Richtung, sie wird von der Feldlinie angezeigt.

63

a) Der Ausschlag wird durch die Wirkung des elektrischen Feldes der Ladungen auf der Kugel verursacht. Durch Influenz werden Ladungen im Elektroskop so verschoben, dass sich die zur Kugelladung entgegengesetzte Ladungsart gegenüber befindet.

b) Wird die geladene Kugel von einer gleichen ungeladenen berührt, so verteilen sich die beweglichen Ladungen auf beide Kugeln so, dass jede von ihnen jeweils die Hälfte der ursprünglichen Ladung hat. Das Elektroskop schlägt daher halb so weit aus wie vorher.

64

Richtig ist allein die erste Aussage.
Elektrische Quellen eines Stromkreises

☒ geben Energie an Elektronen ab.

Quellen können keinen Strom (= bewegte Ladung) speichern, denn die Ladungen bewegen sich in der Quelle nur dann, wenn ein Strom im Stromkreis entsteht. Quellen können auch keine Ladung erzeugen, denn Ladungen können weder erzeugt noch vernichtet werden.

65

Die Bezeichnungen „verbraucht" bzw. „leer" beziehen sich auf die Energie, die der Quelle zur Erzeugung von Spannung, also dem Übertragen von Energie auf Ladungen, zur Verfügung steht.
Bei Batterien oder Akkus ist es chemische Energie, die am Ende nicht mehr vorhanden ist, weil die zur Freisetzung der Energie notwendigen reaktionsfähigen Stoffe aufgebraucht sind.

66

Wird eine Glühlampe, die so ausgelegt ist, dass sie bei 6 V maximal hell leuchtet, direkt an eine Quelle mit 12 V angeschlossen, so erhalten die Elektronen im Strom die doppelte Energie. Dadurch erwärmt sich der Glühdraht wesentlich stärker, sodass er in der Regel schmilzt (durchbrennt).

67

In Bewegungsrichtung des Stroms wird Energie transportiert. Der in metallischen Leitern entstehende Elektronenstrom hat im Stromkreis außerhalb der Quelle die Richtung vom Minus- zum Pluspol. Durch zwei hintereinandergeschaltete Batterien geht derselbe Strom, die Stromstärke ist in beiden gleich. Dagegen erhalten die von der ersten Batterie bewegten Elektronen von der zweiten weitere Energie, sodass sich die Gesamtspannung, also die Energie pro Ladung, verdoppelt.
Bei zwei parallel geschalteten Batterien erhalten die beiden Teilströme dieselbe Energie pro Ladung, die Spannung ändert sich also nicht. Wohl aber entsteht die doppelte Stromstärke.

68

Die Schaltungen a) und c) sind jeweils Reihenschaltungen von zwei Quellen, sodass die Gesamtspannung $2 \times 1{,}5\,V = 3\,V$ beträgt.
Die Schaltung b) besteht aus zwei einander entgegengesetzt gepolten Quellen. Zwischen ihnen entsteht ein sehr starker Strom, der sie in der Regel in kurzer Zeit zerstört. Dies ist gefährlich, weil durch die Hitze Brandgefahr besteht und durch leckwerdende Batteriegefäße Säure auslaufen kann. Die Spannung an den Anschlüssen beträgt 0 V.

69

Die elektrischen Quellen der „elektrischen Fische" sind Parallelschaltungen von sehr vielen einzelnen, in Reihe geschalteten, spannungserzeugenden Organen. Dadurch addieren sich viele kleine Spannungen (z. B. 1 V) zu einer großen (z. B. 800 V). Durch die Parallelschaltung vieler Reihenschaltungen wird die Stromstärke so groß, dass den Opfern in kurzer Zeit viel (tödliche) Energie erteilt wird, ohne dass dabei die eigenen Organe durch den Strom beschädigt werden.

70

Messen der Spannung bedeutet, den Energieunterschied zwischen den zwei Anschlüssen eines die elektrische Energie umsetzenden Gerätes (Leiters) im Stromkreis zu bestimmen. Deshalb ist Schaltung a) keine Spannungsmessung, weil das Messgerät nicht zwischen beiden Anschlussstellen der Lampe misst.
Schaltung b), c) und d) messen die Spannung zwischen den Anschlussstellen des Lämpchens richtig, weil es wegen der zu vernachlässigenden Leitungen nicht auf die genaue Stelle vor bzw. hinter dem Lämpchen ankommt.

71

Bis etwa 5V ist die Kurve hinreichend genau eine Gerade. Das bedeutet, dass der Quotient $\frac{U}{I}$ = konstant ist. Das Lämpchen verhält sich bis 5V wie ein Ohm'scher Widerstand.

Über 5V nimmt die Stromstärke nicht mehr proportional zur Spannung zu, sondern steigt langsamer. Der Widerstand des Lämpchens wird größer. Da mit der Stromstärke die Temperatur steigt, kann man auch sagen: Der Widerstand des Glühdrahtes nimmt mit der Temperatur zu.

72

Der Widerstand des Glühdrahtes nimmt mit der Temperatur zu. Dadurch ist die Stromstärke beim Einschalten im kalten Draht größer als beim Glühen danach. Da der Draht nicht überall gleich dick ist, werden dünnere Stellen heißer und können infolge der größeren Stromstärke beim Einschalten schmelzen.

73

Nach dem Ohm'schen Gesetz ergibt die 3. Spalte $R = 70\,\Omega$. Damit lassen sich U bzw. I für die anderen Spalten berechnen.

U in V	20	35	**91**	45
I in A	**0,29**	0,50	1,3	**0,65**

74

a) Die Kennlinie beschreibt das U-I-Verhalten eines Leiters. Von einzelnen Messpunkten ausgehend wird in der Regel eine passende Verbindungslinie als Messkurve gezeichnet, damit auch Zwischenpunkte abgelesen werden können.

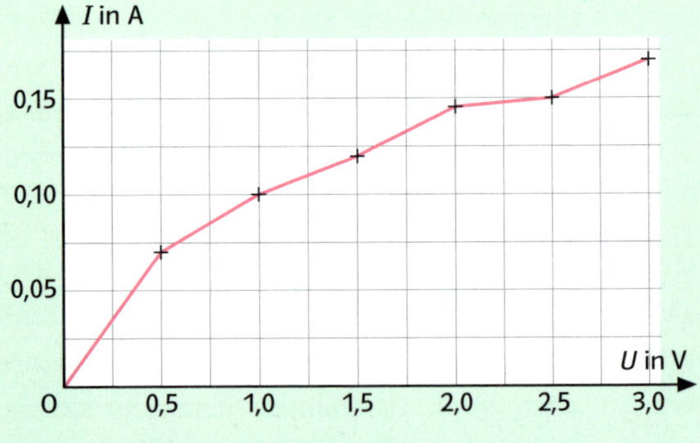

b) Für 0,08 A ergibt sich als zugehörige Spannung 0,9 V.

c) Es ergeben sich folgende $\frac{U}{I}$-Werte (von links nach rechts):
7,14 Ω; 10,0 Ω; 12,5 Ω; 14,9 Ω; 16,7 Ω; 17,6 Ω.
Der Widerstand nimmt mit der Spannung zu, weil die Stromstärke nicht im selben Maß wie die Spannung zunimmt. Der Leiter folgt dem Ohm'schen Gesetz nur in engen Grenzen (Intervallen).

75

Aus $R = \frac{U}{I}$ folgt für konstantes $I = 0{,}0015\,\text{A}$:

a) 67 Ω b) 8000 Ω c) 33,3 kΩ d) 153 kΩ e) 0,67 MΩ

76

$U = R \cdot I$; $I = \frac{U}{R}$; $R = \frac{U}{I}$;

150 mA = 6 V : **40 Ω**; 250 Ω = 15 kV : **60 A**;

540 Ω = **0,54 kΩ**; 7800 kΩ = **7,8 MΩ**

77

a) Aluminium ist ein Metall, dessen Widerstand mit der Temperatur steigt. Deshalb gehört die rote ansteigende Gerade im Diagramm zu A.
Konstantan ändert seinen Widerstand mit der Temperatur nicht, die waagerechte türkise Gerade gehört zur Konstanten B.
Kohle verringert im Gegensatz zu Metallen ihren Widerstand mit der Temperatur, daher gehört die fallende blaue Gerade zu C.

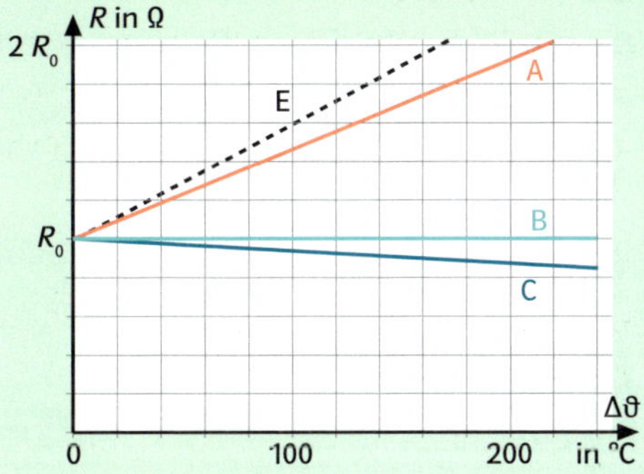

b) Siehe Diagramm; die steigende Gerade E geht durch (R_0 | 0 °C) und durch (1,6 R_0 | 100 °C).

78

Das Volumen V des Drahtes ergibt sich aus der kreisförmigen Querschnittsfläche $A = \frac{1}{4}\pi \cdot d^2$ und seiner Länge l zu $V = A \cdot l$. Wird der Durchmesser d halbiert, so nimmt die Querschnittsfläche auf $\frac{1}{4}$ der ursprünglichen Fläche ab: $A^* = \frac{1}{4}A$. Die neue Länge wird zu $l^* = 2\,l$.

Für den Widerstand R_0 des Drahtes am Anfang gilt $R_0 = \varrho \cdot \frac{l}{A}$.

Der neue Widerstand R^* ist: $R^* = \varrho \cdot \frac{2\,l}{\frac{1}{4}\text{A}} = 8\varrho \cdot \frac{l}{A} = 8 \cdot R_0$.

Der Widerstand verachtfacht sich.

79

Der Graphitstrich ist ein Leiter, dessen Widerstand aus seinen geometrischen Abmessungen bestimmt werden kann. Wird eine rechteckige Querschnittsfläche des Strichs angenommen, so ist: $A = b \cdot d$ (b = Breite, d = Dicke).

Der spezifische Widerstand von Graphit ist: $\varrho = 75 \,\frac{\Omega \cdot \text{mm}^2}{\text{m}} = 75 \cdot 10^{-6}\,\Omega \cdot \text{m}$.

Dann wird wegen $R = \varrho \cdot \frac{l}{A} = \varrho \cdot \frac{l}{b \cdot d}$

$d = \frac{\varrho \cdot l}{b \cdot R} = 75 \cdot 10^{-6}\,\Omega \cdot \text{m} \cdot \frac{0{,}1\,\text{m}}{1 \cdot 10^{-3}\,\text{m} \cdot 12\,\Omega} = 0{,}000625\,\text{m}$.

Der Graphitstrich ist also rund 0,6 mm dick.

80

Das Kabelstück hat einen Widerstand von: $R = \frac{U}{I} = \frac{3{,}0\,\text{V}}{0{,}075\,\text{A}} = 40\,\Omega$.

Aus den Abmessungen des Kabelstückes folgt: $R = \varrho \cdot \frac{l}{A}$.

Daher ist: $l = \frac{R \cdot A}{\varrho} = \frac{40\,\Omega \cdot 0{,}8\,\text{mm}^2}{0{,}017\,\frac{\Omega \cdot \text{mm}^2}{\text{m}}} = 1882\,\text{m}$.

Die Entfernung zur Kurzschlussstelle beträgt $\frac{1}{2}\,l = 941\,\text{m}$.

81

$\varrho = \frac{R}{l} \cdot A$; $0{,}3\,\frac{\text{mm}^2}{\text{m}} \cdot \frac{1\,\Omega \cdot \text{m}}{6\,\text{mm}^2} = 0{,}05\,\Omega$ $\frac{5\,\text{km}}{2\,\text{mm}^2} \cdot 6\,\frac{\Omega \cdot \text{mm}^2}{\text{km}} = 15\,\Omega$

82

Durch Ausschalten eines Geräts werden bei der Reihenschaltung auch die anderen Geräte ausgehen, bei einer Parallelschaltung bleiben sie weiterhin getrennt ein- und ausschaltbar.

83

a) Bei einer Reihenschaltung der Widerstände R_1, R_2, R_3 wird der Gesamtwiderstand **größer** als jeder Einzelwiderstand.

b) Beim Parallelschalten der Widerstände R_1, R_2, R_3 ist der Gesamtwiderstand **kleiner** als jeder Einzelwiderstand.

84

a) Die Spannung $U_{Quelle} = 12\,V$ muss durch einen in Reihe zum Lämpchen geschalteten Widerstand R_{Vor} auf $U_{Lämpchen} = 4{,}5\,V$ reduziert werden. Die Stromstärke I_{Ersatz} ist auf $I_{Lämpchen} = 0{,}3\,A$ zu begrenzen.

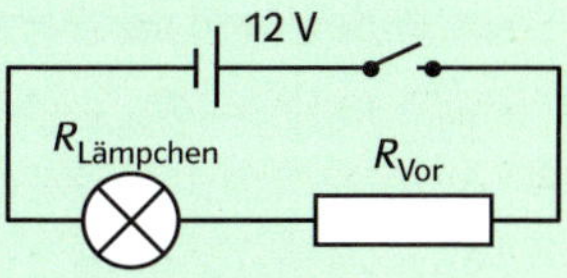

Der Widerstand des Lämpchens ist: $R_{Lämpchen} = \frac{U_{Lämpchen}}{I_{Lämpchen}} = \frac{4{,}5\,V}{0{,}3\,A} = 15\,\Omega$.

Für den Ersatzwiderstand der Reihenschaltung gilt: $R_{Ersatz} = \frac{U_{Quelle}}{I_{Ersatz}} = \frac{12\,V}{0{,}3\,A} = 40\,\Omega$.

Damit ist: $R_{Vor} = R_{Ersatz} - R_{Lämpchen} = 40\,\Omega - 15\,\Omega = 25\,\Omega$.

b) Die Parallelschaltung von zwei gleichen Lämpchen hat als „Doppellämpchen" den halben Widerstand, also $7{,}5\,\Omega$. Sie benötigt aber die doppelte Stromstärke. Daher beträgt der Ersatzwiderstand dieser Reihenschaltung $R_{Ersatz} = 12\,V : 0{,}6\,A = 20\,\Omega$.

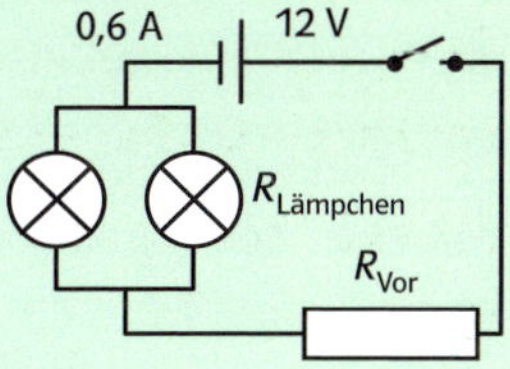

Damit ist: $R_{Vor} = R_{Ersatz} - R_{Doppellämpchen} = 20\,\Omega - 7{,}5\,\Omega = 12{,}5\,\Omega$.
Um die größere Stromstärke zuzulassen, muss der Widerstand R_{Vor} kleiner werden.

85

a) Solange L_1 nicht leuchtet, handelt es sich um eine Reihenschaltung von L_2 und L_3 mit gleicher Stromstärke in beiden Lämpchen.

b) Bei geschlossenem Schalter hat die Parallelschaltung von L_1 und L_2 den halben Widerstand wie L_3 allein. Da sich die Spannung der Reihenschaltung im Verhältnis der Widerstände von L_3 bzw. L_1 und L_2 aufteilt, leuchtet L_3 heller als die beiden gleich hellen L_1 und L_2.

86

Der Ersatzwiderstand der Parallelschaltung ist:

$\frac{1}{R_{Parallel}} = \frac{1}{200\,\Omega} + \frac{1}{300\,\Omega} \Rightarrow R_{Parallel} = \frac{200\,\Omega \cdot 300\,\Omega}{200\,\Omega + 300\,\Omega} = 120\,\Omega$

Der Ersatzwiderstand der Reihenschaltung wird dann:

$R_{Reihe} = 80\,\Omega + 120\,\Omega = 200\,\Omega$

Die Stromstärke der Reihenschaltung wird bei diesem Widerstand:

$I_{Gesamt} = \frac{U_{Quelle}}{R_{Reihe}} = \frac{100\,V}{200\,\Omega} = 0{,}5\,A$

$I_{Gesamt} = I_{200\,\Omega} + I_{300\,\Omega} = 0{,}5\,A$ daraus folgt: $I_{300\,\Omega} = 0{,}5\,A - I_{200\,\Omega}$

In der Parallelschaltung teilt sich die Stromstärke im umgekehrten Verhältnis wie die Widerstände auf, also ist $I_{200\,\Omega} : I_{300\,\Omega} = 3:2$, daher ist $I_{200\,\Omega} = 0{,}3\,A$ und $I_{300\,\Omega} = 0{,}2\,A$.

Die Spannung teilt sich im Verhältnis der Widerstände der Reihenschaltung auf, wobei an den parallelen Widerständen dieselbe Spannung $U_{120\,\Omega} = U_{200\,\Omega} = U_{300\,\Omega}$ anliegt. Somit ist:

$U_{80\,\Omega} + U_{120\,\Omega} = 100\,V$ und $U_{80\,\Omega} : U_{120\,\Omega} = 80:120$, also

$U_{120\,\Omega} = 100\,V - U_{80\,\Omega}$ und $U_{80\,\Omega} = \frac{2}{3} U_{120\,\Omega}$.

Daraus folgt: $U_{120\,\Omega} = 100\,V - \frac{2}{3} U_{120\,\Omega}$ oder $\frac{5}{3} U_{120\,\Omega} = 100\,V$

$U_{120\,\Omega} = U_{200\,\Omega} = U_{300\,\Omega} = 40\,V$ und $U_{80\,\Omega} = 60\,V$.

87

a) Die Stromstärke darf in der Reihenschaltung durch den Widerstand des Messgerätes nicht verringert werden, er muss also sehr klein sein.

b) Die Stromstärke darf in der Parallelschaltung durch den Widerstand des Messgerätes nicht beeinflusst werden, er muss daher sehr groß sein.

88

a) Damit die Stromstärke im Messgerät $100\,mA = 0{,}1\,A$ nicht überschreitet, muss ein parallel dazu geschalteter Widerstand die restliche Stromstärke von $10\,A - 0{,}1\,A = 9{,}9\,A$ übernehmen.

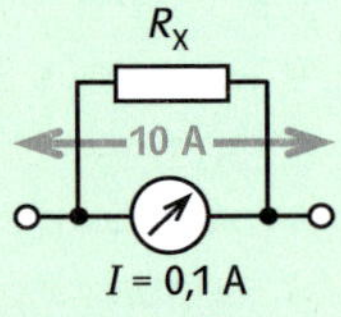

Bei der Parallelschaltung verhalten sich die Ströme umgekehrt wie die Widerstände:

$\frac{0{,}1\,A}{9{,}9\,A} = \frac{R_x}{20\,\Omega} \quad \Rightarrow \quad R_x = 20\,\Omega \cdot \frac{0{,}1\,A}{9{,}9\,A} = 0{,}2\,\Omega$

b) Um die Spannung am Messgerät auf 3 V zu begrenzen, ist ein Widerstand R_y in Reihe erforderlich, wobei $U_y = 297\,V$ wird.

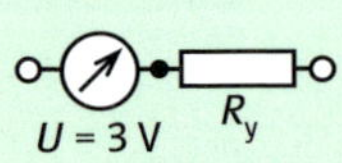

Bei der Reihenschaltung verhalten sich die Spannungen wie die Widerstände:

$\frac{3\,V}{297\,V} = \frac{20\,\Omega}{R_y} \quad \Rightarrow \quad R_y = 20\,\Omega \cdot \frac{297\,V}{3\,V} = 1980\,\Omega$

89

a) Gleichnamige Pole stoßen sich ab, ungleichnamige ziehen sich an.

b) Ein Strom durch die sich drehende Spule macht sie zum Elektromagneten, dessen Polung sich aus dem Wicklungssinn und der Stromrichtung mithilfe der Linken-Hand-Regel ergibt.
Gegenüber den feststehenden Magnetpolen entstehen anziehende bzw. abstoßende Kräfte, die so lange eine Drehung bewirken, bis sich die Pole von Drehspule und festem Magnet gegenüberstehen. In diesem Moment wird die Stromrichtung in der Drehspule durch die Anschlüsse am Kommutator umgedreht, sodass aus der Anziehung ungleichnamiger Pole der Drehspule eine Abstoßung gleichnamiger Pole wird. Wegen des Schwungs setzt sich die Drehung an dieser Umpolungsstelle fort. Und so fort.

c) Der Eisenkern in der Spule verstärkt das in ihr erzeugte Magnetfeld, sodass die Kräfte zur Drehung der Spule größer sind als ohne Kern. Damit hat der Motor mehr Kraft.

d) Der Drehsinn hängt von der Stellung gegenüber den feststehenden Magnetpolen und der anfänglichen Polung der Drehspule ab. Stehen die Pole der Spule nicht gerade direkt vor den Polen des feststehenden Magneten, so wird der Drehsinn durch Umpolen der Anschlüsse umgekehrt.
Die Drehgeschwindigkeit nimmt mit zunehmender Spannung an der Spule zu, weil dadurch mit der Stromstärke das Magnetfeld und damit die Kräfte mit dem feststehenden Magneten zunehmen.

90

Mithilfe der Linken-Hand-Regel lässt sich feststellen, dass die Spule mit ihrem Eisenkern einen nach oben zeigenden Nordpol hat. Dadurch wird sie vom Nordpol des feststehenden Magneten nach rechts abgestoßen. Sie dreht sich im Uhrzeigersinn.

91

a) Würde die Stromrichtung nicht umgedreht, so würde der Motor „hängen" bleiben, weil die vom feststehenden Magneten angezogenen Pole der Drehspule nach dem Passieren in die Gegenrichtung zurückgezogen würden.

b) Nur dann, wenn die Pole der Drehspule direkt vor den Polen des feststehenden Magneten stehen bleiben würden, liefe der Motor nicht von selbst an. Dann hilft nur ein kleiner „Anschub". In der Technik löst man das Problem durch eine Anordnung mehrerer auf derselben Drehachse befestigter, im Drehwinkel zueinander versetzter Drehspulen.

c) Der feststehende Magnet muss mit demselben Wechselstrom seine Polung ändern, sonst fallen die anziehenden/abstoßenden Kräfte mit dem sich drehenden Elektromagneten nicht mehr im richtigen Takt zusammen.

92

In den beiden ersten Anordnungen ergibt sich mit den jeweils senkrecht aufeinander gespreizten Fingern der Dreifinger-Regel:
Daumen = Stromrichtung
Zeigefinger = Feldrichtung
Mittelfinger = Kraftrichtung
die eingezeichnete Kraftrichtung auf den Draht.
Bei der dritten Anordnung sind Strom- und Feldrichtung parallel, dadurch ergibt sich keine Kraft auf den Leiter.

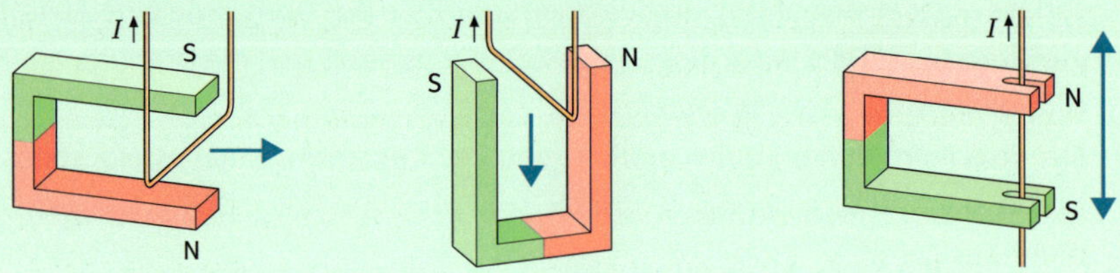

93

a) Das Magnetfeld in der Spule nimmt beim Herausziehen ab, entgegengesetzt zur Zunahme beim Eintauchen. Daher wird auch die Stromrichtung umgekehrt.

b) Das Magnetfeld ist beim Eintauchen des Südpols entgegengesetzt gerichtet wie beim Eintauchen des Nordpols. Daher ist auch die Stromrichtung umgekehrt.

c) Das Magnetfeld nimmt beim Herausziehen des Südpols ab, sodass sich die Stromrichtung gegenüber dem Eintauchen des Südpols umkehrt. Die Stromrichtung ist nun also dieselbe wie am Anfang, beim Eintauchen des Nordpols.

94

Die vom Magnetfeld in einer Spule induzierte Spannung ist umso größer,
- je größer / ~~kleiner~~ ihre Windungszahl ist;
- je schneller / ~~langsamer~~ die Spule / ~~der Magnet~~ bewegt wird;
- je mehr / ~~weniger~~ sich die Stärke des Magnetfeldes während der Bewegung ändert;
- je größer / ~~kleiner~~ die vom Magnetfeld durchdrungene Fläche der Spulenwindungen ist.

Die Abbildung erläutert, wie sich das von einer drehenden Spulenfläche durchsetzte Magnetfeld ändert.

95

a) Eine größer werdende Stromstärke in der rechten Spule lässt deren Magnetfeld anwachsen. Dadurch ändert sich das Magnetfeld in der linken Spule, sodass in ihr eine Spannung induziert wird, die das Messgerät anzeigt.

b) Das Magnetfeld ändert sich bei konstanter Stromstärke und unveränderter Lage der Spule nicht, sodass auch keine Spannung in der linken Spule induziert wird. Das Messgerät zeigt nichts an.

c) Ein- und Ausschalten des Stroms bedeutet eine, wenn auch sehr kurze und damit relativ starke Änderung der Stromstärke bzw. des Magnetfeldes. Das Messgerät bei der linken Spule zeigt einen entsprechend kurzen, aber kräftigen, jeweils entgegengesetzten Ausschlag.

d) Durch Annähern oder Entfernen des Elektromagneten ändert sich die Stärke des Magnetfeldes, sodass in der linken Spule eine Spannung induziert wird. Der Ausschlag des Messgerätes erfolgt in jeweils entgegengesetzter Richtung.

e) Das Drehen des Elektromagneten bedeutet eine Bewegung, bei der das Magnetfeld sich besonders stark ändert und sogar umpolt. Die in der linken Spule induzierte Spannung wird vom Messgerät als Wechselspannung angezeigt.

96

Es gilt $W = U \cdot I \cdot t$; hier ist $U = 9\,\text{V}$, $I = 0{,}6\,\text{A}$, $t = 90\,\text{min} = 5400\,\text{s}$.

$W = 9\,\text{V} \cdot 0{,}6\,\text{A} \cdot 5400\,\text{s} = 29\,160\,\text{W} \cdot \text{s} = 8{,}1\,\text{Wh} = 0{,}008\,\text{kWh}$.

Die von der Batterie gelieferte Energie beträgt 0,008 kWh.

97

Die tägliche Energieeinsparung beträgt $\Delta E = (P_1 - P_2) \cdot t$, wobei $P_1 = 75\,\text{W}$ und $P_2 = 15\,\text{W}$ sowie $t = 5\,\text{h} = 18\,000\,\text{s}$ ist.

Das heißt: $\Delta E = (75\,\text{W} - 15\,\text{W}) \cdot 18\,000\,\text{s} = 1\,080\,000\,\text{Ws} = 0{,}3\,\text{kWh}$

Bei 365 Tagen im Jahr sind das: $\Delta E = 0{,}3\,\text{kWh} \cdot 365 = 110\,\text{kWh}$.

Die Ersparnis beträgt also $110\,\text{kWh} \cdot 0{,}20\,€/\text{kWh} = 22{,}\text{–}\,€$.

98

a) Es gilt $P = U \cdot I$; hier ist $U = 230\,\text{V}$ und $I_{max} = 16\,\text{A}$.
Damit wird $P_{max} = 230\,\text{V} \cdot 16\,\text{A} = 3680\,\text{W} = 3{,}68\,\text{kW}$. Dem mit 16 A abgesicherten Haushaltsnetz (230 V) ist maximal eine Leistung von 3,68 kW zu entnehmen.

b) Für $U = 210\,\text{V}$ wird $P_{max} = 3360\,\text{W}$, für $U = 240\,\text{V}$ wird $P_{max} = 3840\,\text{W}$. Der Unterschied zur Leistung von 3680 W bei 230 V beträgt einmal $-320\,\text{W} \mathrel{\hat{=}} -8{,}7\,\%$, das andere Mal $+180\,\text{W} \mathrel{\hat{=}} +4{,}9\,\%$. Die gelieferte Energie kann um bis zu 480 W schwanken.

c) Maximum ist 3680 W; bei der Herdplatte mit 1500 W bleibt also noch ein Rest von $3680\,\text{W} - 1500\,\text{W} = 2180\,\text{W}$ übrig. Das reicht aus, um das Bügeleisen mit 800 W zu betreiben.

99

Leistung P und Energie E sind zueinander proportional.

Da $R = \frac{U}{I}$ mit $U = 230\,\text{V}$ ist, gilt bei der Parallelschaltung der Widerstände:

$$\frac{P_1}{P_2} = \frac{E_1}{E_2} = \frac{R_2}{R_1} = \frac{30\,\text{W}}{150\,\text{W}} = \frac{1}{5} = \frac{\frac{230\,\text{V}}{I_2}}{\frac{230\,\text{V}}{I_1}} = \frac{I_1}{I_2}$$

Die von den zwei Lampen umgesetzte Energien stehen im selben Verhältnis 5 : 1 wie die Stromstärken in ihnen.

100

a) Stromstärke bei 230 V und Widerstand des Heizkörpers betragen:
$I_{Heiz} = \frac{230\,\text{V}}{18\,\Omega} = 12{,}8\,\text{A}$.

Kabel und Heizkörper haben als Reihenschaltung von Widerständen einen Gesamtwiderstand als Summe der Einzelwiderstände:
$R_{Gesamt} = R_{Heiz} + R_{Kabel} = 18\,\Omega + 30\,\Omega = 48\,\Omega$.
Das bedeutet, dass die gemeinsame Stromstärke $I_{Gesamt} = \frac{230\,\text{V}}{48\,\Omega} = 4{,}3\,\text{A}$ wesentlich kleiner als für den Heizkörper zur normalen Leistung von 3000 W erforderlich ist. Jetzt ist $P_{Heiz} = I^2 \cdot R = (4{,}3\,\text{A})^2 \cdot 18\,\Omega = 333\,\text{W}$.

b) Die nicht mehr zur Verfügung stehende Energie wird im Kabel verwendet, um dieses zu erwärmen.

c) Mit Transformatoren muss die Stromstärke im Kabel so klein gemacht werden, dass ihr Beitrag (I^2) zur „Verlustleistung" minimal wird. Infolgedessen muss die Spannung im selben Maße erhöht werden. Je höher die Spannung, desto kleiner der Energieverlust.

101

a) Ein Transformator funktioniert nur mit **Wechsel**strom. Durch sein sich ständig änderndes Magnetfeld wird elektrische Energie von der **Primär**spule auf die **Sekundär**spule übertragen. Die **Windungszahlen** n_1 bzw. n_2 von Primär- bzw. Sekundärspule verhalten sich zur **Spannung** U_1 auf der Primärseite bzw. U_2 auf der Sekundärseite wie $\frac{U_1}{U_2} = \frac{n_1}{n_2}$.

b) Aus $\frac{U_1}{U_2} = \frac{n_1}{n_2}$ folgt: $\frac{n_1}{n_2} = \frac{6000\ \text{V}}{240\,000\ \text{V}} = \frac{1}{40}$.

Die Windungszahl n_2 in der Sekundärspule muss 40-mal größer als die auf der Primärseite sein, damit die 40fache Spannung entsteht.

c) Ein Eisenkern erhöht die magnetische Feldstärke in einer Spule beträchtlich (bis zu 1000fach). Der gemeinsame Eisenkern führt das von der Primärspule erzeugte Magnetfeld ohne große Streu- d.h. Energieverluste in die Sekundärspule.

Experimente

Das Lametta-Elektroskop

Wenn du dem Nagel einen geladenen Gegenstand näherst, spreizen sich die Lametta- oder Alu-Fäden auseinander. Die Ladung des Gegenstands trennt durch Influenz die Ladung im Nagel und den Fäden so, dass ihm im Nagel die entgegengesetzte Ladung gegenübersteht. Die Fäden sind nun ebenfalls geichartig geladen und stoßen sich gegenseitig ab. Ist der Gegenstand nicht geladen, passiert nichts.

Ein schwimmender Kompass

Wenn du das Brettchen einige Zeit lang beobachtest, wirst du feststellen, dass es sich immer wieder in eine bestimmte Richtung einstellt, ganz gleich, welche Richtung es anfangs hatte. Und zwar in Nord-Süd-Richtung. Wegen der Ionen in der Kochsalzlösung entsteht zwischen dem Kupferdraht und dem Nagel aus Eisen ein Strom. Dieser ruft in der Spule ein Magnetfeld hervor, welches wie bei einer Kompassnadel zur Ausrichtung des „schwimmenden Kompass" im Magnetfeld der Erde führt.

Rekorde im Hochsprung

Die leblosen Grießkörner werden sehr lebendig und springen bis zu 40 cm in die Höhe, wenn sie auf die Plastikfolie gestreut werden.
Sobald die Folie die Tischplatte verlassen hat, fangen die Grießkörner an hochzuspringen. Sie sammeln sich an bestimmten Stellen der Folie an, an anderen Stellen der Folie können sie nicht „landen".
Das ist die Begründung für dieses Verhalten: Die Grießkörner, die Folie und die Tischplatte sind elektrisch geladen und die Kräfte auf die Körner ändern sich mit dem Abstand der Folie vom Tisch.
Ursache für die Ladung ist das Reiben und feste Anpressen der Folie auf die Tischplatte. Dadurch laden sich Platte und Folie entgegengesetzt auf. Werden nun Grießkörner auf die Folie gelegt, so erhalten sie die Ladung der Folie. Ihre Gewichtskraft und die entgegengesetzte Ladung der Tischplatte ziehen sie nach unten und halten sie damit auf der Folie fest. Wird die Folie nun hochgehoben, so nimmt die Anziehung der Tischplatte ab. Ab einer bestimmten Höhe ist die Abstoßung zwischen den gleichartig zur Folie geladenen Körner größer als ihre Gewichtskraft. Sie werden von der Folie abgestoßen und fliegen in die Luft.
Da die Folie nur in manchen Bereichen geladen wurde, werden die Grießkörner beim Herunterfallen in Richtung der ungeladenen Bereiche gelenkt, wo sie liegen bleiben.

4 Wärmelehre

1

Mit unserer Haut können wir nur über warm, kalt oder lauwarm entscheiden. Diese Wahrnehmung ist subjektiv und wird von jedem anders empfunden. Deshalb waren sich Peter und Stefan auch nicht einig. Um herauszufinden, wer von den beiden Recht hat, müssen sie die Temperatur mit einem Thermometer bestimmen.

2

Flüssigkeitsthermometer, Gasthermometer, Fieberthermometer, Bimetallthermometer, elektrische Thermometer.

3

Petra macht es richtig, da sie das Thermometer in den Boden taucht und damit auch wirklich die Bodentemperatur misst. Frank hingegen misst die Temperatur der Luft.

4

Die abgelesene Temperatur ist mit der des Badewassers nicht identisch. Um sie exakt zu bestimmen, muss man warten bis sich die Anzeige nicht mehr ändert. Außerdem sollte man die Flüssigkeit umrühren, damit sie sich gleichmäßig erwärmt.

5

Du tauchst dazu dein Flüssigkeitsthermometer in Eiswasser und wartest, bis sich die Flüssigkeitssäule nicht mehr bewegt. Dort liegt dein erster Bezugspunkt, nämlich 0 °C. Nun tauchst du dein Thermometer in siedendes Wasser und wartest wieder solange, bis sich die Säule nicht mehr bewegt. Dein zweiter Bezugspunkt hat dann 100 °C. Da sich Flüssigkeiten linear ausdehnen, teilst du den Abstand zwischen 0 °C und 100 °C in 100 gleiche Teile ein. Ein solcher Teil entspricht dann 1 °C.

6

Flüssigkeitsthermometer sind je nach Flüssigkeit nur in bestimmten Temperaturbereichen einsetzbar. Wasser z. B. kann unter 0 °C nicht eingesetzt werden, da es dann gefriert. Quecksilber hingegen kann in einem Bereich zwischen −39 °C und +357 °C eingesetzt werden. Alkohol zwischen −70 °C und +60 °C.

7

Für die Umrechnungen werden die Formeln aus dem Wissenskasten zu „Temperatur und ihre Messung“ benutzt.

Temperatur in Celsius	Temperatur in Fahrenheit	Temperatur in Kelvin
−5	23	**268**
15	**59**	**288**
−23,3	−10	**249,7**
−1,1	30	**271,9**
Geht nicht	**Geht nicht**	−20, nicht möglich
−223	**−369,4**	50

Hinweis zur vorletzten Zeile: Es kann nicht kälter als 0 K werden, da 0 K der niedrigst möglichen Temperatur −273 °C entspricht.

8

Die Werte, die Peter misst, werden zu klein, da das Lineal sich bei Wärme ausdehnt.

9

Eisenbahnschienen dehnen sich bei hohen Temperaturen aus. Das kann dazu führen, dass sich die Schienen seitlich verschieben. Dadurch können Züge entgleisen. Deshalb befinden sich zwischen einzelnen Gleisstücken kleine Lücken. Da sich Brücken bei Temperaturanstiegen ausdehnen, sind nach bestimmten Abschnitten immer kleine Dehnungsfugen eingefügt, sodass die Brücke nicht unter Spannung steht (siehe Aufgabe 11).

10

Gegeben: Längenausdehnungskoeffizient $\alpha = 0{,}000017\,\frac{1}{K}$, Länge des Kupferdrahts $l_0 = 100\,\text{cm}$, Temperaturdifferenz $\Delta\vartheta = 50\,\text{K}$

Gesucht: Längenänderung Δl

Rechnung: $\Delta l = \alpha \cdot l_0 \cdot \Delta\vartheta = 0{,}000017\,\frac{1}{K} \cdot 1{,}0\,\text{m} \cdot 50\,\text{K} = 0{,}00085\,\text{m} = 0{,}85\,\text{mm}$

Antwort: Der Kupferdraht verlängert sich um 0,85 mm.

11

Gegeben: $\alpha = 0{,}000012\,\frac{1}{K}$, $l_0 = 8{,}5\,\text{m}$, $\Delta\vartheta = 60\,\text{K}$.

Gesucht: l_1, Länge des Eisenstabes bei 45 °C

Rechnung: $\Delta l = l_1 - l_0 = l_1 - 8{,}5\,\text{m}$

$l_1 - 8{,}5\,\text{m} = 0{,}000012\,\frac{1}{K} \cdot 8{,}5\,\text{m} \cdot 60\,\text{K} = 0{,}00612\,\text{m} \approx 0{,}01\,\text{m}$

$l_1 = 0{,}01\,\text{m} + 8{,}5\,\text{m} = 8{,}51\,\text{m}$

Antwort: Der Eisenstab hat bei 45 °C eine Länge von 8,51 m.

12

Gegeben: $\alpha = 0{,}000012\,\frac{1}{K}$, Länge der Brücke bei 0° $l_0 = 80\,m$

Gesucht: Dehnungsstrecke s

Rechnung: Längenausdehnung bei einer Temperaturdifferenz von 50 K:

$\Delta l_1 = 0{,}000012\,\frac{1}{K} \cdot 80\,m \cdot 50\,K = 0{,}048\,m = 48\,mm$

Längenausdehnung bei einer Temperaturdifferenz von 30 K:

$\Delta l_2 = 0{,}000012\,\frac{1}{K} \cdot 80\,m \cdot 30\,K = 0{,}0288\,m = 28{,}8\,mm \approx 29\,mm$

$s = \Delta l_1 + \Delta l_2 \approx 77\,mm$

Antwort: Die Dehnungsstrecke beträgt 77 mm.

13

Gegeben: $\alpha = 0{,}000012\,\frac{1}{K}$, Betonmauer: Länge $l_0 = 8\,m$, Höhe $h_0 = 3{,}2\,m$,
Dicke $b_0 = 20\,cm$; $\Delta\vartheta = 65\,K$

Gesucht: Volumenänderung ΔV

Rechnung: Um die Volumenänderung zu bestimmen, müssen wir zuerst die Änderung der Länge, Höhe und Dicke bestimmen. Die Differenz zum Ausgangsvolumen ergibt die Volumenänderung.

$\Delta l = 0{,}000012\,\frac{1}{K} \cdot 65\,K \cdot 8\,m = 0{,}006\,m = 6\,mm$

$\Delta h = 0{,}000012\,\frac{1}{K} \cdot 65\,K \cdot 3{,}2\,m = 0{,}0025\,m = 2{,}5\,mm$

$\Delta b = 0{,}000012\,\frac{1}{K} \cdot 65\,K \cdot 0{,}2\,m = 0{,}00016\,m = 0{,}16\,mm$

Vergrößertes Volumen

$V_0 = (l_0 + \Delta l) \cdot (h_0 + \Delta h) \cdot (b_0 \cdot \Delta b) = 8{,}006\,m \cdot 3{,}2025\,m \cdot 0{,}20016\,m = 5{,}132\,m^3$

Ursprüngliches Volumen

$V_0 = l_0 \cdot h_0 \cdot b_0 = 8\,m \cdot 3{,}2\,m \cdot 0{,}2\,m = 5{,}12\,m^3$

Volumenzunahme

$\Delta V = V - V_0 = 5{,}132\,m^3 - 5{,}12\,m^3 = 0{,}12\,m^3 = 12\,dm^3$

Antwort: Das Volumen vergrößert sich um 12 dm³.

14

Legst du eine volle Flasche Wasser für längere Zeit in die Tiefkühltruhe, so platzt diese Flasche. Der Grund dafür ist, dass sich Wasser beim Gefrieren ausdehnt.

15

Dringt im Winter Regenwasser in den Straßenbelag ein, so gefriert dort der Regen. Da sich Wasser beim Gefrieren ausdehnt, beult sich die Straße nach oben. Schmilzt im Frühjahr das Eis, so entstehen an den Beulen Hohlräume, die bei Belastung einbrechen.

16

Wasser hat bei 4 °C die größte Dichte. Bleibt die Masse des Wassers bei einer Temperaturänderung gleich, so verändert sich die Dichte des Wassers. Das Wasser mit der größten Dichte befindet sich am Boden des Sees. Fällt nun die Temperatur unter 0 °C, so wird das Wasser zu Eis. Da Eis eine geringere Dichte hat als Wasser, schwimmt es oben. Der Vorteil dieses Effektes ist, dass man Fische aus einem tiefen Teich im Winter nicht herausholen muss.

17

Gegeben: Volumenausdehnungskoeffizient $\gamma = 0{,}00021\,\frac{1}{\text{K}}$,
Wasservolumen $V_0 = 7\,\text{m}^3$, $\Delta\vartheta = 26\,\text{K}$
Gesucht: ΔV

Rechnung: $\Delta V = \gamma \cdot \Delta\vartheta \cdot V_0 = 0{,}00021\,\frac{1}{\text{K}} \cdot 26\,\text{K} \cdot 7\,\text{m}^3 = 0{,}038\,\text{m}^3$

Antwort: Das Volumen ändert sich um $0{,}038\,\text{m}^3$.

18

Gegeben: $\gamma = 0{,}00021\,\frac{1}{\text{K}}$, Wasservolumen $V_0 = 3{,}5\,\text{m}^3$, $\Delta\vartheta = 61\,\text{K}$
Gesucht: ΔV

Rechnung: $\Delta V = \gamma \cdot \Delta\vartheta \cdot V_0 = 0{,}00021\,\frac{1}{\text{K}} \cdot 61\,\text{K} \cdot 3{,}5\,\text{m}^3 = 0{,}0448\,\text{m}^3$

Antwort: Das Volumen ändert sich um $0{,}0448\,\text{m}^3$.

19

Gegeben: $\gamma = 0{,}00096\,\frac{1}{\text{K}}$, Heizöl $V_0 = 9000\,\text{dm}^3$, $\Delta\vartheta = 11\,\text{K}$
Gesucht: ΔV

Rechnung: $\Delta V = 0{,}00096\,\frac{1}{\text{K}} \cdot 11\,\text{K} \cdot 9000\,\text{dm}^3 = 95{,}04\,\text{dm}^3$

Antwort: Das Volumen vergrößert sich um $95{,}04\,\text{dm}^3$, also läuft der Tank nicht über.

20

Gegeben: V_0 bei einer Temperatur von 273 K
Gesucht: T, wenn $V = 2 \cdot V_0$
Rechnung:
Einsetzen von $V = 2 \cdot V_0$ in $V = V_0 \cdot \frac{T}{273\,\text{K}}$ ergibt $T = 546\,\text{K}$ und damit 273 °C.
Antwort: Bei 273 °C verdoppelt sich das Volumen.

21

Die Luft in der Flasche dehnt sich bei Erwärmung aus und führt dazu, dass sich die Münze leicht auf- und abbewegt.

22

Gegeben: $p = \text{const.}$; $V_1 = 10\,\text{l} = 10\,\text{dm}^3$ bei $\vartheta_1 = 7\,°\text{C}$; $\vartheta_2 = 17\,°\text{C}$

Gesucht: V_2

Rechnung: Nach dem Gesetz von Gay-Lussac gilt: $V_2 = \frac{V_1}{T_1} \cdot T_2$, wobei T in Kelvin anzugeben ist. $V_2 = \frac{10\,\text{dm}^3}{(7 + 273)\,\text{K}} \cdot (17 + 273)\,\text{K} = 10{,}36\,\text{dm}^3$

Antwort: Der Flasche sind $10{,}36\,\text{dm}^3 - 10\,\text{dm}^3 = 0{,}36\,\text{dm}^3$ Wasserstoff entwichen.

23

Gegeben: $p = \text{const}$; $l = 8\,\text{m}$; $b = 5\,\text{m}$; $h = 3\,\text{m}$; $\vartheta_1 = 22\,°\text{C}$; $\vartheta_2 = 25\,°\text{C}$; $\varrho = 1{,}29\,\frac{\text{g}}{\text{dm}^3}$

Gesucht: m_{Luft}

Rechnung: $T_1 = (22 + 273)\,\text{K} = 295\,\text{K}$; $T_2 = (25 + 273)\,\text{K} = 298\,\text{K}$;

$V_1 = 8\,\text{m} \cdot 5\,\text{m} \cdot 3\,\text{m} = 120\,\text{m}^3$

Nach Gay-Lussac folgt: $V_2 = \frac{V_1}{T_1} \cdot T_2 = \frac{120\,\text{m}^3}{295\,\text{K}} \cdot 298\,\text{K} = 121{,}220\,\text{m}^3 = 121\,220\,\text{dm}^3$

Aus dem Physiksaal strömen $121\,220\,\text{dm}^3 - 120\,000\,\text{dm}^3 = 1220\,\text{dm}^3$ Luft mit der Masse $m = \varrho \cdot V = 129\,\frac{\text{g}}{\text{dm}^3} \cdot 1220\,\text{dm}^3 = 1573{,}8\,\text{g} = 1{,}6\,\text{kg}$.

Antwort: Aus dem Zimmer strömen 1,6 kg Luft.

24

Gegeben: $T = \text{const.}$; $p_1 = 75\,000\,\text{Pa}$; $V_1 = 360\,\text{cm}^3$; $p_2 = 100\,\text{kPa} = 100\,000\,\text{Pa}$

Gesucht: V_2

Rechnung: Nach dem Gesetz von Boyle-Mariotte gilt:

$V_2 = \frac{p_1 \cdot V_1}{p_2} = \frac{75\,000\,\text{Pa} \cdot 360\,\text{cm}^3}{100\,000\,\text{Pa}} = 270\,\text{cm}^3$.

Antwort: Das Gas nimmt ein Volumen von 270 cm³ ein.

25

Gegeben: $V = 10\,l = \text{const.}$; $\vartheta_1 = 0\,°\text{C}$; $p_1 = 200\,\text{kPa}$; $p_2 = 250\,\text{kPa}$

Gesucht: ϑ_2

Rechnung: Nach dem Gesetz von Amontons gilt:

$T_2 = \frac{T_1}{p_1} \cdot p_2 = \frac{(0 + 273)\,\text{K}}{200\,000\,\text{Pa}} \cdot 250\,000\,\text{Pa} = 341{,}25\,\text{K}$

Antwort: Die Temperatur beträgt nun $\vartheta_2 = (341{,}25 - 273)\,°\text{C} = 68{,}25\,°\text{C}$.

26

Gegeben: $\vartheta_1 = 35\,°C$; $p_1 = 115\,kPa$; $V_1 = 462\,cm^3$; $\vartheta_2 = 0\,°C$; $p_2 = 101\,kPa$

Gesucht: V_2

Hinweis: Zuerst musst du z. B. den Druck konstant halten und mittels des Gesetzes von Gay-Lussac das neue Volumen V_{neu} bestimmen. Dann hältst du die Temperatur konstant und berechnest mit dem Gesetz von Boyle-Mariotte das gesuchte Volumen.

Rechnung: Nach Gay-Lussac gilt: $V_{neu} = \frac{V_1}{T_1} \cdot T_2 = \frac{462\,cm^3}{308\,K} \cdot 273\,K = 409{,}5\,cm^3$.

Mit Boyle-Mariotte folgt: $V_2 = \frac{V_{neu} \cdot p_1}{p_2} = \frac{409{,}5\,cm^3 \cdot 115\,kPa}{101\,kPa} = 466{,}26\,cm^3$.

Antwort: Das Volumen beträgt $466{,}26\,cm^3$.

27

Sinkt die Temperatur, so verringert sich das Gasvolumen und zwar je 1 K um $\frac{V_0}{273}$. Bei −273 °C hätte das Gas kein Volumen mehr. Die Gasteilchen werden immer langsamer und bewegen sich schließlich nicht mehr. Ohne diese Bewegung benötigen sie nur noch ihr Eigenvolumen, welches vernachlässigbar ist, und sind dicht gepackt. (Dabei denkt man an ein ideales Gas, welches nie flüssig wird, auch nicht bei −273 °C. Helium kommt diesem idealen Gas sehr nahe.)

Da es kein negatives Volumen geben kann, sind niedrigere Temperaturen nicht möglich.

28

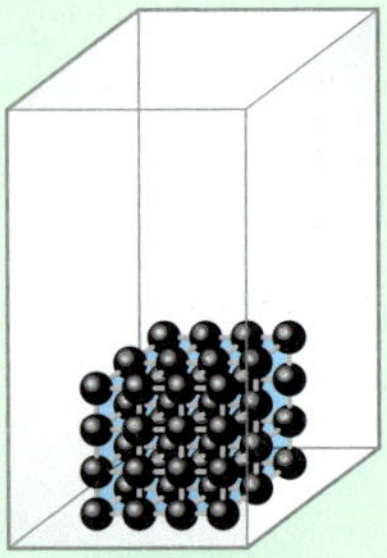
Festkörper

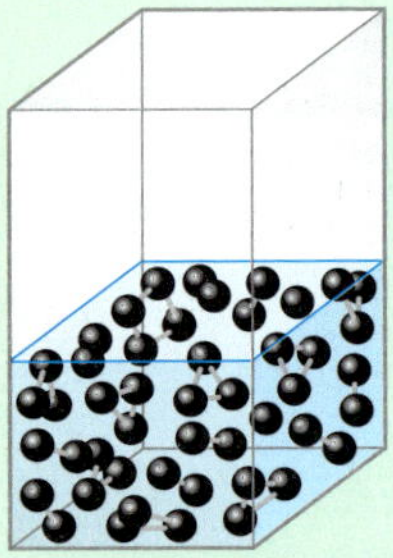
Flüssigkeit

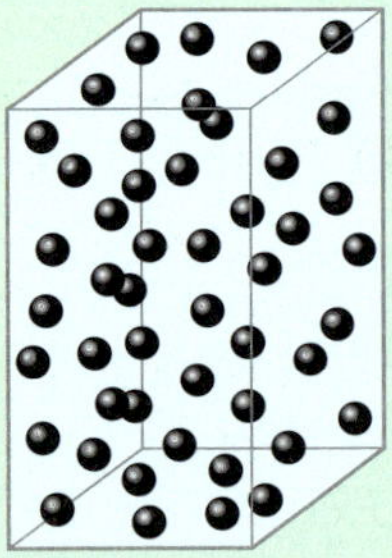
Gas

29

Aus der Mechanik weißt du, dass ein fester Körper beschleunigt wird, wenn an ihm Kräfte angreifen. Verhindert man die Beschleunigung, so kann er verformt werden. Erst sehr starke Kräfte können aufgrund der großen Anziehungskräfte zwischen den Teilchen diese trennen. Eine Volumenänderung ist aufgrund der dicht gepackten Teilchen kaum möglich.

Üben wir eine Kraft auf eine Flüssigkeit aus, so spritzt diese auseinander. Die Teilchen lassen sich wegen der kleineren Anziehungskraft voneinander trennen und weichen aus.

30

Wenn ein Körper über eine Unterlage gezogen wird, so verhaken sich die Unebenheiten des Körpers mit denen der Unterlage. Bei der Weiterbewegung werden sie voneinandergerissen und die Teilchen beginnen stärker zu schwingen. Die Teilchen stoßen dabei auf weiter innenliegende Teilchen und regen diese auch zu stärkeren Schwingungen an. Somit nimmt die Temperatur des gesamten Körpers zu.

31

Wärmeleitung: Kochtopf auf dem Herd
Konvektion: Zentralheizung
Temperaturstrahlung: Sonne

32

a) Zuerst lässt Schüler 1 los, dann Schüler 4, Schüler 2 und am Schluss Schüler 3.
b) Es handelt sich hierbei um Wärmeleitung. Die von außen durch den Bunsenbrenner zugeführte Wärme versetzt die Teilchen am Ende des Stabes in Schwingungen. Diese Teilchen stoßen ihren Nachbarn an, der auch zu schwingen beginnt. So wandert die Energie durch Stöße von Teilchen zu Teilchen.

33

Die Luft in der Umgebung des Lagerfeuers erwärmt sich und steigt nach oben (die Dichte der Luft nimmt ab und das Volumen zu). Dabei nimmt sie die in ihr gespeicherte Energie in Form von Wärme mit. Es entsteht eine Strömung, die die Aschereste mit nach oben nimmt. Diese Strömung heißt Konvektion.

34

Gegeben: $A = 10\,\text{m}^2$; $l = 0{,}4\,\text{m}$; $\Delta\vartheta = 25\,\text{K}$; $\Delta t = 24\,\text{h} = 24 \cdot 3600\,\text{s} = 86\,400\,\text{s}$; $\lambda_{\text{Beton}} = 1{,}7\,\frac{\text{W}}{\text{m}\cdot\text{K}}$

Gesucht: ΔE

Rechnung: $\Delta E = \lambda \cdot \frac{A}{l} \cdot \Delta\vartheta \cdot \Delta t = 1{,}7\,\frac{\text{W}}{\text{m}\cdot\text{K}} \cdot \frac{10\,\text{m}^2}{0{,}4\,\text{m}} \cdot 25\,\text{K} \cdot 86\,400\,\text{s} = 91\,800\,000\,\text{Ws}$
$= 91{,}8\,\text{MJ}$

Antwort: Es gehen 91,8 MJ an einem Tag verloren.

35

Gegeben: $m = 2{,}5\,\text{kg}$; $\vartheta_1 = 17\,°\text{C}$; $\vartheta_2 = 35\,°\text{C}$; also $\Delta\vartheta = 18\,\text{K}$; $c_{\text{Wasser}} = 4{,}2\,\frac{\text{J}}{\text{g}\cdot\text{K}}$

Gesucht: ΔE

Rechnung: $\Delta E = c \cdot m \cdot \Delta\vartheta = 4{,}2\,\frac{\text{J}}{\text{g}\cdot\text{K}} \cdot 2500\,\text{g} \cdot 18\,\text{K} = 189\,000\,\text{J}$

Antwort: Man braucht 189 kJ.

36

Gegeben: $P = 16\,\frac{\text{kJ}}{\text{min}}$; $m = 0{,}3\,\text{kg}$; $\Delta\vartheta = 85\,\text{K}$; $c_{\text{Wasser}} = 4{,}2\,\frac{\text{J}}{\text{g}\cdot\text{K}}$

Gesucht: Zeit t

Rechnung: Um das Wasser um 85 K zu erwärmen, benötigst du
$\Delta E = 4{,}2\,\frac{\text{J}}{\text{g}\cdot\text{K}} \cdot 300\,\text{g} \cdot 85\,\text{K} = 107\,100\,\text{J}$.

Mit $P = \frac{W}{t}$ erhältst du die Zeit $t = \frac{W}{t} = \frac{107\,100\,\text{J}}{16\,000\,\frac{\text{J}}{\text{min}}} = 6{,}69\,\text{min}$.

Antwort: Der Bunsenbrenner braucht ungefähr 7 Minuten.

37

Gegeben: $m = 10\,\text{kg}$; $\Delta E = 3{,}6 \cdot 10^6\,\text{J}$; $c_{\text{Wasser}} = 4{,}2\,\frac{\text{J}}{\text{g}\cdot\text{K}}$; $\vartheta_1 = 18\,°\text{C}$

Gesucht: ϑ_2

Rechnung: Mit $\Delta E = c \cdot m \cdot \Delta\vartheta$ ergibt sich $\Delta\vartheta = \frac{\Delta E}{c \cdot m} = \frac{3{,}6 \cdot 10^6\,\text{J}}{4{,}2\,\frac{\text{J}}{\text{g}\cdot\text{K}} \cdot 10\,000\,\text{g}} = 86\,\text{K}$.

Die Endtemperatur muss um 86 K höher gewesen sein als die Anfangstemperatur $\vartheta_1 = 18\,°\text{C}$ bzw. $T = 291\,\text{K}$. $T_{\text{Ende}} = (291 + 86)\,\text{K} = 377\,\text{K}$ bzw. $\vartheta_2 = 104\,°\text{C}$.

Antwort: Das Wasser kann auf 104 °C erwärmt werden. Das ist wegen der Siedetemperatur von 100 °C natürlich nicht möglich.

38

a) Gegeben: Zeit t und Temperatur ϱ
Gesucht: ΔE
Rechnung: $E = P \cdot t$

t in s	0	30	60	90	120	150	180	210	240
ϱ in °C	29,5	33	36	40	43	48	52	56	59
ΔE in kJ	0	30	60	90	120	150	180	210	240

b) Die Werte liegen nahezu auf einer Geraden, es gilt also $\Delta\vartheta \sim \Delta E$. Die Steigung der Geraden zeigt: um die Temperatur um 1 K zu erhöhen, benötigt man ca. 8 kJ.

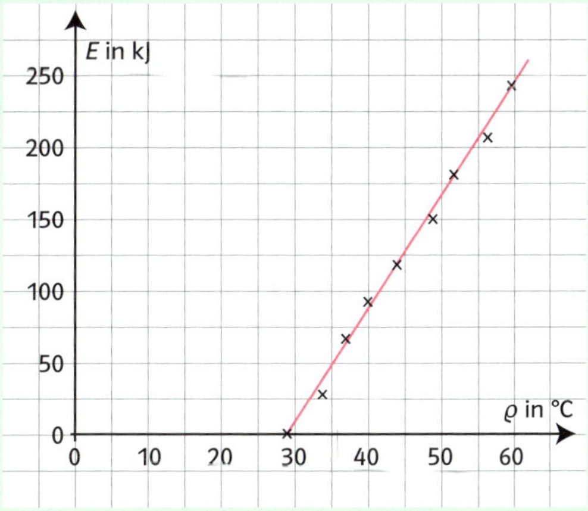

c) Mögliche Messfehler:
- Das Wasser ist bei der Messung nicht gründlich genug durchmischt,
- der Tauchsieder gibt seine Energie nicht gleichmäßig ab (z.B. Der Tauchsieder muss am Beginn der Messung zunächst selbst erwärmt werden),
- durch das Becherglas wird Wärmeenergie an die umgebende Luft und die Tischplatte abgegeben,
- Ableseungenauigkeiten.

39

Du erhitzt eine bestimmte Menge Wasser mit einem Tauchsieder. Um die doppelte Menge an Wasser in der gleichen Zeit zu erhitzen, benötigst du zwei Tauchsieder. Bei der dreifachen Menge, drei Tauchsieder usw.

40

Wir legen einen erhitzten Metallkörper bestimmter Masse in kühles Wasser. Der Metallkörper gibt nun die Wärme an das Wasser ab, welches diese aufnimmt. Es stellt sich ein Gleichgewicht zwischen abgegebener und aufgenommener Energie ein. Kennst du die Temperatur des erhitzten Metallkörpers, die ursprüngliche Temperatur des Wassers und die Mischungstemperatur, so kannst du mittels der Formel

$$\Delta E_{ab} = \Delta E_{auf} \Leftrightarrow c_{Körper} \cdot m_{Körper} \cdot \Delta\vartheta = c_{Wasser} \cdot m_{Wasser} \cdot \Delta\vartheta$$

die spezifische Wärmekapazität des Körpers bestimmen.

41

Gegeben: $m_{Kupfer} = 200\,g$; $\vartheta_{Kupfer} = 760\,°C$; $m_{Wasser} = 250\,g$; $c_{Wasser} = 4{,}2\,\frac{J}{g \cdot K}$; $\vartheta_{Wasser} = 20\,°C$; $\vartheta_{Misch} = 70\,°C$

Gesucht: c_{Kupfer}

Rechnung: Aus $\Delta E_{ab} = \Delta E_{auf} \Leftrightarrow c_{Kupfer} \cdot m_{Kupfer} \cdot \Delta\vartheta_{ab} = c_{Wasser} \cdot m_{Wasser} \cdot \Delta\vartheta_{auf}$ folgt:

$$c_{Kupfer} = \frac{c_{Wasser} \cdot m_{Wasser} \cdot \Delta\vartheta_{auf}}{m_{Kupfer} \cdot \Delta\vartheta_{ab}} = \frac{4{,}2\,\frac{J}{g \cdot K} \cdot 250\,g \cdot 50\,K}{200\,g \cdot 690\,K} = 0{,}38\,\frac{J}{g \cdot K}$$

Antwort: Die spezifische Wärmekapazität von Kupfer beträgt: $c_{Kupfer} = 0{,}38\,\frac{J}{g \cdot K}$.

42

a) Bei der Mischung gibt das Glykol Energie an das Wasser ab. Das Wasser nimmt die gleiche Menge an Energie auf. Es stellt sich eine Mischungstemperatur zwischen 20 °C und 70 °C ein.

b) Gegeben: $m_{Glykol} = 300\,g$; $c_{Glykol} = 2{,}5\,\frac{J}{g \cdot K}$; $\vartheta_{Glykol} = 50\,°C$; $m_{Wasser} = 700\,g$; $c_{Wasser} = 4{,}2\,\frac{J}{g \cdot K}$; $\vartheta_{Wasser} = 20\,°C$

Gesucht: ϑ_{Misch}

Rechnung: Aus $c_{Glykol} \cdot m_{Glykol} \cdot \vartheta_{ab} = c_{Wasser} \cdot m_{Wasser} \cdot \Delta\vartheta_{auf}$ folgt:

$$2{,}5\,\frac{J}{g \cdot K} \cdot 300\,g \cdot \Delta\vartheta_{ab} = 4{,}2\,\frac{J}{g \cdot K} \cdot 700\,g \cdot \Delta\vartheta_{auf}$$

$$750\,\frac{J}{K} \cdot \Delta\vartheta_{ab} = 2940\,\frac{J}{K} \cdot \Delta\vartheta_{auf}$$

$$\Delta\vartheta_{ab} = 323\,K - T_{Misch} \quad \text{und} \quad \Delta\vartheta_{auf} = T_{Misch} - 293\,K$$

$$750\,\frac{J}{K} \cdot (323\,K - T_{Misch}) = 2940\,\frac{J}{K} \cdot (T_{Misch} - 293\,K)$$

$$242\,250\,J - 750\,\frac{J}{K} \cdot T_{Misch} = 2940\,\frac{J}{K} \cdot T_{Misch} - 861\,420\,J$$

$$1\,103\,670\,J = 3690\,\frac{kJ}{K} \cdot T_{Misch}$$

$$T_{Misch} = 299\,K$$

$$\vartheta_{Misch} = 26\,°C$$

Antwort: Die Mischungstemperatur beträgt 26 °C.

43

Gegeben: $m_{Wasser1} = 80\,kg$; $\vartheta_{Wasser1} = 20\,°C$; $m_{Wasser2} = 40\,kg$; $c_{Wasser} = 4{,}2\,\frac{J}{g \cdot K}$; $\vartheta_{Wasser2} = 65\,°C$

Gesucht: ϑ_{Misch}

Rechnung: Aus $c_{Wasser} \cdot m_{Wasser} \cdot \Delta\vartheta_{ab} = c_{Wasser} \cdot m_{Wasser1} \cdot \Delta\vartheta_{auf}$ folgt:

$$4{,}2\,\frac{J}{g \cdot K} \cdot 40\,kg \cdot \Delta\vartheta_{ab} = 4{,}2\,\frac{J}{g \cdot K} \cdot 80\,kg \cdot \Delta\vartheta_{auf}$$

$$40\,\frac{kJ}{K} \cdot \Delta\vartheta_{ab} = 80\,\frac{kJ}{K} \cdot \Delta\vartheta_{auf}$$

$$\Delta\vartheta_{ab} = 338\,K - T_{Misch} \text{ und } \Delta\vartheta_{auf} = T_{Misch} - 293\,K$$

$$40\,\frac{kJ}{K} \cdot (338\,K - T_{Misch}) = 80\,\frac{kJ}{K} \cdot (T_{Misch} - 293\,K)$$

$$13\,520\,kJ - 40\,\frac{kJ}{K} \cdot T_{Misch} = 80\,\frac{kJ}{K} \cdot T_{Misch} - 23\,440\,kJ$$

$$36\,960\,kJ = 120\,\frac{kJ}{K} \cdot T_{Misch}$$

$T_{Misch} = 308\,K$; $\vartheta_{Misch} = 35\,°C$

Antwort: Die Temperatur ist angenehm.

44

Gegeben: $m_{Porzellan} = 125\,g$; $c_{Porzellan} = 0{,}8\,\frac{J}{g \cdot K}$; $\vartheta_1 = 20\,°C$; $m_{Tee} = 125\,g$; $c_{Tee} = 4{,}2\,\frac{J}{g \cdot K}$; $\vartheta_2 = 80\,°C$

Gesucht: Temperatur der Tasse

Rechnung: Der Tee gibt Energie an die Tasse ab, bis ein Gleichgewicht zwischen abgegebener und aufgenommener Energie erreicht ist.

$$4{,}2\,\frac{J}{g \cdot K} \cdot 125\,g \cdot \Delta\vartheta_{ab} = 0{,}8\,\frac{J}{g \cdot K} \cdot 125\,g \cdot \Delta\vartheta_{auf}$$

$$4{,}2\,\frac{J}{K} \cdot \Delta\vartheta_{ab} = 0{,}8\,\frac{J}{K} \cdot \Delta\vartheta_{auf}$$

$$\Delta\vartheta_{ab} = 353\,K - T_{Misch} \text{ und } \Delta\vartheta_{auf} = T_{Misch} - 293\,K$$

$$4{,}2\,\frac{J}{K} \cdot (353\,K - T_{Misch}) = 0{,}8\,\frac{J}{K} \cdot (T_{Misch} - 293\,K)$$

$$1482{,}6\,J - 4{,}2\,\frac{J}{K} \cdot T_{Misch} = 0{,}8\,\frac{J}{K} \cdot T_{Misch} - 234{,}4\,J$$

$$1717\,J = 5\,\frac{J}{K} \cdot T_{Misch}$$

$T_{Misch} = 343{,}4\,K$; $\vartheta_{Misch} = 70{,}4\,°C$

Antwort: Die Temperatur der Tasse beträgt 70 °C.

45

Gegeben: $m_{Nagel} = 4\,g$; $c_{Nagel} = 0{,}45\,\frac{J}{g \cdot K}$; $m_{Wasser} = 100\,g$; $c_{Wasser} = 4{,}2\,\frac{J}{g \cdot K}$;
$\vartheta_{Wasser} = 20\,°C$
Masse des Gefäßes entspricht 10 g Wasser, also $m_{Wasser} = 110\,g$; $\vartheta_{Misch} = 24\,°C$
Gesucht: ϑ_{Nagel}
Rechnung: $c_{Nagel} \cdot m_{Nagel} \cdot \Delta\vartheta_{ab} = c_{Wasser} \cdot m_{Wasser} \cdot \Delta\vartheta_{auf}$

$0{,}45\,\frac{J}{g \cdot K} \cdot 4\,g \cdot \Delta\vartheta_{ab} = 4{,}2\,\frac{J}{g \cdot K} \cdot 110\,g \cdot 4\,K$

$1{,}8\,\frac{J}{K} \cdot \Delta\vartheta_{ab} = 1848\,J$

$\Delta\vartheta_{ab} = 1026{,}7\,K$

$\Delta\vartheta_{ab} = (T_{Nagel} - 297\,K)$

$T_{Nagel} = 1323{,}7\,K$; $\vartheta_{Nagel} = 1050{,}7\,°C$

Antwort: Die Temperatur des Nagels betrug am Anfang 1051 °C.

46

Gegeben: $m_{Wasser} = 200\,g$; $\vartheta_{Wasser} = 20\,°C$; $c_{Wasser} = 4{,}2\,\frac{J}{g \cdot K}$; $m_{Eis} = 10\,g$; $\vartheta_{Eis} = -15\,°C$
$c_{Eis} = 2{,}1\,\frac{J}{g \cdot K}$; $s_{Eis} = 334\,\frac{J}{g}$; $\vartheta_{Misch} = 8\,°C$
Gesucht: Anzahl der benötigten Eiswürfel
Rechnung:

1. Zuerst wird dem Wasser Energie entzogen, um es um 12 K abzukühlen.
   $\Delta E_{Wasser} = c_{Wasser} \cdot m_{Wasser} \cdot \Delta\vartheta = 4{,}2\,\frac{J}{g \cdot K} \cdot 200\,g \cdot 12\,K = 10\,080\,J = 10{,}08\,kJ$
2. Die Eiswürfel nehmen Energie auf.
   a) Bis die Eiswürfel zu schmelzen beginnen, beträgt die Temperaturzunahme 15 K
   $\Delta E_1 = c_{Eis} \cdot m_{Eis} \cdot \Delta\vartheta = 2{,}1\,\frac{J}{g \cdot K} \cdot 10\,g \cdot 15\,K = 315\,J = 0{,}315\,kJ$
   b) Beim Schmelzen nehmen die Eiswürfel ohne Temperaturzunahme Energie auf
   $\Delta E_2 = s_{Eis} \cdot m_{Eis} = 334\,\frac{J}{g} \cdot 10\,g = 3340\,J = 3{,}34\,kJ$
   c) Das aus dem Eis entstehende Wasser muss nun noch Energie aufnehmen bei einer Temperaturerhöhung von 8 K
   $\Delta E_3 = c_{Wasser} \cdot m_{Eis} \cdot \Delta\vartheta = 4{,}2\,\frac{J}{g \cdot K} \cdot 10\,g \cdot 8\,K = 336\,J = 0{,}336\,kJ$

Damit nimmt der Eiswürfel eine Energie von $\Delta E_{Eis} = \Delta E_1 + \Delta E_2 + \Delta E_3 = 4\,kJ$ auf.
Um das Wasser abzukühlen, war eine Energie von 10,08 kJ notwendig. Also braucht man 3 Eiswürfel, um das Wasser abzukühlen.

47

Gegeben: $m_{Cola} = 250\,g$; $c_{Cola} = 4{,}2\,\frac{J}{g \cdot K}$; $\vartheta_{Cola} = 15\,°C$; $\vartheta_{Misch} = 10\,°C$; $m_{Eis} = 50\,g$; $s = 335\,\frac{J}{g}$; Wärmeleistung der Luft: $P = 25\,\frac{J}{s}$

Gesucht:

a) Zeit t

Die Cola gibt Energie ab: $\Delta E = c_{Cola} \cdot m_{Cola} \cdot \Delta\vartheta = 4{,}2\,\frac{J}{g \cdot K} \cdot 250\,g \cdot 5\,K = 5250\,J$.

Diese Energie schmilzt das Eis zum Teil $\Delta E = s \cdot m_{geschmolzenes\ Eis}$ und es ergibt sich

$m_{geschmolzenes\ Eis} = \frac{\Delta E}{s} = \frac{5250\,J}{335\,\frac{J}{g}} = 15{,}7\,g$.

Es bleibt somit $50\,g - 15{,}7\,g = 34{,}3\,g$ Eis übrig.

Dieses Eis muss nun durch die Luft geschmolzen werden. Dazu wird die Energie benötigt: $\Delta E_2 = 34{,}3\,g \cdot 335\,\frac{J}{g} = 11\,491\,J = 11{,}5\,kJ$.

Da die umgebende Luft $P = 25\,\frac{J}{s} = \frac{\Delta E_2}{t}$ abgibt, berechnet sich t zu

$t = \frac{\Delta E}{P} = \frac{11{,}5\,kJ}{25\,\frac{J}{s}} = 460\,s = 7{,}7\,min$.

Das Getränk bleibt ungefähr 8 Minuten kühl.

b) Temperatur ϑ nach 20 Minuten.

Nach 7, 7 Minuten hat das Getränk 10 °C, somit bleiben noch 20 min − 7,7 min = 12,3 min, in denen das Getränk auf eine höhere Temperatur ansteigt:

Mit $c_{Cola} \cdot m_{Cola} \cdot \Delta\vartheta = P \cdot 12{,}3\,min$ ergibt sich:

$$\Delta\vartheta = \frac{P \cdot 12{,}3\,min}{c_{Cola} \cdot m_{Cola}} = \frac{25\,\frac{J}{s} \cdot 12{,}3 \cdot 60\,s}{4{,}2\,\frac{J}{g \cdot K} \cdot 250\,g} = 17{,}6\,K$$

Die Temperatur nach 20 Minuten beträgt 27,6 °C.

48

Du erhitzt mit einem Tauchsieder der konstanten Leistung P Wasser der Masse m und der Temperatur ϑ_1. Du misst die Zeit t_1, die das Wasser bis zum Verdampfen benötigt. In dieser Zeit ändert das Wasser seine Energie um ΔE. Nun misst du die Zeit t_2, die das Wasser zum Verdampfen benötigt. Dieser Zeit t_2 entspricht die Verdampfungsenergie $E_{Verdampfen}$. Da die Zeit t_2 n-mal so groß ist wie die Zeit t_1, ist auch $E_{Verdampfen}$ n-mal so groß wie ΔE. Damit ergibt sich die spezifische Verdampfungswärme $r = \frac{E_{Verdampfen}}{m}$.

49

Richtig sind die beiden ersten Aussagen. Die dritte Aussage ist falsch, da der Energieverbrauch umso höher ist, je größer die Masse des zu verdampfenden Körpers ist.

50

Gegeben: $m = 100\,\text{g}$; $\vartheta_1 = 30\,°\text{C}$; $\vartheta_2 = 100\,°\text{C}$; $c_{\text{Wasser}} = 4{,}2\,\frac{\text{J}}{\text{g}\cdot\text{K}}$

Gesucht: E

Rechnung: $E = \Delta E + E_{\text{Verdampfen}} = c \cdot m \cdot \Delta\vartheta + r \cdot m$

$= 4{,}2\,\frac{\text{J}}{\text{g}\cdot\text{K}} \cdot 100\,\text{g} \cdot 70\,\text{K} + 2260\,\frac{\text{J}}{\text{g}} \cdot 100\,\text{g}$

$= 29\,400\,\text{J} + 226\,000\,\text{J} = 255\,400\,\text{J} = 255{,}5\,\text{kJ}$

Antwort: Du benötigst 255,4 kJ.

51

Dampfmaschine, Heißluftmotor, Benzinmotor, Dieselmotor

52

Gegeben: $E_{\text{nutzbar}} = 14\,\text{MJ} = 14 \cdot 10^6\,\text{J}$; $E_{\text{zugeführt}} = 40\,\text{MJ} = 40 \cdot 10^6\,\text{J}$

Gesucht: Wirkungsgrad η

Rechnung: $\eta = \frac{E_{\text{nutzbar}}}{E_{\text{zugeführt}}} = \frac{14\,\text{MJ}}{40\,\text{MJ}} = 0{,}35 = 35\,\%$

Antwort: Der Wirkungsgrad beträgt 35 %.

53

Gegeben: $P_{\text{zugeführt}} = 900\,\text{W} = 900\,\frac{\text{J}}{\text{s}}$; $\eta = 60\,\% = 0{,}6$

Gesucht: P_{nutzbar}

Rechnung: Mit $P = \frac{E}{t}$ folgt, dass die Energie in 1 s 900 J beträgt: $E_{\text{zugeführt}} = 900\,\text{J}$.

Mit $\eta = \frac{E_{\text{nutzbar}}}{E_{\text{zugeführt}}} = 0{,}6$ folgt $E_{\text{nutzbar}} = \eta \cdot E_{\text{zugeführt}} = 0{,}6 \cdot 900\,\text{J} = 540\,\text{J}$.

Somit beträgt die nutzbare Leistung: $P_{\text{nutzbar}} = 540\,\text{W}$.

54

Ein Dieselmotor arbeitet bei höheren Temperaturen als ein Benzinmotor. Deswegen ist die Energieentwertung durch Abgabe von thermischer Energie an die Umgebung geringer und damit auch der Wirkungsgrad und der Verbrauch an Treibstoff.

55

a) Bruttoleistung: Leistung, die das Steinkohlekraftwerk insgesamt produziert. Nettoleistung: Leistung, die das Steinkohlekraftwerk tatsächlich abgibt. (Ein Teil der Leistung wird im Kraftwerk benötigt.)

b) Zur Wartung oder bei Störungen muss das Kraftwerk abgeschaltet werden. Unter der Verfügbarkeit versteht man die Zeit, in der das Kraftwerk einsetzbar ist. In unserem Beispiel ist das an $0{,}97 \cdot 365$ Tagen = 354 Tagen im Jahr der Fall.

c) Gegeben: die in 1 h verbrauchte Steinkohle $m = 231\,\text{t}$;
Heizwert: $H = 30\,\frac{\text{kJ}}{\text{g}}$; zugeführte Leistung $P_{\text{zugeführt}} = 709 \cdot 10^6\,\text{W}$
Gesucht: η
Rechnung: Aus dem Heizwert berechnet sich die zugeführte Energie:
$E_{\text{zugeführt}} = m \cdot H = 231\,\text{t} \cdot 30\,\frac{\text{kJ}}{\text{g}} = 231 \cdot 10^6\,\text{g} \cdot 30\,\frac{\text{kJ}}{\text{g}} = 6930 \cdot 10^6\,\text{kJ} = 6{,}930 \cdot 10^{12}\,\text{J}.$
Aus der nutzbaren Leistung $P_{\text{nutzbar}} = 709 \cdot 10^6\,\text{W}$ berechnet sich die nutzbare Energie in einer Stunde:
$P_{\text{nutzbar}} = \frac{E_{\text{nutzbar}}}{t}$ zu $E_{\text{nutzbar}} = P_{\text{nutzbar}} \cdot t = 709 \cdot 10^6\,\frac{\text{J}}{\text{s}} \cdot 3600\,\text{s} = 2{,}55 \cdot 10^{12}\,\text{J}.$
Der Wirkungsgrad ergibt sich mit $\eta = \frac{E_{\text{nutzbar}}}{E_{\text{zugeführt}}} = \frac{2{,}55 \cdot 10^{12}\,\text{J}}{6{,}93 \cdot 10^{12}\,\text{J}} = 0{,}37 = 37\,\%.$
Antwort: Der Wirkungsgrad beträgt 37 %.

Experimente

Die Kerzenflamme

Da Kupfer die Wärme sehr gut leitet, führt er die von der Kerzenflamme frei werdende Wärmeenergie ab. Diese steht nun der Kerze als Aktivierungsenergie nicht mehr zur Verfügung. Aktivierungsenergie ist notwendig, um die Reaktion des gasförmigen Wachses mit dem Sauerstoff der Luft aufrechtzuerhalten. Deshalb erlischt die Flamme.

Die Wasserleitung

Durch das Einfüllen des heißen Wassers erwärmt sich der untere Trinkhalm und dehnt sich dabei aus. Der obere Trinkhalm erwärmt sich nur leicht und dehnt sich deshalb nicht so weit aus. Da die beiden Halme durch Klebeband miteinander verbunden sind, führt das zu einer Verbiegung der Trinkhalme nach oben.
Füllt man das heiße Wasser in den oberen Trinkhalm, verbiegen sich beide nach unten.

5 Akustik

1

Aus $f = \frac{n}{t}$ folgt $n = f \cdot t = 440\,\text{Hz} \cdot 3{,}5\,\text{s} = 1540$.
Anzahl der Perioden: 1540.

2

Frequenz: $f = \frac{n}{t} = \frac{20}{4\,\text{s}} = 5\,\text{Hz}$; Periodendauer: $T = \frac{1}{f} = 0{,}2\,\text{s}$.

3

Knall:

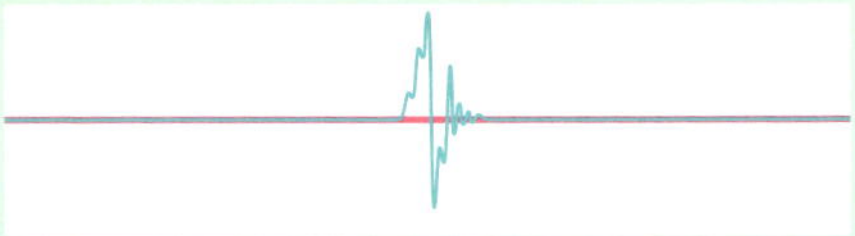

Klang:

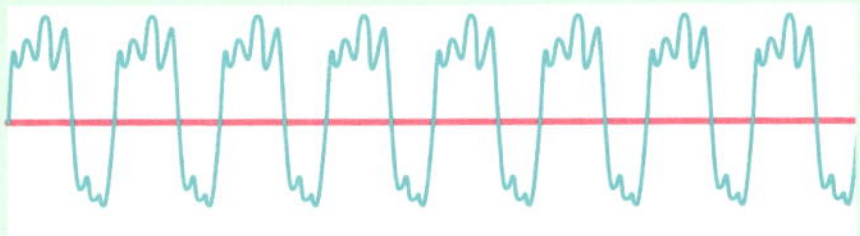

4

Ton b) ist lauter, die Tonhöhe stimmt überein (gleiche Frequenz).
Ton c) ist lauter und höher (doppelte Frequenz).
Ton d) ist lauter und niedriger (halbe Frequenz).

5

Der Luftstrom muss 1000-mal je Sekunde unterbrochen werden. Bei 40 Umdrehungen je Sekunde ergeben sich $1000 : 40 = 25$ Löcher.

6

Eine Oktave tiefer bedeutet halbe Frequenz, also $264\,\text{Hz} : 2 = 132\,\text{Hz}$.
Eine Oktave höher bedeutet doppelte Frequenz, also $264\,\text{Hz} \cdot 2 = 528\,\text{Hz}$.

7

a) Aus $f = 625\,\text{Hz}$ folgt $T = 1{,}6\,\text{ms}$. Zu den Punkten gehören die Zeiten C: 1,6 ms, B: 0,8 ms, A: 0,4 ms, D: 1,6 ms + 0,4 ms = 2,0 ms.

b) Aus $f = 500\,\text{Hz}$ folgt $T = 2\,\text{ms}$. Die Amplitude muss im Vergleich zu a) wesentlich kleiner sein.

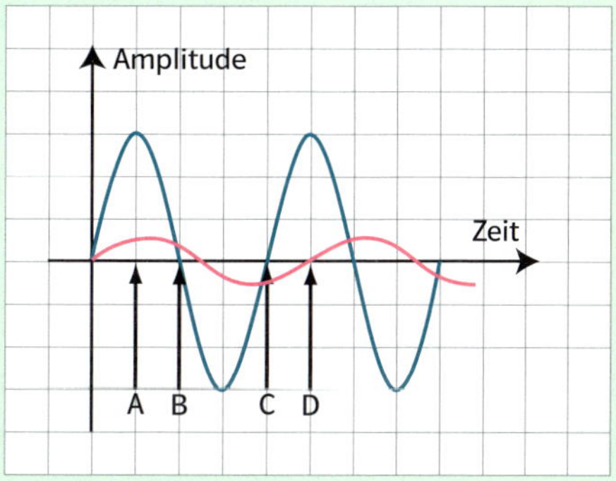

8

a) A: Amplitude ist konstant, daher ungedämpfte Schwingung.
B: Amplitude nimmt ab, daher gedämpfte Schwingung.
Die Frequenz bzw. Periodendauer bleiben nahezu konstant.

b) A: $T = 0{,}5\,\text{s} - 0{,}1\,\text{s} = 0{,}4\,\text{s}$ und $f = \frac{1}{T} = 2{,}5\,\text{Hz}$. Die Frequenz ist zu niedrig und daher nicht hörbar.
B: $T = 0{,}003\,\text{s} - 0{,}001\,\text{s} = 0{,}002\,\text{s}$ und $f = \frac{1}{T} = 500\,\text{Hz}$. Hörbar.

c) Wähle gleiche Schwingung mit größerer Amplitude.

9

Die Frequenz des Flügelschlags von Schmetterlingen liegt unterhalb 16 Hz und damit unterhalb der Hörgrenze.
Bei Bienen (ca. 250 Hz) bzw. Mücken (ca. 300 Hz) liegen die Frequenzen im hörbaren Bereich.

10

Mit der Erwärmung dehnen sich die Saiten aus, sie werden länger. Die Tonhöhe sinkt damit.

11

Wird ein schwingungsfähiger Körper durch einen zweiten zum Mitschwingen gebracht, spricht man von erzwungener Schwingung.
Wird er dann sich selbst überlassen, dann schwingt er mit einer bestimmten Frequenz, diese heißt Eigenfrequenz.
Wird ein Körper von seiner Eigenfrequenz zum Schwingen angeregt, liegt Resonanz vor.
Beispiele:
- vorbeifahrender LKW bringt eine Fensterscheibe zum Mitschwingen
- Fahrzeugteile schwingen bei einer bestimmten Motordrehzahl
- eine Stimmgabel bringt eine zweite Stimmgabel zum Mitschwingen
- Wind kann Brücken und Türme zum Mitschwingen bringen

12

Wenn ein Sänger oder eine Sängerin einen Ton mit der Eigenfrequenz des Glases singen kann, dann schwingt das Glas mit. Die Schwingungen können sich aufschaukeln. Dies dauert einige Sekunden und das Glas zerspringt.

13

Der Klangkörper soll bei allen Tönen mitschwingen. Er darf keine bestimmten Frequenzen bevorzugen und keine bestimmte Eigenfrequenz haben.

14

Die Schwingungen der Stimmgabel übertragen sich auf die sie umgebende Luft. In der Luft entsteht so eine Folge von Verdichtungen und Verdünnungen. Diese pflanzen sich in der Luft fort und erreichen das Trommelfell.

15

Diesen Versuch müsst ihr zu zweit durchführen. Wählt eine lange (etwa 300 m) ruhige Strecke. Einer steht am Anfang der Strecke und schlägt zwei Bretter zusammen. Der zweite steht am Ende der Strecke und startet die Stoppuhr, wenn er das Signal sieht und hält die Uhr an, wenn er den Knall hört.

16

a) und b)

Gegeben: $s = 1\,\text{km} = 1000\,\text{m}$ und $c = 5800\,\frac{\text{m}}{\text{s}}$ (Schiene) bzw. $c = 340\,\frac{\text{m}}{\text{s}}$ (Luft)

Gesucht: Zeit t

Rechnung: Aus $c = \frac{s}{t}$ folgt $t = \frac{s}{c}$

a) Schiene: $t = \frac{1000\,\text{m}}{5800\,\frac{\text{m}}{\text{s}}} = 0{,}17\,\text{s}$ b) Luft: $t = \frac{1000\,\text{m}}{340\,\frac{\text{m}}{\text{s}}} = 2{,}9\,\text{s}$

17

Um räumlich hören zu können, benötigen wir zwei Ohren. Kommt der Schall von der Seite, so erreicht er das weiter entfernte Ohr später. Aus dieser Zeitdifferenz bestimmt das Gehirn den Ort der Schallquelle.

18

a) Gegeben: Zeit $t = 5\,\text{s}$ und $c = 340\,\frac{\text{m}}{\text{s}}$
Gesucht: Strecke s
Rechnung: Aus $c = \frac{s}{t}$ folgt $s = c \cdot t = 340\,\frac{\text{m}}{\text{s}} \cdot 5\,\text{s} = 1700\,\text{m}$. Die Gewitterwolke ist 1700 m vom Beobachter entfernt. Die Zeit, die der Blitz für die Strecke benötigt, wird wegen der hohen Lichtgeschwindigkeit nicht berücksichtigt.

b) Für die Schallgeschwindigkeit gilt: $c = 340\,\frac{\text{m}}{\text{s}} = 0{,}340\,\frac{\text{km}}{\text{s}} \approx \frac{1}{3}\,\frac{\text{km}}{\text{s}}$.
Also ist: $s \approx \frac{1}{3}\,\frac{\text{km}}{\text{s}} \cdot t$.

19

Die Teilnehmer am Ende des Festzuges hören den Gesang vom Anfang des Festzuges verspätet und umgekehrt.

20

a) Schallwellen werden z. B. an hohen Felswänden reflektiert und kommen nach einer Zeitverzögerung wieder an das Ohr. Diesen Effekt nennt man Echo. Da der Schall in einer Sekunde 340 m zurücklegt, ist der Effekt umso größer, je weiter die Wand von der Schallquelle entfernt ist.

b) In 0,1 s legt der Schall in Luft eine Strecke von $340\,\frac{\text{m}}{\text{s}} \cdot 0{,}1\,\text{s} = 34\,\text{m}$ zurück. Die kürzeste Entfernung für ein Echo beträgt daher $34\,\text{m} : 2 = 17\,\text{m}$.

21

a) In 0,56 s legt der Schall im Meerwasser die Strecke $s = 1520\,\frac{\text{m}}{\text{s}} \cdot 0{,}56\,\text{s} = 851{,}2\,\text{m}$ zurück. Die Meerestiefe ist $851{,}2\,\text{m} : 2 = 425{,}6\,\text{m}$ gerundet 426 m.

b) Aus der Abbildung entnimmt man die Meerestiefe 5000 m. Für diese Strecke benötigt der Schall die Zeit $t = \frac{5000\,\text{m}}{1520\,\frac{\text{m}}{\text{s}}} = 3{,}3\,\text{s}$. Im Schiff werden $3{,}3\,\text{s} \cdot 2 = 6{,}6\,\text{s}$ gemessen.

22

a) In Räumen mit glatten Wänden kann das Echo so rasch erfolgen, dass man den reflektierten Schall nicht getrennt wahrnimmt. In diesem Fall spricht man vom Nachhall.

b) Wenn man im Freien singt, dann kann man Töne nur im Augenblick ihres Entstehens hören. Im Duschraum werden die Töne von den Wänden mehrmals reflektiert. Durch den Nachhall hört man die Töne länger.

Experimente

Das Schnurtelefon

Die Schallübertragung gelingt nur bei guter Fadenspannung.
Mit einem dünnen Draht geht es ebenfalls gut, dagegen ist ein Wollfaden für die Schallübertragung ungeeignet.
Hohe Töne lassen sich besser als tiefe übertragen.

Klingende Gläser

Durch die Reibung zwischen Finger und Glas kann man das Glas zum Schwingen bringen, wodurch ein Ton entsteht.
Mit der Wasserhöhe steigt die Tonhöhe.
Wenn du das Glas oben festhältst, dann hört das Glas sofort auf zu schwingen.
Die Schwingung eines Glases kann auf ein zweites Glas übertragen werden. Dieses Mitschwingen kommt nur zustande, wenn beide Gläser beim Anschlagen die gleiche Tonhöhe aufweisen. Die Wasseroberfläche in beiden Gläsern vibriert mit.